數位轉型企業中架構師角色的新定義

軟體架構師
全方位提升指南

The Software Architect Elevator

*Redefining the Architect's Role
in the Digital Enterprise*

Gregor Hohpe　著

陳健文　譯

目錄

推薦序

我想成為一名軟體架構師的渴望，源自於我對軟體設計技術面上的興趣。我非常喜歡討論如何能善用科技來解決問題，以及如何建造出高度模組化、架構完善且易於使用的碼庫（codebase）。

雖然如此，但沒有人會告訴你這些技術面向只是整個架構拼圖中的一部分而已。它並不只是技術與設計軟體，它還涉及了如何在一個特定的組織情境下，設計軟體並解決問題，以及瞭解週遭所發生的事，而能在必要的時刻，成功地看到問題並發揮影響力。這是關鍵所在。因此，架構師要意識到，他們必須在其直屬團隊環境的內外部，在不同的層級中，與扮演各種角色的人員溝通，進而產生影響。

然而，從企業的角度來看，在訓練軟體開發人員轉型成軟體架構師角色的工作方面，我們所做的相對較貧乏，更不用說為軟體架構師提供什麼協助了。特別是在非技術面向上，尤其明顯。很快地瞄一下書店書架上所擺的書就知道，大部分都是有關軟體架構、架構風格、架構模式、DevOps、自動化、企業架構、精實、敏捷等等的書。你只能找到相對少量之關於人與溝通的書，能涵蓋上述這些主題的書，更是少之又少。

軟體架構師全方面提升指南從更廣泛的角度來探討架構師的角色，填補了這個空缺。它將教你如何避免陷入傳統的、有點功能失調的「業務對 IT」心態、如何去找到能運用並影響到組織視野的關鍵點、如何作有效的決策、如何與供應商打交道，以及如何跟組織上下層級中的所有同仁溝通。對一個想要成功扮演架構師角色的人來說，這些都是基本的要求。

參考延伸閱讀可看到更多本書中介紹之實務技巧與技術的補充，但壞消息是，許多相關故事聽來，你會覺得這些事情再熟悉不過了！雖然 Gregor 的故事與設有一個傳統 IT 部門之中大型公司裡的許多工作者更為相關，但其中大部分的過程，也適用於站在新浪潮上的「數位公司」。看到這些狀況同樣出現在這類的組織裡，也令我感到訝異！

整體而言，這是一本適合架構師或有志成為架構師之人閱讀的一本絕妙的書，勝過其他討論相同主題的書。透過本書，你能快速地盤點自己架構工具箱中現有的工具組。我非常推薦本書給想要有所作為的架構師或 CTO 之類的人來閱讀。無論你是正在尋找擴展自身技能的方法、想要瞭解架構到底是什麼，或是已經被賦予提高組織生產力與成效任務的人，都可以在本書中找到能提升自身能力的方法。

— *Simon Brown*,
Software Architecture for Developers 作者

推薦序

我還記得第一次被指派要在一個 IT 部門中組織一個架構團隊的事。當時我還不知它意味著什麼,但覺得這件事聽來就很酷,有信心能把它搞清楚。不過,這個自信只維持了大概 5 分鐘,因為有個團隊成員問我,我們要扮演的是技術架構師還是企業架構師,我才知道自己根本不瞭解二者間的差別!

二十年後,我有幸成為一個全球性組織的首席架構師,雖然還沒能完美地掌握到架構師的工作精髓,但我瞭解到,面對這種模糊不清的狀況而還能泰然處之,就是一位好架構師最重要的特質之一——會問一些尷尬的問題,像我的團隊成員那樣,則是另一個重要特質!

本書透過生動描繪在目前資訊技術革命進程下之架構師生活與使命的方式,幫助你瞭解成為一名架構師會是什麼樣的一種情況。團隊跟我的時間都花在搭乘架構升降梯:從組織的這邊跑到另一邊、對接、解釋、質疑,並在資訊不完整的情況下,試著做出好的決策。這部升降梯成天載著我們在從程式碼到業務策略的樓層間,來來回回地上下移動著。

架構在企業科技領域裡已經被斷斷續續地關注了一段時間，架構師有時也常會被指責成「沒啥建樹」的人。我相信架構師體現出二件非常重要且求之未必可得的事：他們行之有理，他們明智決策。不論架構師是幫其組織瞭解一個愈來愈難掌握的領域，或者是找出其必須要做的決策並設法以合理的方式，在正確的時間點做出這些決策，這都是架構師應盡的責任。此外，如同本書所說明的，若你沒辦法做出有意義的決策（第 6 章），讓決策明確，並協助同仁理解這些決策，你就不能算是在做架構。

當然，這並不是輕易就能駕馭的技巧。人類瞭解複雜事物的能力有限，在資訊有限的情況下，很難做出好的決策。架構師可以透過採用合適的技術與多年經驗累積所成的思考方式，來協助自己與其所屬的公司。他們可以把學習曲線變成是斜坡而不是斷崖，讓理念更能被理解，透過市場的語言來做出更好的決策（第 18 章），同時也將一些好的作法推廣給企業（第 9 章）。

架構無法一直持續受到關注的其中一個原因是，組織需要架構師做的事已經變了。在我的職涯中有一些時刻，組織認為我應該去定義他們的現況與未來，並找出連結二者的通道。這是一種可被理解的信念：想要瞭解我們目前所處的狀況，我們要何去何從，以及我們怎麼到那裡去。這似乎很合理。但這種信念也是基於一種靜態的世界觀而來的，在這種觀念下，所有的變化都由穩定的狀態所衍生。

在當今世界中，運行任何組織的技術必須是動態的，而且組織也必須能夠去調整技術以順應經濟的速度（第 35 章）。現今架構師的任務是為組織的速度與活力創造條件：同時滿足速度調整與提升服務品質的設計目標（以及協助同仁瞭解這些目標並沒有衝突；第 40 章）。若你仍舊認為你的任務就是用數年的規劃來定義未來的架構，則可以先看看本書的第五部。

用架構升降梯這種形象來說明是貼切的，因為它是一種貫穿組織中心的一種持續性行動。升降梯也是一種轉型技術：這個發明造就了摩天大樓，永遠地改變了我們天際線的景觀。如果你想成為一名架構師，那麼你應該要能習於這種經常會變動與轉型的生活。如果你充滿好奇心，常常追尋問題的答案，渴望與人交流，也想參與決策，架構師也許是你想扮演的角色。你還是不會知道架構師需要做的所有事情，但本書可以協助你去把這些問題的答案找出來。

—*David Knott* 博士，
HSBC 首席架構師

關於本書

當數位經濟改變了傳統企業的遊戲規則時，架構師的角色也有了根本上的變化。架構師不再只專注在技術實作面，他們必須連結組織中設定商業策略的高層，與能實現科技的技術部門。唯有連結起這兩個部分，IT 的角色才能從成本中心轉變成數位競爭力的優勢。從組織裡的這個樓層走到另一個樓層是沒辦法搭起這種連結的。現代的架構師會採取快速路徑來跳過現有結構：**架構師升降梯（Architect Elevator）**。

本書能協助（啟發）架構師擁抱對架構師有意義的新觀點，並讓他們能搭著架構師升降梯，在許多樓層之間穿梭，讓組織與技術的發展齊頭並進，推動持續性的變革。

首席架構師的日子：並不是孤獨地待在上頭

我們對 IT 領導者與首席架構師有許多期待：他們必須在 IT 仍被視為是成本中心的組織中活動，其在這類的組織中，所做的事代表跟「改變（change）」相反的「執行（run）」，而中階管理者就成了既不用瞭解商業策略也不用清楚底層技術，只要照章辦事就行的人。一直以來，架構師被期待著要能掌握最新科技、管理供應商、將漂亮的行話，轉換成有用的策略，然後還要能招募頂尖的人才。然後，這並不令人意外，資深的軟體與 IT 架構師就成了世界上最搶手的 IT 專業人才之一。

然而，期望如此之高，要如何才能成為一位成功的首席架構師呢？而在成為架構師之後，你要怎麼跟上環境的變化呢？成為首席 IT 架構師之後，我期待的並不是找到任何神奇的答案，反而是在找一本書，能讓我不用一直重複現有解決方法的書。

我參加過許多 CIO/CTO 的活動，雖然有用，但這些活動主要都聚焦在高階發展方向上，而不是關心如何在某一技術層次上，實際地完成一項任務。在沒辦法找到一本合適參考書的情況下，我決定將自己超過 20 年從事軟體工程師、顧問、新創公司共同創辦人與首席架構師工作的經驗集結起來，寫成一本我自己的書。

我會學到什麼？

本書依照支援大型 IT 轉型的架構師職涯，將內容安排成幾個主要部分。這個職涯的發展過程，將從靠近 IT 引擎室的地方開始，然後慢慢往組織的層峰靠過去：

第一部，架構師

在企業情境下，瞭解一位架構師所應具備的素質。

第二部，架構

將架構的價值主張重新定義為變革驅動器。

第三部，溝通

向各利害關係人有效傳達技術課題。

第四部，組織

運用架構心態去瞭解組織結構與系統。

第五部，轉型

在組織中持續推動變革。

第六部，結語：架構 *IT* 轉型

扮演變革代言人的角色。

邀請你按照從技術性到組織性主題的順序，從頭到尾把本書看完。當然，你也可以從最感興趣的章節開始，細讀本書。運用所附的延伸參考資料來交叉對照，照你的順序來閱讀。畢竟，網際網路就是這樣，我想，也許也能用這樣的方式來閱讀本書。

這不是一本技術性的書。這是一本討論如何提高架構師水平，使其能在大型組織中，有效運用自身技術能力的書。本書不會教你如何架設 Hadoop 叢集，或運用 Docker 與 Kubernetes 來做好容器編管（container orchestration）工作。相對地，本書會教你如何解析大型架構；如何確保你的架構有利於商業策略；如何運用供應商的專業知識；以及如何在關鍵的決策上，與上級管理層溝通。

它確實有用嗎？

如果你是在找科學證據，能讓一個科技組織轉型的可重現「方法」，你可能要失望了（不過，若你找到證據，請讓我知道）。本書的結構並不那麼制式，你要的可能只是一些能讓你成功的建議，但卻不得不被迫讀一些看似無關緊要的閒人軼事，你可會有點惱火。不過，這些軼事就是架構師在日常工作上會碰到的。你不能照其他人所做出的決策依樣畫葫蘆，但卻可以從他們的經驗中學習，而做出更好的決策。

本書以我在 IT 界 20 多年的工作經驗為藍本。我擔任過新創公司的共同創辦人（很有趣，但錢不多）、系統整合師（提高稅務稽核效率）、顧問（弄了很多 PowerPoint）、作者（蒐集並記錄許多洞察）、網際網路工程師（創建未來）、一家大型跨國企業的首席架構師（棘手，但報酬豐厚），以及 CTO 顧問（洞察跟分享）。我認為 IT 轉型是帶有個人色彩的，因為架構在本質上某種程度帶有個人的色彩。望著一座知名的建築物，你大老遠就可以認出設計它的建築師來。看來像白色盒子：Richard Meier；看來都是彎彎扭扭的曲線：Frank Gehry；看來像編織交錯出來的線條：Zaha Hadid。雖然沒有這麼戲劇化，但每一位（首席）IT 架構師著重的重點與風格，都會展現在其作品之中。

本書所集結的這些洞察，反映了我的觀點，用「雞塊」式的寫法可便於理解，也可被更加廣泛地運用。側欄裡所寫的則是在傳統與數位公司中所習得的經驗。

架構師是很忙碌的一群人。因此，我試著將我的洞察包裝成容易吸收的故事，希望它們讀起來會有趣一些。我期盼你在這條路上，能體會到一種混合了「不是只有我遇到這種問題」跟「那是一種看待事物之新角度」的感覺。

關於架構與轉型還有許多未能擺進本書裡頭的東西，因此你可以在參考資料裡，看到我建議閱讀的其他相關書籍與文章，它們都有助於你繼續更深入地探究任何特定的主題。

講個故事給我聽

我選擇用一些故事來架構出本書，因為我們身處於一個複雜的世界中，講故事是一種很棒的教學方式。有研究指出，比起純粹的事實列舉來，人們更容易記住故事。也有證據顯示，聽故事能觸發大腦其他的部分，幫助我們理解與記憶。亞里斯多德早就知道一場好的演講，其成功的因素不只包括**邏輯**（*logos*），即事實與結構，還有**品格**

（**ethos**），令人信賴的特質，以及**情感**（**pathos**），情緒，而這些都能被一個好的故事所引發。

要讓組織轉型，你並不需要去解數學方程式。你需要讓人改變，這就是你為什麼要能講出一個好故事，畫出一幅具有說明力之願景圖的原因。你可以從運用本書中容易引人注意的標語（「殭屍要吃你的腦了！」）開始，然後再接著講你自己的故事。你曾看過人們在看電影時，即使他們知道故事是虛構的，這些表演都是假的，但卻也哭了又笑了嗎？這就是講故事所發揮出來的力量。

編排慣例

本書呈現許多強調傳統與數位公司之對比的真實故事。底下的圖示代表著相對應之角色的故事：

 「經理」圖示代表的是描繪傳統 IT 組織之思考與工作方式的例子。

 「數位原生代」圖示代表的是描繪現代「數位」組織運作方式的例子。

 這個圖示代表一般的註記或評論。

 這個圖示代表警示或提醒。

保持更新

本書出版後，我的腦袋並不會停止產生新的想法。想要知道我的新想法，也想要湊一腳的，可以：

- 加我的 Twitter：*https://twitter.com/ghohpe*

- 找我的 LinkedIn：*http://www.linkedin.com/in/ghohpe*

- 看我部落格上更多更詳細的想法或文章：*https://architectelevator.com/blog*

致謝

透過走廊上的交談、開會時的討論、稿件的審評、Twitter 上的對話或者是在一起喝啤酒時的閒聊，有許多人在有意無意間對本書產生了影響。我無法一一答謝所有對我有所啟發的人，在此僅列出其中對本書產生重要影響的朋友。Michael Plöd、Simon Brown、Jean-Francois Landreau 以及 Michele Danieli 這幾位提供了許多重要的建議與回饋。Matthias "Maze" Reik 仔細地校對了書稿，Andrew Lee 則找出了更多的拼寫錯誤。我的前主管，Barbara Karuth，審閱並認可了許多在現任與前任同事之間有洞見的對話。最後，*Kleines Genius* 則持續地在精神上給予我鼓勵與支持，這也相當重要。

第一部

架構師

在 IT 企業中,架構師的工作既令人感到興奮也具有相當的挑戰性。不少經理人與技術人員認為他們只是一群領著過高的薪水,成天活在自己象牙塔裡頭的人。他們脫離現實,只知道用投影片與一面牆那麼大的海報,把自己的想法強加在其他人身上。而且,他們還經常會追求一些八竿子打不著的理想,延宕了專案的時程。

往好處看,因為傳統企業正尋求 IT 轉型以與數位顛覆者競爭,IT 架構師已成為某些最吃香的 IT 專業人士之一。但諷刺的是,不少擁有世界級軟體與系統架構的知名軟體公司,卻連個架構師都沒有。

所以,除了印在名片上的頭銜之外,是什麼可讓一個人成為一名架構師?

架構師不是什麼

有時候,說明某件事物不是什麼,比給它一個明確的定義,要來得容易。就架構師而言,過份誇張的期待,甚至可能把架構師描繪成左手能解決效能問題,右手能轉變整個企業文化的人物。這樣的期待就會誤將架構師當成是下列幾種角色,而明顯地偏離了架構師的職責:

資深開發者

開發者的下一個職涯發展目標（與薪資等級），通常就被設定成是成為架構師。不過，成為一名架構師與一名明星工程師是二條不同的職涯道路，二者並沒有哪一條路比較好的問題。架構師必須涉獵的層面比較廣，涵蓋組織性與策略性的面向，工程師則傾向專注於可行軟體的交付上。成熟的 IT 組織應該要瞭解這種情形，提供平行的職涯發展道路，讓工作人員適性選擇。

救火隊

因為架構師對現行系統有著廣泛地瞭解，許多經理人都希望架構師能處理問題並應付各種突發狀況。架構師不應該忽略產品問題，因為這些問題就是寶貴的回饋，反映出了可能的架構缺陷。若一位架構師要忙著做一堆滅火工作的話，就沒有時間去思考架構，如此架構就無法推行。

專案經理

架構師必須能兼顧許多不同但相關的事務。他們的判斷需要考慮（並會影響）到專案時程、人員配置與其所需的技能。因此，較高階的管理人經常會依賴架構師提供專案資訊，特別是專案經理人忙於填寫狀態報告範本的時候（第 30 章）。對架構師而言這是一件不容易處理的事，雖然它是一件有價值的工作，但卻不是架構師的主要任務。

科學家

架構師需要有敏銳的智力，也必須能以模型與系統的方式思考（第 10 章），但他們所下的決定卻會衝擊到實際的業務專案。因此，許多組織會將首席架構師與首席科學家的角色拆分開來。個人傾向用首席工程師來強調架構師的產出不是只有論文。最後，雖然科學家可將事情弄得看起來很複雜且不容易瞭解，讓自己的論文得以發表，但架構師的工作恰好相反：要讓複雜的事變得容易瞭解（第 8 章）。

架構師的許多樣貌

架構師在不同抽象層次的環境中工作。就像現實生活中的建築物會有城市規劃師與建築、景觀與內部架構師那樣，IT 架構師會有許多特化後的樣貌：你會看到網路架構師、安全架構師、軟體架構師、解決方案架構師、企業架構師與更多其他不同類型的架構師。像在真實世界中那樣，各種架構師都同樣重要。舉例來說，住在規劃不良，到處都是交通阻塞，公共設施欠缺的都市裡，雖房子的架構完善，但這跟住在運行順暢城市中架構不良的房子裡一樣，令人感到沮喪。IT 界也是如此——你的優美設計與完善模組化的應用，若搞錯重點或只是重複現有應用所做的事，有做跟沒做是一樣的。同樣地，若應用無法與企業網路結合，沒有多少使用者會覺得好。因此，哪一類架構師比較重要並不是重點；重要的是要能讓各類的架構師一起合作，一起把事做好。

架構師處理非需求

通常我們會認為開發者要處理功能性的需求，而架構師要處理的是非功能性的需求，通常是那些常被稱為"某某性"的：可擴展性（scalability）、可維護性（maintainability）、可取得性（availability）、可交互運作性（interoperability）等等。但實際的情況並不這麼單純。我更常看到架構師要處理非需求（*nonrequirements*）。這個詞並不是指那些不需要做的事，而是那些不是到處都會講的需求。包括情境（context）、隱性假設（tacit assumptions）、潛藏的相依性（hidden dependencies）以及其他從沒被講出來的東西。把這些隱性的需求找出來，並明確地將它們呈現出來，這是架構師最有價值的貢獻之一。再次強調，這些工作可能由企業架構師到軟體架構師的任何層次中開展——這就是那個重要的連結。

衡量一名架構師的價值

架構師的價值並不是那麼容易可以說清楚的。通常我會這麼向別人說，若一套 IT 系統經過許多年之後仍能承受得住高的變動率，則這個專案團隊裡頭一定有名好的架構師。現今，要用幾年才來衡量一名架構師的價值，似乎有點不切實際。其實，我們可以從幾個面向（dimensions）來觀察架構師所產生的價值：

架構師會 "把點連起來"

通常，一套 IT 架構中的每一個獨立元素，都是經過深思熟慮而出且能運作良好的，不過所有這些完善系統總體的產出，還是無法滿足業務所需。架構師會檢視這些盒子，確保它們之間的相互依賴性是清楚的。

架構師懂得權衡利弊得失

系統設計與發展涉及到許多決策。大部分有意義的決策並不會只有好的影響，也會有不好的影響。架構師會權衡利弊得失，依據目標與原則取得平衡。

架構師注重的不只是產品

有太多的 IT 決策是為產品選擇（product selection，第 16 章）所驅動的。架構師不只要看著產品名稱與功能列表，還要考慮許多事情，以萃取出決策的選項並權衡其輕重。

架構師要提出策略

IT 的目標是要支援商業策略。架構師透過將商業需求轉化成技術的驅動力來搭建出二者的連結。

架構師與複雜度奮戰

IT 是複雜的。架構師會平順地減少複雜度。比方說，架構師會以架構審查委員會的形式進行治理與開創（第 32 章）。其中也包含了讓系統 "退休（retiring）"（電影銀翼殺手中的用語），除非你想在殭屍之間掙扎著過活（第 12 章）。

架構師能交付

對架構師而言，腳踏實地面對現實，並從真實的專案實作中取得回饋，是很重要的。否則一切在掌控之中就還是錯覺。（第27章）。

由此可見，在漂亮的架構圖背後，架構師還是做了很多事情！

架構師如同變革的代言人

現今，成功的架構師已不僅僅是 IT 專家，他們也扮演著重要的變革代言人。因此，架構師必須擁有一套特殊技能而不僅是科技。

本書這部分的章節會讓你為這個角色做好準備，這些內容會教你如何去：

第 1 章，架構師升降梯

搭著架構師升降梯，跨越組織的各個層面。

第 2 章，明星架構師

像電影明星那樣，扮演具不同人格特質的角色。

第 3 章，活在一階導數中的架構師

活在一階導數中。

第 4 章，企業架構師或企業中的架構師？

連結業務與 IT。

第 5 章，三腳架構師

不只擁有技術，那只是架構師的一隻腳。

第 6 章，作決策

在面對不確性時，練就好的決策紀律。

第 7 章，質疑每件事

質疑每件事，直搗問題核心。

1

架構師升降梯

往返於頂樓與引擎室之間

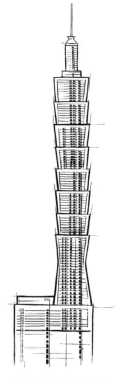

搭升降梯才能上高樓

架構師扮演著連結與轉譯的關鍵角色，特別是在一個各部門講著不同語言、有不同的觀點，甚至是往不同目標努力的大型組織中，架構師尤為重要。許多管理層級只會透過電話往上或向下溝通，無疑加劇了

公司層級間的隔閡 [1]。最糟的情況是掌握資訊或專業的人沒辦法被賦予做決策的權限，而有權做決策的人卻無法掌握相關資訊。這對企業的 IT 部門而言，並不是好事，特別是科技已成為大多數企業重要驅動力之一的現今。

架構師升降梯

架構師能填補大型企業裡的這個重要間隙：他們密切地與負責專案的技術人員合作與溝通，也能將技術議題傳達給上層的管理圈，而不漏失訊息的本質（第 2 章）。從相反的方向來看也一樣，他們瞭解公司的業務策略，也能將之轉化成技術決策並提供有力的支持。

若將組織的層級想像成是建物中的樓層，架構師就能運用我稱之為架構師升降梯的無形結構：他們搭著升降梯上下，在大型企業的決策辦公室與實際打造軟體的引擎室間來回穿梭。在各層級間這樣的直接連結，在快速 IT 演化與數位衝擊（digital disruption）的時代中，更是比以往任何時候都要來得重要。

把這個類比延伸一下，放到大型船艦的情境下來看，若艦橋的指揮官發現有障礙物，油輪需要轉向迴避的話，他們會讓引擎逆轉，把船舵轉向右舷。但若當時的引擎正以最高速前進，則將發生一場大災難。這也就是為什麼即便是一艘老式的蒸氣船，也會有一條用來複頌船長命令之通訊管線的原因。在大型企業中，架構師扮演的就是這樣的角色！

某些機構的樓層特別多

回到建物的隱喻上，架構師要搭升降梯過去的樓層數量取決於組織的類型。扁平型組織也許完全不需要升降梯——爬段樓梯就夠了。這也意味著在這類組織中，架構師的這種連結上下樓層的角色，其重要性

---

1 在這種電話遊戲中，小朋友們圍成一圈，一個接著一個地傳遞訊息。當訊息傳回到原發訊人時，他會發現，訊息幾乎在過程中完全走了樣。

也許小一些：若管理是能敏銳地在細節的需求層次上覺查到技術上的現實，而技術人員也能直接參與高層管理工作的話，則少一點「企業」架構師是有必要的。我們可以說，這種數位公司是開在平房裡頭的，因此不需要升降梯。

在升降梯隱喻中的架構師價值，不應該由他們能上到多「高」來衡量，而應該由他們能涉足於多少樓層而定。

不過，駐紮在大型組織中的典型 IT 團隊，似乎有許多樓層蓋在他們的頭上。他們在摩天大樓裡頭工作。樓是如此之高，以致於單一個架構師升降梯可能無法涉及於所有樓層的事務中。在這種情況之下，若一位技術架構師與一位企業架構師互相搭配，並各自負責自己在「那一半」建物中的責任區，還是可行的。在這種情境下，架構師的價值不應該由他們能上到多「高」來衡量，而應該由他們能涉足於多少樓層而定。在大型的組織中，位居頂樓中的那些人可能會犯只看到並評價上半建物中之架構師的錯誤。相對地，許多開發者或技術架構師會將這類「企業」架構師視為是比較沒有用處的，因為他們不寫程式。某些情況下，這可能是真的——這類架構師通常喜歡待在建物上層，他們不太會再熱衷於搭升降梯下來。不過，一位願意下到建物下半層來與技術架構師們分享策略看法的「企業」架構師，就能產生顯著的價值。

不是一條單行道

你總是會遇到一些搭升降梯但一到了樓頂就不會再下來的人。他們太享受頂樓上的好景緻，從而覺得他們不用再努力工作，到髒髒的引擎室來。通常，你只要聽到像「我以前是搞技術」這樣的一句話，就能認出他們。而我也會忍不住要這樣子反駁「我以前是個經理」（這是真的），或「你為什麼不再做了？現在不擅長搞技術了？」若你要更老練些（或哲學一點），可引用 Fritz Lang 拍的電影大都會（*Metropolis*）中的情節，在人們瞭解到「頭跟手需要協調」之前，頂樓與機房間的隔閡，幾乎讓整個城市完全被摧毀。無論如何，升降梯是用來搭著上下跑的。地下室被水淹時，待在頂樓裡吃魚子醬並無法轉變企業 IT。

搭乘升降梯在組織裡上下跑，對架構師而言，也是一種重要的機制。
如此可以取得對決策的各種看法，也能瞭解其在實行階段的各種可能
結果。時間長的專案實踐循環無法產生一種好的學習循環（*learning
loop*，第 36 章），可能還會導致一種「架構師的夢，開發者的夢魘」
狀況。在其中，架構師能達成其抽象的理想，但其實作則不切實際。
只讓架構師享受往上看的樂趣，總是會變成可怕的只講權威不講責任
的反模式[2]。這個模式唯有在架構師必須去面對，或至少觀察到，其決
策之結果時，才能打破。要能這樣做，他們必須持續地搭著升降梯上
下跑才行。

高速升降梯

在過去，IT 的決策離商業策略很遠：IT 非常「普通（vanilla）」，且
其主要的參數，或重要效能指標（key performance indicator，KPI）
卻不便宜。因此，跟新資訊比起來，搭不搭這升降梯，並不那麼重
要。但現今，即使就「傳統」企業而言，企業目標與選用技術間的
連結已更為直接。舉例而言，想把上市時間（time-to-market）弄得
再快些的這種期望，其所形成的競爭壓力已轉化成對彈性雲計算的
需求，也就是說，應用需要能橫向擴展，所以需要將之設計成無狀
態（stateless）的形式。客戶管道上的目標內容，需要分析性的模
型，這需要透過 Hadoop 叢集（cluster），去攪動大量的數據才能調
整，而這反而又傾向於運用本地端硬碟式的存儲，超過共享網路式
的存儲。用一、二句話來說，企業所需要的，已轉化成應用或基建
（infrastructure）的設計，而這就強調了架構師得要去搭這升降梯。
而且，他們愈來愈需要搭高速的升降梯，以跟上企業與 IT 交織融合的
步伐。

在傳統的 IT 公司裡頭，建物中的低樓層可能擠滿了外部顧問（第
三十八章），這可讓企業架構師不用動手去處理事情。不過，這樣一
來，因為只著重在效率上，而忽略了速度經濟（economies of speed，

---

2 "Authority Without Responsibility," Wikiwikiweb, 2004, *https://oreil.ly/WhXg-*.

第 35 章）。在技術快速演化的時代中，這樣子的配置，成效必定不佳。以往習於待這類環境中的架構師，必須要擴展其角色，由供應商技術的純消費者，轉化成能主動定義技術的角色。要這樣做，他們需要發展自己的 *IT* 世界觀（第 16 章）

乘客群像

若你正如一位成功的架構師，搭著升降梯上上下下，你也許會在升降梯裡遇到一些人。也許你會，比方說，遇到一些業務或非技術的人，這些人已更深地瞭解到 IT 就業務而言是很重要的。善待這些人，把他們帶上，帶他們到處看看。

加入他們的對話──這能讓你更瞭解業務需求目標。也許，他們甚至能帶你到從未去過的更高樓層。

你也許也會遇上從頂樓搭電梯下來，只想要用一些行話來推銷自己想法的人。我們不管這些人叫架構師。只搭電梯但不出去的人，通常被稱為梯弟（*lift boys*）。他們從頂樓的忽視中獲益，所追求的是一種不用與實際技術接觸的「技術」職涯。透過讓他們對引擎室所發生的事感興趣，你也許能夠改變其中的一些人。若你沒成功，則大家最好就維持電梯裡的那種心照不宣的沈默，看看每一塊天花板磚的細節，以避免眼神的接觸。把你的「升降梯高論（elevator pitch）」留給與資深高管共乘一部升降梯時發表，而不用說給僅是傳訊息的人聽。

搭升降梯的危險

你可能會認為雇主會很感謝架構師搭著升降梯上上下下。畢竟他們為著企業的 IT 轉型，使其在數位世界中更有競爭力而提供了顯著的價值。令人訝異地，這樣的架構師也會遭遇到阻礙。實際上，頂樓與引擎室間可能已相當習慣於斷開彼此的連結：公司領導者會覺得數位化轉型進行得很好，而引擎室的人卻享受著在沒有許多監督下，嘗試新技術的自由。頂樓與引擎室這樣地斷開連結，就像一艘巡航艦，全速往冰山撞去：等到公司領導人瞭解到底發生了什麼事時，為時已晚。

我曾經被引擎室人員批評，說我強推公司的流程，違背了開發者意向。同一時間，也被公司高層責難，說我只為了樂趣而嘗試新的解決方案。諷刺的是，這似乎代表著我找到了一個好的平衡點。

某些人可能會喜歡這種像比薩斜塔（Leaning Tower of Pisa）的組織，其地基與頂樓並不在同一條垂直線上。在這種建物中搭乘電梯，勢必更富挑戰性。在踏入這樣的環境時，升降梯架構師必須作好面對二邊的抗拒。沒人說作一位推動變革者很容易，特別是當系統抗拒改變的時候（第 10 章）。

在這些情況下，最好的策略是開始小心地連結各個樓層，等待好的時機以分享資訊。比方說，你可以開始向管理層傳達在引擎室工作的那些人，做得多麼好。當你能取得更詳細的技術資訊時，可以讓他們有更高的可見度與識別度。

其他見到你搭升降梯覺得很不是滋味的居民，可在中間樓層找到：看你呼嘯而過，連接層峰與機房，讓他們覺得自己被略過。因此組織中對你的工作，會產生一種「沙漏」型的欣賞：管理層峰將你視為能引領轉型的關鍵，而在引擎室的人也樂意有一位能夠實際瞭解與欣賞他們工作的人。但在中間樓層的人，則將你視為是其生計的威脅，包括其子女的教育費與其在山裡頭的渡假小屋。這是件微妙的事。有些人甚至會主動地擋你的道：要停在每個樓層一一作出解釋——也就是調控（第 30 章）——讓搭升降梯沒辦法比走樓梯快。

最後，因為搭升降梯的人少，擅長做一件事通常會讓其他人說你不會做其他事。比方說，能為管理層做有意義且具啟發性報告的架構師，通常不會被認為是一位優秀的技術師，即使這就是他們的報告有意義的原因。所以，每隔一段時間，你要讓上層的人知道，你也是能待在引擎室的。

弄平建物

與其不辭辛勞地乘著升降梯上上下下，為何不把那些不需要的樓層打掉？畢竟，你任職的數位公司正試著以少更多樓層在競爭著。不幸地，你不能直接把某些樓層直接打掉。而且，把這些樓層打掉，你留下的只會是殘磚破瓦，而不是一棟較低的建築。中間樓層的人通常是組織與 IT 視野中關鍵知識的持有者，特別是，若其中還有大型的黑市（第二十九章）存在的話。因此，短期內，組織沒辦法在沒有他們的情況下運作。

一點一點慢慢將建物打平看來可以是一種長期策略，但這會耗太多時間，因為這需要在公司的文化上，作出根本的變革。這也會改變或消除待在中層樓層之人所扮演的角色，他們會激烈地抵抗。這並不是一場架構師能打贏的戰爭。不過，一位架構師可以開始把事情弄得不那麼緊張一些；比方說，設法讓頂樓的人對引擎室傳來的資訊感興趣，或者提供更快的回饋循環。

2

明星架構師

架構師扮演多重角色

架構師星光大道

架構師除了搭升降梯外還需要做什麼？讓我們試著用另一個類比來看：電影明星。

在看到電影明星前，你得先看廣告或預告短片。在我們的討論中，就有一部有關架構師（architect）這個字本質的短片：它是這希臘字 ἀρχιτέκτων（architekton）演變而來的，這字大致可譯為「主建造者（master builder）」。但要瞭解到，這字是指建造房子與結構的人，而不是 IT 系統，我們應該注意到這字意味著的是「建造者」而不是「設計者」——位架構師應該是實際去建造什麼的人，而不是只畫漂亮設計圖的人。一位架構師也被期待著去成就其專業，而順理成章地成為一位「大師」。現在來談談其主要的特質…

駭客任務：主規劃師

若你詢問搞技術的人，在電影裡頭能不能找到典型的架構師，他們大概會提到駭客任務三部曲（*The Matrix trilogy*）。駭客任務裡的架構師（維基百科，*https://oreil.ly/xuDWC*）是一個「穿著淡灰色袍子、冷酷、嚴肅的白髮男士」，讓他看來很像是一支電腦程式本身。維基百科也標註出這位架構師「講了一長串推理的邏輯論證」，這是許多IT架構師會做的事。所以，或許這個類比很傳神？

 有趣的是：Vint Cerf，這位網際網路的一位主要架構師，與駭客任務中的架構師，有著驚人的相似之處。若說是 Vint 設計出大部分我們生活於其中的母體（Matrix），或許也不是純屬巧合。

駭客任務中的架構師也是一個終極的權威：他設計了「母體」（能虛擬出真實世界，讓用來作為機器電力源的人類生活於其中），瞭解並控制其中的所有東西。企業架構師有時被視為是一種人－全知決策者。有人甚至希望自己所扮演的就是這種角色，部分是因為單純地希望自己成為全知，部分是因為它能讓自己為人所敬重。

自然地，這個角色模型有一些問題：全知最終會讓人類有點太過野心勃勃，而做出差勁的決策，並導致所有其他的問題。即便架構師是個超級聰明的人，他們也只能依據自己所瞭解的來作決策。在一家有著複雜 IT 體系的大公司裡，無論他們有多常搭升降梯（第 1 章）下到引擎室去，也不太可能跟上所有現正運用之科技的發展。因此，他們不可避免地必須依賴中間管理樓層的演示（presentations）、文件或陳述來瞭解狀況。這種通往最高決策者的資訊管道伴隨著嚴峻的挑戰：文件都必須通過的每個樓層，都瞭解到自身能在其中發揮的影響力。

也就是說，這些中間樓層的人傾向將自己喜歡的訊息、提案加進去，且往往忽略了所有的技術價值。文件愈往上走，任何真正的技術內容或潛在的爭議主題當然會被刪掉。結果，上層的架構師被迫接收到拐彎抹角、扭曲且通常帶有偏見的訊息。根據這些資訊來作決策難免會遇到危險。

 我觀察過一些資深管理層所做的簡報，其中所提出的解決方案，不過是一些他們中意之專案的列表罷了，並不是真正的解決方案。有趣的是，也還算幸運，儘管 IT 經驗較少，高層管理者會意識到二者間缺乏關聯。

總結：企業 IT 並不是電影，它並不是要為被養來當電力來源的人們提供幻覺。我們對這種架構師模型應該要有所警惕。

剪刀手愛德華：園丁

園丁是企業架構師稍微更合適的類比。我傾向把這個類比描繪成一部我喜歡之電影中的角色，剪刀手愛德華（*Edward Scissorhands*）。大型的 IT 很像一座花園：事情會自己在其中演變與成長，其中的雜草是成長速度最快的。園丁所扮演的是修剪不合適的部分，在花園中建造出整體的平衡與和諧，關心的是植物的需要。比方說，性喜陰涼的植物應該要被栽種在靠近大樹或小樹欉旁，就像是自動化測試與持續整合（continuous integration，CI）/ 持續開發（continuous development，CD）會比較樂於活在快速演化系統的旁邊。

一位好的園丁，就像是一位好的架構師，不會是獨裁的主規劃師，當然更不會作出讓一株草應該要往哪個方向生長的所有細部決策（日本的花園可能會是個例外）。而且，園丁會將自己視為是一個生態系統的維護者。某些園丁，就像愛德華，是個真正的藝術家！

我喜歡這個類比，因為它很容易為人所理解。複雜 IT 企業常認為，一位有作為的好架構師，應該會具有我們常能在一座漂亮花園中感受到的平衡感。從上而下的除草劑式的管理，不太能有持久的影響力，通常也利大於弊。這種想法會不會導出秩序之本質[1]的一種新體現，我還不確定。我應該先去讀讀這本書。

消失點：指引

Erik Dörnenburg，ThoughtWorks 歐洲公司的技術主管，跟我說了一個非常貼切的類比。Eric 密切地參與許多軟體專案，而這些軟體專案傾向不贊同自認為是全知、能做所有決策與現實脫節的架構師。Eric 甚至提出了沒有架構師的架構（*architecture without architects*）這個詞，這也許會讓某些架構師擔心他們職業的未來。

Eric 將架構師比喻成導遊，也就是去過某個地方好多次，能好好地介紹當地風光，也能和善地指引你注意某些重要景點，並避免不必要風險的人。其所扮演的是一個導引的角色：也許除了把整車的觀光客丟在行程中的某處，專門海削觀光客的餐廳之外，導遊不能強迫他的客人一定要遵守他們的建議。

這類的架構師需要 "透過影響力來領導"，而且必須有足夠的實作能力，以贏得下屬的敬重。這種導遊會隨時跟在旅遊團旁邊，而不會像某些大家印象中只會遞地圖給遊客的顧問架構師。像導遊般行動的架構師，常有堅實的行政管理支持，在他們的導引下，事情總會微妙地往好的方向發展。在純粹的 "業務案驅動（business case-driven）" 環境中，可能會限制這類 "導遊" 架構師的影響與發展。

我很喜歡 1971 年發行的一部講述 Super Soul 這位盲人 DJ 故事的公路冒險電影消失點（*Vanishing Point*），這部電影也可讓我們得到一些啟發。如同許多 IT 專案那樣，這部電影的主角，Kowalski，為了一項極為艱鉅任務，而踏上了一趟死亡之旅，並克服許多路途上的障礙。他不需要交付程式碼，但得要駕駛一部 1970 年的 Dodge Challenger R/T 440 Magnum，在 15 個小時之內，從丹佛到達舊金山。Super

---

1　Christopher Alexander, *The Nature of Order* (Berkeley, CA: Center for Environmental Structure, 2002).

Soul 監聽著警察的通訊網路，並嚮導著 Kowalski，就像架構師接入管理網路，存取著關鍵資訊那樣。這位嚮導追蹤著 Kowalski 的進度，並且協助這位英雄掃除一路上警方（即管理層）所佈下的各種障礙。在 Super Soul 被 "管理層" 處理掉之後，"專案" 開始失去方向，最終就像大部分的 IT 專案那樣：撞得稀巴爛。

綠野仙蹤

架構師有時可被視為是能解決任何技術挑戰的魔法師。雖然這聽起來有點自我膨脹，但確實不是一個大家所期待的好職稱。不過，我所指的這個 "魔法師" 架構師的類比，並不是一位揮著法杖的魔法師，而是 "強大奧茲（Mighty Oz）"：影射的是表面上巨大強大，但實際上卻被一位只是人類之 "魔法師" 所控制的傀儡，這位魔法師原來也只是運用機械裝置來變他的魔法，而贏得他人的敬重而已。

這類精心鋪墊的欺騙，或多或少都可在 "正常的" 開發人員很少涉入管理層討論或重大決策中的大型組織中看到。這是 "架構師" 頭銜能被用來讓自己變得稍 "大跟強" 一點的地方。這個投射可以獲得一般人的敬重，甚至也可能是能搭升降梯到頂層的先決條件。這是作弊嗎？我會說 "不是"，除非你過於迷戀這魔力，以致於忘了你的技術根基。

超級英雄？超級凝膠！

與魔法師類似，對架構師的另一種常見的期待是視其為超級英雄：若你相信某些徵才啟事的話，企業架構師能單槍匹馬地把企業推到數位時代裡頭，解決任何技術問題，而且總能跟得上最新的科技。有許多刁鑽的期待要滿足，所以，我要警告每一位想要從這種常見錯誤認知中獲利的架構師。

Intel 公司的 Amir Shenhav 很貼切地指出，與其找位超級英雄，我們真正需要的是 "超級凝膠" 架構師 —— 這些人能夠將架構、技術細節、業務需求與大型組織或複雜專案中的所有人凝聚在一起。我喜歡這個比喻，因為它將架構師類比成催化劑。我們只需小心一點：成為凝膠（或催化劑）表示要去瞭解你要粘在一起的那些東西之優點。就像成為一個好媒人那樣：你要找到能匹配的組件，然後去瞭解這些組件的內涵。

撥通電話

你應該是那一類型的架構師？首先，似乎還有更多的類型與電影類比。你可以去扮演電影全面啟動（*Inception*）中的角色，然後打造出帶有（危險）轉折的夢幻結構世界。扮演電影哈啦瑪利中，爭論智利建築結構的騙子，或是（更驚悚的）烏托邦劇情片摩天樓（*High-Rise*）中的 Anthony Royal —— 有許多可能性。

最後，大部分的架構師所展現出的是這些典型特質的混合體。能定期與同仁交流、照顧到各個層面、發揮引導作用並能引起同仁們的共鳴，再加上一點博學多聞，這就能成為一位相當不錯的架構師。

3

活在一階導數中的架構師

在持續變動的世界中，
你目前所在的位置並不是很有意義

架構需求的推導

定義一套系統的架構是一種平衡許多目標的工作（但通常是有衝突的）：具彈性的系統可能很複雜；高效能的系統可能難以理解；容易維護的系統可能在初期建構時要花更大的功夫。雖然這些都是讓架構師的工作能如此有趣的原因，但也讓在作架構性決策時，難以抓準重要的驅動因素。

變動率定義出架構

若要我指出一個影響架構的主要因素，基於思考相反問題的答案：在何種情況下，一個系統可不需要任何的架構？我會將變動率（*rate of change*）放在表列的最上面。雖然，身為一個架構師，這並不是一個很自然就能提出（或回答）的問題，但它卻可以反映出何種系統屬性的存在，會讓架構變得有價值。在我的認知中，只有從來都不變動的系統，才無法從架構中獲得優勢。若一系統的所有相關事務都 *100%* 固定，則只要讓它能運行，其實就夠好了。

現在，把這個邏輯回復到原來的位置，其實變動率很自然地是一個架構之價值與架構之決策的主要驅動力。不難看出，一個不需要太多變動的系統相較於一個需要長期因應頻繁變動的系統，會有截然不同的架構。因此，好的架構師，能處理變動。也就是說，他們生活在系統的一階導數之下：函數值得變動多快的數學表示[1]。

當我們瞭解變動對架構的影響之後，思考影響一 IT 系統之各種形式的變動，是有用的。最先想到的，是功能性需求的變動，當然還有更多的變動：傳輸量或要處理之資料的變動、把運行環境搬到雲端、或業務情境的改變，如讓系統支援不同的語言或由不同的用戶操作等。

1　函數的導數量測該函數輸出值之變化對輸入值之變化的敏感度。

變動 = 特別的業務

儘管有句流行的話說"唯一不變的就是變動",傳統的 IT 組織跟變動之間,通常會有某種程度的緊張關係。常會在引擎室裡聽到的"別碰運行中的系統"(第 12 章),就顯露出了這種心態。當變動無法避免,IT 部門會好好地把它打包成一個專案。結案或啟動是 IT 專案相關人員最開心的時刻,而諷刺的是,通常這是真正的使用者第一次必須去使用系統的時候。這二個環節之所以令人開心的原因是事情可以被歸到"一般業務",即,不會有任何變動的穩定作業之上。

 把變動包裝成專案,反映出組織相信"沒有變動"是正常、符合期待的狀態,而"變動"則是間歇性的特別狀態。

因此,許多組織系統被設計成用來控制或預防變動:預算決策過程會限制變動的花費;品質控管會限制產品中的變動;專案規劃與需求文件則限制了變動的範圍。要讓一個軟體交付組織轉型,讓它能擁抱變動,需要調整這些流程來支持。在一開始就不能忽略這些想要因應變動的(通常是有用的)動機,而不是一味地閃避變動。這不容易做到,也是本書要用一整部來討論轉型(第五部)的原因。

變化中的變動率

科技是一個快速變動的領域:IT 產品的版本號碼有三段,我們已司空見慣:"嗯,若你還是停在 2.4.14 版上,我不太能幫得上忙;該升級到 .15 版了"。

幸運的是,並不是 IT 裡所有的東西都變動快速:大部分通用的處理器架構,Intel 的 x86 處理器架構,是在 1978 年被弄出來的。現在行動裝置上普遍被運用的 ARM 晶片,是在 1985 年的設計基礎上打造出來的。Linux 與 Windows 作業系統,早已過了它們的青少年期,甚至 Java 也在幾年前發佈了第 9 個主版本,面市也超過了 20 年,之後發佈的最新 Java Spring 框架,推出也達 15 年之久了。

很自然地，這樣慢的變動率可在所謂的 IT 堆疊（IT stack）中的較低層，大量地被觀察到：大量被安裝使用的硬體與作業系統與許多相關的軟硬體組件（dependencies），完全被替換掉的成本會相當龐大。也就是說，就此而言，我們會看到比變革（revolution）更多的演進（evolution）。這些科技基本上是金字塔的地基（第 28 章），賦予我們在其上進行建造發展的穩定基礎。

在頂層，事物變動的速度會變快。比方說，流行的 AngularJS 框架，它推出後只有約 5 年，就被非常不一樣的 Angular 框架所取代。Google 的 Fabric 框架，也差不多過了 5 年左右，就被 Firebase 取代掉了。此外，Google 的 Mashup 編輯器，那時我很喜歡用的工具，也差不多只存續了二年。

> 事物變動得很快，而且只會變得更快。若變動率是架構的一種驅動力，我們應該會需要更多的變動！

雖然目睹產品的早夭一定會讓我們感到難過，但新產品與工具興起的速度，則為我們描繪出更精彩的前景。就拿由雲端原生計算基金會（Cloud Native Computing Foundation，CNCF）所提出的 Cloud Native Interactive Landscape（*https://oreil.ly/bnk5E*）來說，它會讓你感覺到，要建構現代化的應用，需要的可用材料會愈來愈多。

軟體系統的一階導數

若一位架構師主要關注是的一階導數，這有某種程度上的抽象概念要如何轉化成實際的系統架構？思考一下系統的哪一部分決定了它的變動率，可以得到一些線索。對一個訂製系統而言，變動的關鍵因素是建構工具鏈（build toolchain），即將原始碼轉換成可執行形式，然後再佈署到執行期基建（infrastructure）中的部分。

> 軟體系統的一階導數是其建構與佈署的工具鏈。

所有軟體的變動（更好的），都會透過這套建構與佈署工具鏈。這套軟體工具鏈就是一階導數，要增加系統的變動率需要一套校調完善的工具鏈（第 13 章）。

這並不令人感到意外，近年來，業界為了要讓軟體的交付更順利，投入了大量的關注與努力：持續整合（Continuous Integration，CI）、持續佈署（Continuous Deployment，CD）與組態自動化（configuration automation）就是全方位地要來增加軟體系統的一階導數，進而加速軟體的交付。沒有這些創新，日日或時時的軟體佈署是不可能達成的，公司也會因沒辦法持續進步與時常更新，而無法在數位市場中競爭。以往，建構系統被視為是鞋匠的孩子，意思是它並未受到重視，如今，它們跟產品系統一樣，運行在同一類型的基建上。容器化（containerized）、全自動、彈性、雲端型的隨選建構系統（on-demand build systems）正迅速地成為常態。建構與維護如此複雜之建構系統的團隊，明顯地生活在一階導數之中！

為一階導數而設計

設計一套能因應變動的系統時，通常從相反的方向來思考會有所助益——從阻礙變動的角度來看：

相依性

系統組件間若存在太多相依性，一旦有些微變動，則會有許多地方需要調整，增加了工作量跟風險。系統中相依性較少的（比如說，因為其較模組化，而且分工清楚）會將變動限縮到小範圍裡頭，通常會因此而能承受更高的變動率。根據 *Accelerate*[2] 一書作者們所進行的研究顯示，將系統組件解耦合（decoupling）是影響軟體交付能力是否能維持的最大因素。

摩擦

變動的成本與風險會，比方說，因長時間的基建準備工作或過多的手動部署流程而產生的摩擦而增加。因此，在一階導數下工作的團隊，會確保他們的軟體建構鏈是完全自動化的。

2　Nicole Fosgren, Jez Humble, and Gene Kim, *Accelerate: Building and Scaling High Performing Technology Organizations* (Portland, Oregon: IT Revolution, 2018).

品質不良

好的品質需要投入額外的時間與功夫，這是常見的錯誤認知。反過來才對：品質不良會拖慢軟體交付。要改變一套測試不完善或建構不良的系統，需要花更多的時間，而且很可能會把系統搞壞。

恐懼

這通常會被忽略了。一位程式設計師的態度，對變動率有著重要的影響。在不良或低層次之自動化上進行變動，會是風險相當高的操作，開發者會因此而畏懼作出改變。這將導致程序碼的腐化，然後又提高了變動的風險──令人討厭的惡性循環。

上述的列表呈現出架構師可用來提升速度的幾種槓桿，有些是技術屬性，有些則與團隊的態度有關。這是技術型與組織型架構如何攜手並進的另一種看法。

自信帶來速度

若恐懼讓你慢了下來，那自信應該可以提高你的速度。自動化測試做的就是這個：它們能讓團隊有自信，進而提高變動率。這就是為什麼判斷一套系統是否具有足夠的測試涵蓋率，不該用有多少百分比的程式碼被涵蓋來衡量的原因。反而應該用團隊是否有自信進行變動來衡量才對。

 問問一個開發團隊，讓他們允許你將原始碼任意地刪掉 20 行。然後，他們再執行測試 ── 若測試可以通過，他們就把這原始碼直接推上產品版（production）。觀察他們的反應，你就能馬上瞭解他們的程式碼是否有足夠的測試涵蓋率。

儘管有許多工具可加快軟體交付的速度，但決定性的因素還是在人身上。無法跳脫對改變的恐懼，即使用世界上最好的工具鏈來輔助，也沒辦法加速。

變動率的權衡

讓一個組織的變動率加快，並不是一種全有或全無的事，其中涉及了許多權衡與折衷。再一次看看常被拿來互相進行類比的 IT 架構與建築架構，可在因應變動的許多面向上，得到有用的想法。若一個大型的軟體專案或建築專案，沒有事先規劃好其架構，則"預設"架構會往"大泥球"收斂，在現實世界中就叫貧民區（第 8 章）。

貧民區或窮人區通常由便宜的材料與粗工搭建起來的。低成本與充足的勞動力其實是理想的屬性。此外，區域性變動，如加蓋一面牆甚或是多蓋一層樓，通常是快且便宜的——相對於高聳入雲的漂亮大樓而言。但是，除了其沒辦法提供一個舒服的生活環境之外，窮人區也缺乏一般的基礎設施，如建設完善的電力與下水道系統。缺乏這類的基建，將嚴重地限制了他們的成長速率。這提醒了我們，對區域或短期的變動作最佳化的同時，可能反而會限制了整體或長期的變動。

多速架構

若一系統的變動率影響到其架構，則建構一套其組件都由變動率所分隔開的系統，似乎很自然。這個方法形成了流行概念雙速架構（*two-speed architecture*）或雙模 *IT*（*bimodal IT*）的基礎，其所倡議的是想要在數位世界競爭的傳統公司，要先提高互動層（"接交系統，Systems of Engagement"）的變動率，同時要保持傳統系統（"紀錄系統，Systems of Record"）的穩定。這樣一來，面對客戶的系統（customer-facing systems）應該可以快速地變動，而保持紀錄的系統則可維持穩定與可靠。

雖然以變動率來拆分系統是一種公平的想法，但這種方法有明顯的缺陷。首先，它的假設是有問題，在品質上作一點讓步，可以快一些（第 40 章），否則，我們不需要將紀錄系統的變動速率維持在低檔來保持其可靠性。其次，一家公司會面臨到將變動轉化到互動層的壓力。比方說，在接交系統中加進一個簡單的欄位，通常也需要在紀錄系統中作出一些變動，二系統的變動率會發生耦合（coupling）：若紀錄系統照著六個月的發佈週期來走，則在這雙速架構的內部，速度就提不上來了。

接交系統與紀錄系統的區隔是人為的，並沒有與企業或使用者眼中的整體變動率匹配。幾乎沒有一家數位企業是透過這種配置來運作的，這也印證了上述的這個洞察。

 數位公司只知道一種速度：快。

然而，在不同的維度上，將變動率拆分開來是有益的。比方說，一家公司的會計或薪資系統應該會有較低的變動率，並且可以運用一套不同於核心業務系統的架構，如此可為組織構成競爭差異，因此，應該支持高一點的變動率。

二階導數

若一階導數描述了一軟體系統的變動率，則繼續跟著這個數學類比走下來，要有一個正的二階導數才能增加變動率。用車子的速度來作類比，一部車的速度是其位置的一階導數：它定義了在一段給定的時間區間內，車子能走多遠。加速（增加速度）則是二階導數。

回到 IT 上，二階導數是大多數轉型計畫的本質：目的是要增加一個組織或其 IT 系統的變動率。也就是說，對一個想要或成功地導入轉型計畫的組織而言，首先需要的，是要能認識到一階導數的重要性；也就是說，它必須要瞭解速度經濟（*economies of speed*）（第 15 章）。很難向喜歡用定速巡航模式來滑行的人，推銷有利於加速的更強引擎與更小齒比的變速箱。

架構師的變動率

最後，並不只是技術系統與組織才需要增加其變動率，架構師也需要。因為技術創新的速度相當快，想要保持在最新狀態的架構師，面臨著相當大的挑戰。如果他們不持續更新，他們可能會退縮回象牙塔（*ivory tower*）（第 1 章）中，離引擎室愈來愈遠。

架構師要如何才能跟上世界創新的腳步？只靠自己試著去做是徒勞無功的——沒有人能跟上所有事物的變動。架構師應該成為一個值得信賴且多元之專家網路的一部分，以從中獲取不偏頗的資訊。

當你有權影響一筆許多供應商都在爭取的龐大 IT 預算時，會有許多人試著想更新你對新技術的認知，或者說是產品（第 16 章）。不過，架構師會要維持中立的態度，所以他們要能不受那些技術行話的影響，判斷出什麼才是真正的創新，而什麼只是舊概念的重新包裝。

即使在變動這麼快速的世界中工作很辛苦，但這也是架構師工作之所以這麼有趣，且能彰顯出架構師價值的原因。所以，擁抱一階導數的生活吧！

4

企業架構師或
企業中的架構師？

象牙塔的較高與較低樓層

從象牙塔產出的架構

在我被聘任為一名企業架構師時,也許企業架構的主管(頭,head)更貼切一些,我對企業架構究竟牽涉到些什麼所知甚少。我甚至覺得我的團隊是否應該被叫作"企業架構的腳",儘管這種叫法沒有很多人會喜歡。傾向在頭銜前加上個"什麼負責人(head of)"的動機,在我偶然發現的一個論壇上,被如此恰當地描述著[1]:

> 這個頭銜隱含著求職者要的是一個主任(director)/副總裁(VP)/主管頭銜,但該組織不想去弄出這個新頭銜。用這種不清不楚的頭銜,讓求職者將來的頭銜,從外部看來似乎會比其他的什麼要來得高級些,而且也不會冒犯到組織內部的既有成員。

我並不特別喜歡這類"xyz負責人"的頭銜,因為它聚焦在帶領團隊的那個人(沒有要打雙關),而不是描述負責執行某些特定任務的人。假設他並不是獨立工作,而是有個團隊在支援他,我寧可用這人必須做好的工作,來給他定頭銜。

先撇開所有頭銜前綴,當 IT 人員碰到一位企業架構師(*enterprise architect*)時,他們剛開始的反應,一定是把這個人上拉進頂層(*into the penthouse*)(第 1 章),那個只畫大餅,跟現實脫節的地方。想要從 IT 人員那裡得到稍多一些認同,你就得要小心企業架構師這個標籤。不過,一位在企業層級上工作的架構師應該被稱為什麼,然後呢?

企業架構

招聘企業架構師的挑戰在於,這個頭銜似乎代表這個人要規劃企業整體的架構(包括業務策略層級)或在企業層級(比方說,相對於部門架構師而言)做著 IT 架構的人。

---

1 Keith Rabois, Quora, May 11, 2010, "What does "Head" usually mean in job titles like "Head of Social," "Head of Product," "Head of Sales," etc.?", *https://oreil.ly/5LmbY*.

為了解決這種模糊的定位，讓我們來看看關於這個主題的代表性著作，由 Jeanne Ross、Peter Weill 與 David Robertson[2] 合著的 *Enterprise Architecture as Stratgy*。在此，我們來看看作者們怎麼定義：

> 企業架構是業務流程的組織邏輯與 IT 基建，其反映出公司運作模型之整合與標準化的需求。

照這個定義，企業架構（*enterprise architecture*，*EA*）並不是一個純 IT 的函數，其中也涵蓋了公司運作模型中的業務流程。實際上，這本書中最廣為人知的圖表（*https://oreil.ly/D8ehD*）呈現出四個象限，描繪出業務運作模式中較高或較低的流程標準化（各業務軸線的一致性）與流程整合（數據共享與業務互通）層次。在給定所有象限的業界範例中，Weill 與 Robertson 將每一個模型對映到合適的高層 IT 架構策略。比方說，若業務運作模式是一個高度分工下的業務單位對幾個共同客戶的話，一個數據與流程整合計畫可能沒辦法產生太多價值。就這類的企業而言，IT 部門則應該提供一個共同的基建，在此基建上，每個部門能實作其多樣的流程。反過來看，若業務中含有大量的相同任務單元，如特許的營業項目，則其將得利於高度標準化的應用環境。這個矩陣完美地呈現了企業架構（EA）如何建造出業務與 IT 間的連結。只有在二者相互搭配下，IT 才能為業務提供價值。

連結業務與 IT

若組織的業務端也有規劃完善的架構，則連結業務與 IT 的工作會容易一些。幸運地，近年來，當業務環境變得更為複雜且數位顛覆者（digital disruptors）逼著傳統企業更迅速地去進化其業務模式時，業務架構這詞受到了明顯的關注。業務架構將組件與其間相互關係之正規視角下的結構化思維架構方法（第 8 章），轉化到業務領域上。業務架構描繪了 "從其治理結構（governance structure）、業務流程與業

---

2 Jeanne W. Ross, Peter Weill, and David C. Robertson, *Enterprise Architecture as Strategy: Creating a Foundation for Business Execution* (Boston, MA: Harvard Business Review Press, 2006).

務資訊中所形塑出的企業結構"[3]，而不是連結技術系統組件，並從中推敲如安全性與擴展性這類的技術系統屬性。

業務架構基本上定義了公司的運作模型，包括業務範圍如何被組織與整合，並從業務策略衍生出來。同時，IT 架構則建構出相應的 IT 機能。若這二組架構能肩並肩地無縫相接，你就不需要太多其他的東西了。多數情況下，這二者都沒有妥善地連結，你需要某些東西把它們拉在一起。因此，底下是我對企業架構定義的提議：

> 企業架構是業務與 IT 架構間的凝膠。

這個定義釐清了 EA，不像企業層級的 IT 架構，並不是一個 IT 函數。據此，EA 團隊應該被定位在靠近公司領導層附近，不應被深埋入 IT 組織之中，如此，它才能平衡業務、技術與組織性的一些顧慮。

這個定義也意味著，在業務與 IT 緊密互連之後，你就不需要太多 EA，這也是你並沒有在被稱為數位巨人的公司裡，看到許多 EA 的原因。

大多數的數位巨人沒有 EA 部門，因為它們的業務與 IT 緊密地互連著。

喲，先別驚慌！業務需求與 IT 架構間的轉化，還是一個長期缺乏人才的領域。大多數的人只在這圍籬的一邊或另一邊找到舒適圈，只有少數的人能，且選擇同時在二邊沈穩地工作著。這就是變成為一位企業架構師的好時機。

IT 從火星來，業務從金星來

企業中常見的 IT 與業務間涇渭分明的情況，對我來說是件麻煩事。我會開玩笑說，在以前，還沒用電腦的紙上作業時代，公司也不會另外

3　Object Management Group website, *http://www.omg.org/bawg.*

設個 "紙" 部門與一位 CPO —— 首席紙長（chief paper officer）。在數位公司裡，業務與 IT 是密不可分的；IT 是業務，而業務是 IT。

業務與 IT 的連結賦予 EA 一個全新的實質意義，但也帶來了新的挑戰。因為各自的升降梯不太能互通彼此，這就像要在中間樓層間加部連接頂層業務人員與引擎室 IT 人員的升降梯那樣。雖然很有價值，但長遠看來，一個企業架構部門的目標就是要透過擴展各自的升降梯來讓自己消失，或至少變小一些。不過別擔心，由於業務與技術環境的快速變化，企業架構的需求，並不會完全消失。

若業務架構與 IT 架構處於相當的成熟狀態，則在業務與 IT 架構之間建造一個有效的雙向連結，會簡單一些。雖然如此，業務架構領域往往不像 IT 架構那麼成熟。這並不是因為業務沒有架構；而是，因為打造業務架構的人，並不像企業領導者、部門負責人或營運長（COO）那樣手握大權。另外，與其說設計業務所依賴的是結構化思維，倒不如說它所需要的是對業務的敏銳度。業務所產生的是像架構的人造物，最終常就變成其中沒畫上任何線（第 23 章）的 "功能性組織分工圖（functional capability maps）"。

支持業務是所有企業職能的最終目標與存在的理由（*raison d'être*）。不過，將 IT 架構與業務重點架構擺在同一個位階上，將 IT 單純地看作是用最少成本提供商品資源之接單單位的時代已經（幸運地）結束。在數位時代，IT 是競爭差異化的利器，也是機會的驅動力，並不像電力這樣的商品。

 像 Google 或 Amazon 這類的數位巨人並不是科技公司；他們是瞭解如何運用科技來作為其競爭優勢的廣告或履約（fulfillment）公司。

因此，像 "Google 與 Amazon 是科技公司，而我們是保險公司 / 銀行 / 製造業" 這種常見的藉口，已不再成立。這些公司會與你競爭，而若你要變得有競爭力，你就得要改變對 IT 的看法。這不容易，但數位巨人已經展現了這種洞見有多麼強大。

價值驅動架構

在企業層級上做架構的規模與複雜度，讓大型的 IT 架構變得很讓人振奮，但也帶來了一個很大的危機。這個過程太容易讓人迷失在其複雜度之中，讓人喜歡花時間去探索，即使過程中不會產生任何有用的成果。這就是 EA 只待在象牙塔中且不太能產生價值這種刻板印象的來源。因此，EA 團隊需要有一條明確清晰的價值之路：所有的努力都需要透過對組織產生價值才能得到回報。

另一個危機是回饋循環過長。評判某人是否是一位稱值的 EA 所花的時間，甚至比評判某架構是否為一個好應用架構的時間還要來得長。雖然數位世界強調短的循環，許多 EA 計畫仍需要 3 到 5 年的時間執行。因此，企業架構可能會變成想要成為架構師之製圖師的藏身之處。這就是為什麼企業架構師要能展現出影響力的原因（第 5 章）。

帶著工具的傻子

有些企業架構師讓自己配備著一套特定的 EA 工具，這套工具能捕捉在企業視角下的許多不同的面向。這些工具能結構化地把業務流程（processes）與功能（capabilities），透過企業架構師的完美操作，對映到如應用程式與伺服器這類的 IT 資產上。

 要確保你的工具適合你所用，而不是適得其反！

做得好的話，這類的工具能變成建造業務與 IT 架構間之橋樑的結構化儲藏庫。做得不好，它們就會變成無止盡的挖掘與記錄的過程，其所產生出的，就是漏掉重點（第 21 章）的交付版本，而且在公開時就已經過時了的版本。不用說，這樣的交付版本是不太有價值的。

造訪所有樓層

我所定義的 EA 也意味著某些 IT 架構師，不是企業架構師，需要在企業層次上工作。這是本書大部分所說的角色。因為他們是學會搭著升降梯（第 1 章）到上層，接觸到管理與業務架構的技術人員，他們是所有 IT 轉型過程的關鍵元素。

"企業級架構"與"一般"IT 架構有何不同？首先，每一件事都更大更廣了。許多大型企業由不同的事業單位或部門所構成，每一個單位部門可能都操持著數十億美元的業務，也可能有不同的業務模式。當事情變大了，你也會發現一些事變得更傳統了：企業隨著時間或透過併購而增長，二者都會孕育出傳統。傳統不只會限制系統，身於其中之人的思維與工作方式，也會受到影響。因此，企業級架構師必須能夠綜覽組織（第 34 章）和複雜的政治情勢。

扮演真正的 EA 跟修復一個 Java 併發問題一樣複雜，也一樣有價值。任一個層級上的工作都相當複雜，但還好，你可以在不同的層級上運用類似的思考模式。比方說，軟體架構師需要去平衡其系統的粒度（granularity）與其間的相依性（interdependencies）：一塊巨石會相當沒有彈性，但上千個微型服務會很難管理，而且溝通成本會相當可觀。在思考部門與產品線規模時，完全相同的考量也適用於業務架構上。最後，EA 在決定哪些系統應該集中（centralized）時，也面臨到同樣的權衡（trade-offs）問題。可簡化治理工作的，可能也會扼殺了局部的彈性。架構，若認真來看待，要在各個層次上體現出價值。

企業與碎形（fractal）結構類似：你愈是去縮放它，看到的類似東西就愈多。Charles 與 Ray Eames 為 IBM 在 1977 年製作的 *Powers of 10* 這部短片中，很優美地描繪出這種情景：這部影片每 10 秒將鏡頭從芝加哥的一場私人的野餐場景，往外拉伸一個數量級，直到 10^{24} 倍，呈現出一片星系之海。接著，又把鏡頭往內深入，直到 10^{-18} 倍，這時觀眾看到的就是夸克（quarks）的量子世界。有趣的是，這二個視野看來並沒有太大的不同。

5

三腳架構師

三腳凳子不會晃

三腳凳子不會晃

IT 架構師都做些什麼？你可以說他們就是在做 IT 架構的人，不過這就要看你怎麼定義架構，本書在第二部前不會討論架構是什麼。比較有趣的是，好架構與一般架構的差別何在？以及有幾年成功經驗的架構師會變成什麼？頂層住戶（第 1 章）？希望不是！首席技術長（Chief Technology Officer，CTO）？還不錯。或者，他們還會是一位（更資深）架構師嗎？畢竟，許多知名建築師是這樣的。

是瞭解架構師發展進程的時候了。

技能、影響力與領導力

當我被問到資深架構師的特質時,我通常會透過一個簡單的框架來說明:一位成功的架構師必須要用 "三隻腳" 站著:

技能(*Skill*)

執業架構師的基礎。這需要知識與應用知識,以解決實際問題的能力。

影響力(*Impact*)

架構師能否充分運用其技能讓公司獲益的能力。

領導力(*Leadership*)

架構師是否能讓現況提升的能力。

其他需要受過良好訓練與經驗豐富之個人來從事的專業領域,亦需要其從業人具備這三種能力。比方說,在鑽研與習得技能之後,醫藥領域中的醫師會在發表論文於醫學期刊之前,先實踐所學治療病患,而且會將其所學到的,傳給下一代的醫生。在法律領域中,情況類似。

讓我們先簡要地來檢視每一隻 "腳"。

技能

知識就像是有個裝滿了工具的抽屜櫃。技能意味著知道何時該打開哪個抽屜,拿出哪件工具來用。

技能是一種能應用與特定技術(如 Docker)或架構(如微服務架構)相關之知識的能力。這類的知識通常可透過上課、看書或查閱線上資料而習得。大多數(但不是全部)的專業認證照聚焦在知識上,部分是因為將之轉化成一套多選題相對容易。透過成功地應用知識來解決特定問題,技能讓該知識得以體現出來。例如,把一套複雜的微服務架構之正確的範疇邊界與服務粒度(granularity)定義好,就是一種技能。知識就像是有個裝滿了工的抽屜櫃。技能意味著知道何時該打開哪個抽屜，拿出哪件工具來使用。

影響力

影響力藉由執行業務所獲得的益處來評判，通常展現在額外的收益或縮減的開銷。能更快將產品推向市場，或能預見產品週期後段的需求，對收益有正面的影響，因此這視為是影響力。聚焦在影響力上對架構師來說是一種很好的作法，如此就不會落入 PowerPoint 的陷阱裡。當我與同事們討論什麼是一名優秀架構師之所以能脫穎而出的原因時，通常我們在將技能轉化成影響力面向上，所得到的一個主要因素就是能理性並有紀律地作出決策（第 6 章）。這不是說只要成為一個好的決策者就能讓你變成一位好的架構師，你還是需要瞭解你的專業技能。

領導力

領導力這隻腳所指的是有經驗的架構師除了做架構外，還做了更多其他的事。指導剛進門的架構師，可以讓新一代的架構師省下了許多年之從做中學的時間。資深的架構師也應該要推動領域整體的進步；例如，分享經驗或其發展出來的心智模式。這類的分享可透過許多管道而展開，包括學術出版、雜誌技術文章、在大學裡講授、開辦專業課程、在會議中演講或博客上的貼文。

 在答應與掛著"資深架構師"頭銜的人會談之前，我大概會先上網搜尋他們的名字之後，再回覆他。若找不出太多他們的資訊，我就會懷疑他們會有多"資深"，在這種情況下，我也較不想答應跟他們碰面。

二隻腳的椅子無法站著

如同二隻腳的凳子無法站著那樣，瞭解這三個面向的平衡是很重要的。像學生或學徒那樣的新任架構師，空有技能還沒辦法發揮影響力。但很快地，他們就要走進現實裡來，發揮影響力——不能發揮影響力的架構師，無法在利潤導向的業務中立足。

具影響力但缺乏領導力是埋首於專案中，但"沒有太多產出"之架構師們常碰到的狀況。這類的架構師卡在中間層級之中，這樣對他們與其雇主都不利。這類的架構師常被擋在其職涯中的玻璃天花板下，因為他們沒辦法超越目前的處境。很有可能，這樣的架構師沒有辦法帶領著公司，找到急需的創新或能帶來轉機的解決方案，最終限制了他們的影響力。

 許多公司不夠重視架構師的培養，這不但貪小失大，也非明智之舉。他們害怕不夠專注在日常的專案上，會變得沒有生產力。不過，如此一來，他們卻錯失了培養世界級架構師的機會。

相較之下，成熟的公司會儘量將領導力的這個面向，以"回饋"的型式常態化：例如，IBM 的傑出工程師與會士（fellows）需要從內部（如，教導引領）或外部（如透過在會議報告或發表）對社群作出回饋。

最後，沒有（先前）影響力的領導力缺乏基礎，這也可能是架構師待在象牙塔中而與現實脫節的警告訊號。不良的影響也會發生在已工作多年甚至數十年，已具相當影響力的架構師身上：架構師可能仍固守於不再適用於目前技術的方法或洞察上。雖然某些洞察是不受時間影響的，但某些觀念會與技術一併過時：因為可以加快處理速度，所以儘可能把邏輯以儲存程序（stored procedures）的形式來操作，就不再是一種好的作法，因為資料庫通常是現代具網路規模之架構的瓶頸。對依賴一整夜之批次處理循環的架構而言，這種作法也同樣不好。現代的 24/7 實時的處理流程，沒有什麼夜間維護時間。

良性循環

不過要成為一名優秀的架構師，除了需具備這三個能力外，還要一些要注意的地方：每一個要素都相互影響著，息息相關，如圖 5-1 所示。

當一名架構師發揮其技能而產生影響力時，他們也知道要優先運用哪些技能以產生最大的影響力。很有可能是，你學到的許多東西都沒辦法容易地轉化到 IT 公司的日常工作中 —— 阿克曼函數（*Ackerman function*）（第 39 章·）是一個我喜歡的例子。在瞭解所屬領域的創新速率後，能優先安排你的學習時間，是一項本錢。因此，培養技能與運用技能間存在著共生的關係。

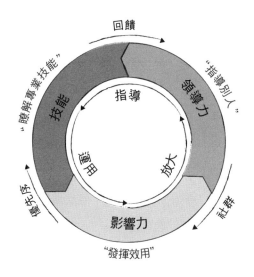

圖 5-1　架構師的良性循環

 通常，學習某件事的最好方法是將之運用到真實的問題上。這就是我家裡到處是家庭自動化產品的原因。我並不真正需要把所有東西都自動化；大部分是學習用的專案。

練習掌握領導力會進一步放大一名架構師的影響力：10 名被帶得很好的年輕架構師一定會比一名資深架構師能產生更大的影響力。身為架構師，我們知道垂直往上擴展（變得更聰明），只能到達某一個特定的層次，而且可能會導致單點故障（你！）。因此，你需要把知識佈置到許多架構師身上，以橫向擴展（第 30 章）。優秀架構師的稀缺性讓這個步驟變得比以往都來得更為重要。

不過，有趣的是，指導的受益者並不只有學徒們，老師也會受益。教學相長這句老格言是說，你要真正瞭解要教別人的事西。就架構而言，絕大部分是成立的。如，要演講或寫篇論文（第 18 章），你就得要精鍊你的思考，而這常常就會讓你產生新的洞察。此外，在一個快速變遷的世界中，老師通常會收到關於新技術或方法的反授（*reverse mentoring*）[1]，這通常就有助於讓你跳脫出現有不合時宜之想法的限制（第 26 章）。

 寫書或公開分享讓我能與許多優秀社區接觸，也讓我能發揮更多的影響力。

最後，公開分享與展示思想上的領導力帶來了另一種巨大的好處：它能讓你與有力社群的精神領袖們接觸，這又能讓變成更好的架構師。大部分密切聯繫的社群對其成員都有一定的期待。雖然沒有明確地要求，但通常會希望你以會議演講、著作、部落格貼文，或在開源專案上做些事的形式，來作出回饋。

團團轉…

有經驗的架構師會正確地解讀這份 1980 年的參考資料（其他人可以去查維基百科[2]），這意味著一名架構師不會只完成這良性循環 1 次。

1 　Jennifer Jordan and Michael Sorell, "Why Reverse Mentoring Works and How to Do It Right," Harvard Business Review, Oct. 3, 2019, *https://oreil.ly/bjAET*.

2 　維基百科, "You Spin Me Round (Like a Record)," *https://oreil.ly/fDcRP*.

部分是由不斷演進的技術與架構風格所驅動。一個人可能已經是關聯式資料庫的一位精神領袖，但他還是需要學習 NoSQL 資料庫的新技能。第 2 次之後，學習技術通常會明顯地快一些，因為你可以在現有知識的基礎上學習。經過足夠多次的循環後，我們實際上可能會體驗到急躁之人一直知道的事：軟體架構新的東西其實不多，而且都是我們以前見過的東西。

重複這個循環的另一個理由是轉第 2 次之後，我們會有更深一層的體悟。轉第 1 次時，我們學到的可能是怎麼做事，但只有在轉第 2 次後，我們才能瞭解為什麼（why）。比方說，寫下企業整合模式[3]是一種思想領導力的表現形式，這大概不會被誤解。但，在章節介紹中使用的一些元素，如模型圖或決策樹與表格，與其說是根據深刻的洞察，倒不如說是偶然用出來的。現在看來，這只是我們將之理解為視覺模式語言或模式輔助之決策方法的一種實例而已。因此，它通常值得再進行另一個循環。

架構師是最後一站？

即使架構師是一種相當精彩的工作，有些人還是有些感傷，他們覺得架構師意味著職涯的大部分時間就會停留在這裡。我並沒有很擔心這種情況。第一，它讓你置身於一個由 CEO、總裁、博士、律師與其他高級專業人士所組成的絕佳工作團隊裡頭。其次，在注重技術的團隊裡，軟體工程師所想的應該相同：除了資深的之外，你的下一個職涯停靠站應該也還是軟體工程師、主任工程師（*staff engineer*），或是總工程師（*principal engineer*）。

因此，目標是，將軟體工程師或 IT 架構師這類的職稱，從特定的資歷級別區隔出來。

---

3 Gregor Hohpe and Bobby Woolf, *Enterprise Integration Patterns: Designing, Building, and Deploying Messaging Solutions* (Boston, MA: Addison-Wesley, 2003).

在許多數位組織中，軟體工程的職涯路徑可以到達資深副
總裁等級，也帶有相應的地位與薪酬。

有些組織裡甚至還有首席工程師（*chief engineer*）的職位，若你有作
考慮的話，這個職稱可能比首席架構師還好一些。就個人而言，我寧
可把自己喜歡做的事做好，比一直追著職稱跑要來得有意思多了。持
續做架構！

6

作決策

決定不去作決定是一種決策

(IT) 生活中充滿了選擇

你買了張樂透並中了獎。這是多棒的決定！在一個晚上，在一個亮著紅燈而且交通繁忙的路口，你帶著一絲醉意，還閉上了眼睛，你穿越了這個路口，平安地通過。難不成這也是個好決定？好像不是。但哪裡不同？這二個決定的結果都是好的。雖然後者我們所著眼的是風險，但前者，若忽略掉樂透彩券的價格與中獎的勝率（通常很低），我們聚焦的是結果。不過，你不能只從結果來判斷決策的好壞，因為你在下決定前，並不知道結果。

再舉個例子：你面前有個很大的罐子，裡頭有 100 萬顆藥丸。它們看來都一樣，沒什麼味道，也不會有什麼不好的效果 —— 除了某一顆，它會馬上不讓你感到痛苦地置你於死地。別人要付你多少錢，才讓你願意從這罐子裡拿一顆藥丸吃？大部份的人都會要 1 百萬元、1 千萬元或直接拒絕。不過，同樣的這些人卻相當樂意在紅燈亮著時穿越馬路（眼睛是張開的），這跟吞了一把上述的藥丸有著同樣的風險。這不能說，闖紅燈所省下的 30 秒，能讓你贏得相對應的幾百萬元吧。

人是很糟糕的決策者，特別是牽涉到很小的機率會得到像死亡這種嚴重後果的時候。Kahneman 寫了一本 "快思慢想"[1] 的書，裡頭提出了許多例子說明，人腦是可以被捉弄的，它會讓你懷疑，人既是這麼糟糕的決策者，怎麼還能發展到這種程度。我猜我們所憑藉的是許多嘗試的經驗。

決策就企業級架構師的工作而言是一個關鍵的部份。要成為一名好的架構師，就要有自覺地努力成為更好的決策者。

小數目法則

精心設計的範例能突顯出奇怪或不合邏輯的行為。但面對複雜的商業決策，不良的決策紀律通常並不那麼明顯。

 我參加過根據當週關鍵基建失效次數，而將該週標示為 "好" 或 "壞" 的營運週會。我將這些週的標籤改為 "幸運"，因為在長運行期間內降低失效次數與事故的嚴重性才是真正的觀察指標。

期待一週中有更少的服務失效次數，其實是 "出現 5 次黑色之後一定會出現紅色" 之（有缺陷）賭輪盤策略的 IT 企業版。要突顯出這類有缺陷的思考方式，我有個更令人震撼的版本，就是在一輪（有缺陷）

1　Daniel Kahneman, *Thinking, Fast and Slow* (New York: Farrar, Straus and Giroux, 2013).

俄羅斯輪盤的事件裡："咔 —— 我是天才！—— 砰"。Kahneman 將之稱為 "小數目法則"；人們傾向直接根據不顯著的少數樣本就下結論。舉例來說，在大型企業中並不會因為一週沒有出現任何差錯而開慶祝會。

Google 的行動廣告團隊在影響廣告外觀與選擇的 A/B 測試實驗上，使用嚴格的指標。儀表板上顯示出的指標，除了可以檢查點擊率（click-through rates，愈多點擊數 = 愈多錢）之外，也可以瞭解廣告是否分散了使用者對搜尋結果的注意力（使用者是來搜尋的，不是來看廣告的）。每一項指標的信賴區間，代表樣本組中有 95% 的樣本會隨機落進去的範圍。若你對實驗的改良落在這個信賴區間之中，則在實作這個改良之前，你還得要擴大這個實驗以取得有效的數據（就正態分佈而言，信賴區間會跟著樣本數的平方根而變窄）。

唉，不是所有數據都能導出更好的決策。在選擇一項產品時，IT 通常會將大量的需求清單轉化並加總成一個分數。不過，在你挑了分數為 82.1 的 "贏家" 而不是 79.8 的 "輸家" 時，不容易證明這個決策在統計上的顯著性。

不過，數字分數還是比將每項屬性評成 "綠燈"、"黃燈" 或 "紅燈" 的燈號比較表要來得好一些。一項產品可能因為提供了充裕的操作時間而被掛上 "綠燈"，但也可能因為它需要預先定好停機時間（downtime）而被掛上 "紅燈"。雖然具相反屬性之產品間的差別看來似乎不大，但我一眼就能看出比較喜歡的是哪一個。

傳統的 IT 組織通常會對一個特定的結果作逆向工程來推出分數圖，如此就能有數據來支持其偏好。

可惜的是，這類的比較圖是由對一個偏好結果作逆向工程而成的。其他的，也是透過要求只有現有產品才能滿足的條件，來支持現況。

我看過一些 IT 的要求，類似於要求新型車在時速 60 公里時，必須嘎嘎作響，而且車門也要能唧唧地響，如此，這款新車才能適當地取代現行車款。

偏差

Kahneman 的書列出了許多我們思考方式的偏差。比方說，確認偏差（*confirmation bias*）提到了我們傾向透過支持自己假設的方式來解釋資料。Google Ad 的儀表板就是設計來克服這種偏差的。

另一種眾所周知的偏差是期望理論（*prospect theory*）：在面對一個機會時，人們偏好小確幸勝過能收獲更大但較不確定的機會："手上的一隻麻雀勝過屋頂上的一隻鴿子"。不過，若是考慮損失的話，人們卻傾向（長期）嘗試，看看能不能避免懲罰，而不願認賠殺出。當我們有逃出負面事件的希望時，傾向"覺得幸運會眷顧自己"，這種效應稱為損失厭惡（*loss aversion*）。

你可能見過專案經理在進行主要部份的重構時，因為系統穩定性與穩定進度的報酬並不確定，而大都避免採用一定會影響短期進度的作法。

底下的情境展現了損失厭惡如何戲弄我們，讓我們作出不理性的決定。若你跟某人提議，讓他擲一次硬幣，若正面朝上，則要付 100 元給你，若是背面朝上，則你會給他 120 元。雖參與賭博的期望回報是 10 元（0.5 x -100 元 + 0.5 x 120 元）── 輕鬆的外快。但多數的人會因為損失厭惡而客氣地拒絕。損失 100 元對他們而言，比贏得 120 元的機會來得更糟。不過，當獎金是 150 元到 200 元的時候，大部份人就會選擇放手一搏。

誘發

另外還有一種現象，誘發（*priming*）會依據我們最近接收到的數據而影響決策。在極端的情況下，面對極大的不確定性時，它會讓我們選擇一個最近聽過或看過的數字，即使這個數字毫不相干。當人們在面對上述 100 萬顆藥丸的問題時，若回答需要 100 萬元的話，就是受到這種效應的影響。

誘發不斷地被運用在零售的情境中。你去買衣服的時候（假設你要買件毛衣）店員幾乎會先拿昂貴的毛衣給你挑，即使價格已超出預算。一件毛衣要 399 元？它的質料是羊絨毛，穿起來既柔軟又舒適；很誘人，但就是太貴了。這時品質差不多的 199 元毛衣似乎就成了一個合理的選擇，你就會很高興地把它買下來。隔壁的商店，一件體面的毛衣，只要 59 元就買得到。你會覺得已成了誘發的受害者，它設個坑影響了你的決策。若你的心態比較老成的話，誘發甚至會讓你走路的速度變得更慢[2]。

William Poundstone 在其所著的書無價（*Priceless*）：公平價值的神話[3]中提到，即使對於興趣缺缺的產品，消費者的購買習慣也會顯著地發生改變，這就是誘發效應的能耐。面對要選擇 2.6 元的〝優質〞啤酒或 1.8 元的〝小資〞啤酒的問題時，差不多有近三分之二的受訪者（學生）會選擇優質的啤酒。若把第三種 3.4 元的〝特級〞啤酒加進來的話，會把學生的選擇轉變成 90% 選優質啤酒，而其餘的 10% 則選特級啤酒。

若我們是這麼糟糕的決策者，如何才能做出更好的決策？瞭解這些陷阱有助於避免我們入坑或者至少作出一些補救措施。不論如何，數學還是有用的。

2　John A. Bargh, Mark Chen, and Lara Burrows, ˝Automaticity of Social Behavior,˝ *Journal of Personality and Social Psychology 71, no. 2* (Aug. 1996): 230-244.

3　William Poundstone, *Priceless: The Myth of Fair Value* (New York: Hill and Wang, 2011).

微致命數

我在史丹佛大學修過最有趣的課是 Ron Howard 的決策分析（decision analysis）。這課不但有趣、發人深省且具挑戰性。決策分析有助於讓我們可以對之前的藥罐問題進行理性地思考。100 萬分之 1 的死亡率被稱為 1 個微致命數（micromort）。從藥罐子裡拿 1 顆藥丸吞下，就相當於曝露在 1 個微致命數之下。要避免自己遭遇到這種風險所願意支付的代價，被稱為你的微致命價值（micromort value）。微致命數讓我們可以對有微小機率產生嚴重後果的決策，進行推理，如決定要不要做能解決長期病痛，但卻有 1% 機率會馬上喪命之手術。

校調微致命價值有助於我們去思考生活中不同活動的風險：滑一天的雪，微致命數落在 1 到 9 之間。另一方面，每天約發生 0.5 起的機動車輛意外。所以一趟滑雪過程約有 5 個微致命數 —— 跟吞下 5 顆藥丸一樣。值得嗎？你需要去比較滑雪所產生的歡樂價值與旅行花費加上你所承受之 5 個微致命數風險的 "成本"。

所以，要多少錢你才願意吞下一顆藥丸？多數人的微致命價值落在 1 元到 20 元之間。假設用 10 元來作為起始值，滑雪之旅需要花的錢約為 100 元油資跟吊纜車票所添加進來的 50 元死亡風險。你應該決定是不是要花 150 元到山上玩一天。這也說明了一件帶有 100 萬元的微致命價值的事沒什麼意義：除非你非常非常有錢，否則你應該不會願意花 500 萬零 100 元去走一趟滑雪之旅！最後，這個模型有助於讓你判斷是否花 100 元去買頂能減少一半死亡風險的安全頭盔。

並不是所有人的微致命價值都相同。它會跟著收入（或者，消費）而上揚，而跟著年齡下降。分配給餘命的貨幣價值會跟著你的收入提高而上揚，這是意料中的事。一位有錢人一下子就會決定要買頂 100 元的安全頭盔，但一位掙扎著過日子的人，大概比較會選擇去承受這個風險。隨著年齡的增長，自然死亡的可能性（likelihood）每年都會持續增加，直到約有 10 萬個微致命數，或差不多每天 300 個，這時大概是 80 歲左右。在這個時點上，購買一個能降低 2 微致命數風險的商品之價值就相當小了。

幸運地，Ron Howard 與 Ali Abbas 在其著作決策分析基礎[4]中，已經掌握到了作決策的數學。不過，這本書不便宜，定價約在 200 元左右。你應該花 200 元買本能讓自己變為更好決策者的書嗎？考慮看看⋯

模型思維

決策模型提供了很大的幫助，讓我們成為更好的決策者。感謝 George Box，他說過著名的 "所有模型都是錯的，但有些是有用的"[5]。因此，不要因為某個模型只是用來簡化假設就將之摒棄，它可能會協助你作出比直覺更好的決策。我看過的，在模型及其應用方面，寫得最好的概論是 Scott Page 在 Coursera 上的模型思維（Model Thinking，*https://oreil.ly/qKWp3*）。最近，他也將課程內容出版成模型思維（*The Model Thinker*）[6]。

決策樹是非常簡單的模型，它能協助我們作出更理性的決策（圖 6-1）。假設你要買部車，但有 40% 的機會在下個月車商會推出 1 千元現金回饋的推銷活動。你現在就需要用車，所以若不想現在就買，不管有沒有推銷活動，這個月你也得花 500 元租車來用。你應該怎麼辦？若你現在就買，你得照訂價買，為了簡化，我們把它調整成 0 元。若你先用租的，要先從有 40% 機會得到的 1 千元裡扣掉 500 元，所以期望值是 0.4 x 1000 元 – 500 元 = -100 元，比訂價還低。你應該現在就買車。

4　Ronald A. Howard and Ali E. Abbas, *Foundations of Decision Analysis* (Prentice Hall, 2015).

5　George Box, "Science and Statistics," *Journal of the American Statistical Association* (1976).

6　Scott E. Page, *The Model Thinker: What You Need to Know to Make Data Work for You* (New York: Basic Books, 2018).

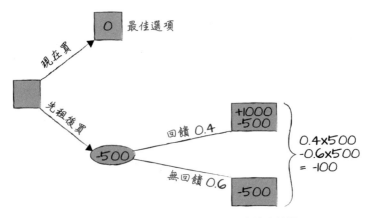

圖 6-1　協助你決定現在要不要買車的決策樹

我們讓這個例子更有趣些：假設你有位汽車公司的內線，他能提供汽車公司下個月是不是會推出現金回饋的促銷活動。為此，他要索取 150 元的費用。你要買單嗎？有了這份資訊，新的決策樹（圖 6-2）會讓你在知道不會有現金回饋活動的情況（60% 的那部份）下，現在就買車，而若在知道會有現金回饋活動的情況（40% 的那部份）下，延後買車。事先掌握資訊會把期望值提升到 0.6 x 0 + 0.4 x（1000 元 − 500 元）= 200 元。因為目前最好的情況（即現在買車）是產生 0 元的價值，這額外的資訊就值得你花 150 元去買。

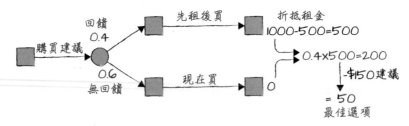

圖 6-2　應該付錢取得是否有回饋活動的訊息嗎？

你怎麼知道有現金回饋的機會剛好就是 40%？你沒辦法知道。但運用這個模型可以在面對不確定性時，幫助你推理。你可以將可能性調整成 50%，然後再跑一次模型，看看你的決定是不是有改變。

IT 決策

致命藥丸、優質啤酒與車商的回饋 —— 我們如何將學到的導回到 IT 的決策問題上？許多 IT 的決策（特別是與網路安全風險或系統運行中斷有關的）都有類似的特徵，即有很小的機率會發生嚴重的缺失。因此，將可能性跟衝擊與基線（baselining）的機率分開，有助將情緒的因素移除，做出更理性的決策。你也許會覺得為系統定義個微失誤（*microfail*）的概念會有幫助：發生災難性系統當機的百萬分之一機會。

典型的決策案例是系統上線時間（uptime）。假設一部伺服器可達到 99.5% 的可用性（availability），代表在 99.5% 的時間中，它可以為你應用程式的使用者所用。也就說在一個平均月時（average month）的期間，有 730 個小時，系統可能會 "下線" 730 / 200 = 3.65 個小時。這並不可怕，但也不很好。一般認為 99.9% 的上線時間是比較好的 —— 一個月的相對下線時間會小於 45 分鐘左右。不過，要達到這個程度，通常需要多一些備用（redundant）的硬體。也就是說，你需要準備好第 2 套伺服器，它可在主伺服器故障時上場救援。如此一來，你的硬體成本會加倍，而且通常也需額外的故障移轉機制，某些情況下，也會讓軟體授權的費用加倍。一個月內有小於 3 個小時的下線時間值得用雙倍的成本來解決嗎？看來似乎又到了決策分析時間！

避免作決策

運用決策背後的所有科學來判斷，最佳決策是什麼？就是你不用作的決策！這就是 Martin Fowler 所提的 "架構師最重要的工作之一就是消除軟體設計的不可逆性"[7]。有些決策是不需要作或可以很快作出來的，因為它們是你在其中加了內建選項，之後可以很容易改變的決策（第 9 章）。在一套設計完善的軟體系統中，應該不致會需要作像是否要從罐子裡抓毒藥出來吃那種不能回頭的決策。

7　Martin Fowler, "Who Needs an Architect?," *IEEE Software*, July/August 2003, *https://oreil.ly/djeuH*.

質疑每件事

不提問，不會變聰明！

謎語架構師

首席架構師比 "一般" 架構師更瞭解所有事情 —— 否則為什麼他們不是 "首席"？這是一種常見的錯誤概念。這種想法其實錯得很離譜。因此，我常自我介紹自己是一個知道問對的問題的人。再提電影駭客任務（*The Matrix*）中的一個段子來說明，要去見首席架構師有點像去見先知：你不會直接得到答案，但你會聽到你需要聽的。

五個為什麼

提問並不是一種新的科技，在豐田的生產系統中，豐田章男（Sakichi Toyoda）所設計的 "五個為什麼" 方法，已被廣為運用（*https://oreil. ly/h_aFt*）。這是一種透過重複追問某些事為什麼會發生，而得到某個問題之根本原因的技術。若你的車無法發動，你應該一直問 "為什麼"，以找到發動機無法轉動的原因是你忘了關頭燈，耗光了電池裡的電力，還有會提示你停車後頭燈還開著的警報器，也因為電路故障而沒有發出警示聲。所以充飽電池之後，別急著發動汽車，應該要先修好警報器的電路，讓同樣的事件不會再發生。這個方法日語稱之為 *naze-naze-bunseki*（なぜなぜ分析），粗略地翻譯成 "為何、為何分析（why, why analysis）"。因此，我覺得 "五個為什麼" 更可以成為一個別太早放棄的指導原則 —— 如果只問了四個問題就找到問題的根源，並不算作弊。

這項技術很有用但需要紀律，因為人們可能會被誘導，而將自己喜歡的解方或假設注入到答案中。我看過發起生產中斷根本原因分析的人，用 "因為我們的監測不夠" 與 "因為我們的預算不夠"，重複地回答第二與第三個問題。相對應於車子故障問題的答案就變成是 "因為這輛車太舊了"。這不叫根本原因分析，而是機會主義或藉口主義（*excuse-ism*），這詞已出現在 Urban Dictionary（*https://oreil.ly/ CVz6U*）中，但還未被收錄到 Merriam-Webster 字典中。

重複地提問可能會有一點惱人，所以最好能拿豐田生產系統的例子來強調，這是一種被廣泛採用且有用的技術，並不是你故意刁難。跟工作夥件說明，你並不是要質疑他們的工作或能力，只是你的工作需要詳細地瞭解系統跟問題，如此，你才能找出潛在的落差或不恰當的安排。

問出決策與假設

在進行架構審查時，"為何"是個有用的問題，因為它有助於讓人聚焦在之前作過的決策（第 8 章），以及導出這些決策的假設與原則上。經常可見，結果都被說成是"從天而降"的"上天安排"，或者是由任何你所相信的，能安排所有世事之神聖造物者（真正的首席架構師！）所做的安排。找出導出決策的假設能提供不少洞察，讓一次架構審查更有價值。做一次架構審查並不只是試著去驗證結果，也要驗證其背後的所有思維與決策。要落實這一點，則需要求任何提交架構供審查的團隊，提交架構決策紀錄[1]。

沒有明說出來的假設可能是許多問題的根源，因為有了假設之後，環境已經被改變。比方說，傳統的 IT 公司常會寫一些精緻的圖形化配置工具，但配置工作都可以被幾行程式碼或標準軟體開發工具鏈所替代。他們的決策是依據寫碼慢而且容易出錯的假設而作出的，但這假設並不適用在所有情況，只要學過了，就能克服寫碼恐懼症（第 11 章）。若你想改變一個組織的行為，通常你需要先找出並克服過時的假設（第 26 章）。

回到駭客任務上來，先知的解釋 ——"你並不是來到這裡作出選擇，你已經作出選擇了。你來這裡是試著要瞭解你為何作了這種選擇"—— 可能有些戲劇化，但非常適合作為架構審查的開場白。

---

1 Michael Nygard, "Documenting Architecture Decisions," Relevance, Nov. 15, 2011, *https://oreil.ly/1sniB*.

所有問題的工作坊

在大型組織中，提問存在一個明顯而現實的危險，即人們通常不懂、無法表達或不願意給答案。其所提出的對案（counterproposal）通常是召開標示著 "工作坊" 之類的會議，大多是很冗長的，裡頭就是討論所謂的共同目標並紀錄下解決方案。在實際的工作坊中，常常沒能有結論，但卻留了一些要自己去解決問題的工作。工作團隊可能還帶了一些外部的支援，避免你提了太多他們不想回答的問題。

 在傳統組織中提問，可能不會讓你得到一些洞察，但你也許會看到一些掩蓋缺乏決策紀律的防禦作為。

很快地，你的行事曆會被工作坊的邀請佔滿，這會讓你沒時間參加團隊的重要會議，他們會抱怨，說你是拖慢進度的瓶頸。他們不是在亂講！這樣的組織性行為是系統抗拒改變（第 10 章）的一個例子。

若你的目標不僅僅是審查架構提案，也要同時改變組織行為的話，你需要接受這個挑戰並改變這個系統。比方說，你可以重新定義架構文件並獲得管理層的支持；又比方說，提高透明度。如果在會議之前沒辦法產生符合要求的文件，則工作坊必須取消。若團隊沒辦法做出這樣的文件，你可以讓架構師去協助他們產生專案的文件。當你和緩地整理出一張具體問題的列表之後，工作坊就會變得更有用，開會時間會縮減成一半，會議更能聚焦在重點上。

從好的方面來說，舉辦架構文件工作坊與銀行搶匪速寫（第 24 章）能產生出寶貴的一套可供後續參考的系統文件。這個工作需要好文筆（第 18 章）與合適的人選，你只能一邊搭著架構師升降梯（第 1 章）到較高樓層去找，一邊宣傳著系統架構文件的價值。這樣的文件能讓工作人員更快進入狀況、抓出架構中不一致、且產生理性務實的決策，進而能促進演化，形成步調一致的 IT 場域。在由上而下的組織中，有時你需要用吊籃送些東西上去，他們也才會送些東西下來。

不能輕易放行

有時，被派去參加架構審查的團隊只想為已做完的事弄個"橡皮圖章"，他們一點都不會因為你提的任何問題而感到緊張。通常會故意等到最後幾分鐘，由相同的幾個人用"因為時間不夠"來回答"為何"這類的問題。每一次碰到這種情況，我都會強調一個原則"你可避開我的審查，但你沒辦法輕易過關"。若管理層覺得架構不重要而決定不需要架構審查，我寧願完全回避審查，也不想演這種形式秀。

我把這個視為是用專業聲譽畫出的界線：要嚴格但公平，用好牛肉做好吃的漢堡。我的老闆曾用了一句漂亮的恭維話，把這些作了總結：她說她喜歡讓架構團隊參與進來，因為"我們沒什麼好推銷的，沒人能糊弄我們，我們會花時間把事情說清楚"。對所有架構團隊來說，這就是一個很棒的授權。

本章的德文副標題是來自德文版芝麻街的主題曲，它押韻得很好，是這樣唱的"*Wieso, weshalb, warum, wer nicht fragt, bleibt dumm!*"，大意是"為什麼？不提問，不會變聰明！（why? who doesn't ask, remains stupid!）"

第二部

架構

定義架構並不是一件簡單的事 —— IT 架構的定義幾乎與執業的架構師一樣多。

軟體架構師之上

多數軟體架構的定義都涉及到系統的元素與組件再加上它們之間的關係。在我看來,這只涵蓋了架構的一個面向。首先,IT 架構遠比軟體架構要大:除非你把所有的 IT 架構都外包到公眾雲上頭,否則你需要去架構網路、數據中心、計算基建、儲存及其他好多事情。而且即便你這樣做了,還需要一個佈署架構、一個數據架構與一個安全架構。其次,定義你需要關注哪些 "組件" 會成為架構的一個重要面向。

 有位經理曾經說過,雖然所有網路的東西都 "在這裡",他還是不瞭解許多網路的問題。他的觀點是物理上的:乙太網路線插在伺服器與交換器上。不過,網路架構的複雜性在於虛擬網路的區隔、路由、位址轉換與其他更多的問題上。不同的關係人看到的是架構中不同的部份。

三種架構

談到架構，人們通常會想到三種相當不同的概念，三者都與 IT 有關，但其本質卻相當不同：

1. 系統架構，由其結構所定義，如 "微服務架構（*microservices architecture*）" 中的架構

2. 定義系統架構的作為，如 "架構委員會（*architecture committee*）" 中的架構

3. 參與定義架構的團隊，如 "我們在設立企業架構（*enterprise architecture*）" 中的架構

因此，當每一套系統都有架構時，並不是每個組織都有個架構（單位），而且即使有，也可能沒做好多少架構。

為了不要造成混淆，我提到 "架構" 時，通常指的是系統的屬性，而在組織的面向上，我會用 "架構師" —— 畢竟架構是以人為基礎的。

總是會有架構

講到一套系統的架構時，要注意到所有的系統都會有個架構。你沒辦法用幾塊沒有任何結構的東西做出什麼東西來。即使把所有的東西都捏成一大團，也是一種架構決策。瞭解了之後，像 "我沒時間做架構" 這種說法，實際上就沒啥麼意義了。要不是你有意識地選擇了你的架構要不就只是讓它順其自然罷了。過去的經驗告訴我們，後面的這種方式，到最後總是會弄出一個惡名昭彰的大泥球（*Big Ball of Mud*）[1] 架構來，通常也把這球稱為貧民區（*shantytown*）。雖然這樣的架構也可以在沒有中心規劃或特別技能的情況下，被快速地實作出來，但這樣還是缺乏了關鍵基建，沒辦法提供良好的生活環境。宿命

1　Brian Foote and Joseph Yoder, "*Big Ball of Mud*," Laputan.org, Nov. 21, 2012, *http://www.laputan.org/mud*.

論不是一個好的企業架構策略，所以我建議你還是要自己選個適合的架構。

架構的價值

因為總是會有架構，一個組織應該要明白自己設立個架構功能是要做什麼。設立一個架構團隊然後不讓它發揮作用 —— 比方說，不斷地用管理方面的決策來主導架構方面的決策 —— 這實際上比刻意讓事情自然地變成大泥球還糟：你假裝去定義了架構，實際上並沒有。更糟的是，一位好架構師不會想到把架構視為是一種企業娛樂形式的地方。若你不嚴肅看待架構，你沒辦法吸引並留住認真的架構師。

IT 管理層通常相信 "架構" 是一種長期的投資，只會在遙遠未來得到回報。雖然這從某些面向看來是正確的 —— 比方說，管理系統隨著時間進化 —— 但架構也會在短期內回報你，你可以在開發循環後期，協調好一個客戶的需求。你不封閉，會在與廠商妥調時得到重視。或者，你可以很容易地將系統遷移到新的數據中心裡去。好的架構也能支援並行開發與組件的測試，讓你的團隊更有生產力。總的來說，好架構讓你有彈性。在快速變遷的世界中，這似乎是項聰明的投資。

原則驅動決策

架構關乎於權衡（trade-offs）：很少有單一種的 "最好" 架構。比方說，能讓你將應用程式搬上雲端的措施，大概會讓成本與複雜度增加。因此，架構師在作架構性決策時，必須把情境考慮進去，因為情境有助於他們去權衡得失。

架構師也必須講究概念的完整性，即貫穿整個系統設計的一致性。選擇一套完善的架構原則，持續地運用到架構方面的決策上，就可以很好地保持一致性。從架構性策略推導出這些原則，就可以確保所做出來的決策支持著策略。

垂直凝聚力

一個好的架構不但在系統內一致，也會考慮到軟與硬體堆疊（stack）中的所有層次的安排。研究新式的擴展電腦硬體（scale-out computer hardware）或軟體定義網路（software-defined networks）是有用的，但若所有的應用程式都把 IP 位址寫死變得沒有彈性的話，那能得到的好處就不多。因此架構師不只需要搭升降梯（第 1 章）在組織裡穿梭，也需要在技術堆疊中上下規劃與安排。

垂直凝聚力並不只考慮技術，也需要考慮到業務架構。比方說，許多 IT 的決策並不能只由 IT 來決定，需要考量到業務面，理解業務的結構與情境。

架構真實世界

真實世界中充滿了架構，不只是建物的架構，還有城市、企業組織或政治體系等等。我們必須處理真實世界中大型企業遭遇到的許多相同的問題：缺乏中央治理、難以逆轉已作的決策、高度複雜、持續進化與遲緩的回饋循環。這就是為什麼架構師要張大眼睛走進世界，持續從他們所看到的架構中學習。

企業中的架構

在為大型組織定義架構時，架構師不能只知道怎麼畫 UML 圖，還需要瞭解更多東西。他們也需要能夠做底下所列的：

第 8 章，這是架構嗎？

　　一開始就能識別出架構。

第 9 章，架構是在推銷選項

　　能為業務提供選項。

第 10 章，凡系統皆完美…
透過系統性思維，解決複雜問題。

第 11 章，別怕寫碼！
瞭解設定組態並不比寫碼好。

第 12 章，什麼都不砍，將與殭屍共存
去獵殺殭屍，他們才不會吃掉你的腦袋。

第 13 章，別派人做機器的事
什麼都自動化了，其餘的就都能自助。

第 14 章，若軟體淹沒了世界，最好用版本控制！
像軟體開發者一樣思考，因為所有東西都會變成由軟體來定義。

第 15 章，*A4* 紙不會扼殺創意
建造平台並設定不會扼殺創意的標準。

第 16 章，*IT* 世界是平的
帶著沒有扭曲的世界地圖來遊覽 IT 景點。

第 17 章，你的咖啡店不用二階段提交
在咖啡店排隊時獲得架構的洞察。

8

這是架構嗎？

尋找決策

你會要一位架構師來畫這個嗎？

身為首席架構師的我，有一部份的工作是審查並核可系統架構。當我要工作團隊把"他們的架構"給我看時，常常不覺得拿到的是一份架構文件。他們回應的問題"你要看什麼？"，常讓我不知道要如何回答：除了許多正式的定義之外，它並不直接明確地呈現出架構是什麼，或者文件中並沒有真的寫出架構。我們經常需要回到美國最高法院法官在處理淫穢證物時，所運用之著名的"看到它時我就會知道"測試[1]。我們希望識別架構是比識別淫穢證物要來得高尚許多的工作，

1　維基百科, *"Jacobellis v. Ohio,"* Sept. 7, 2019, *https://oreil.ly/EwvpU.*

所以我們要更認真一些。我不太相信包羅萬象的定義,比較喜歡用定義性質的列表或可行的測試來作定義。我喜歡的一個架構文件測試是,檢測看看其中是否有任何重要的決策與其背後的原因。

定義軟體架構

軟體架構有許多定義,軟體工程協會(Software Engineering Institute,SEI)在網頁(*https://oreil.ly/48Opd*)上,維護了一份這些定義的列表。

其中最廣泛被使用的是 Garlan 與 Perry 在 1995 年時提出的:

> 系統組件的結構、組件間的關係,以及治理其設計與使其能隨時間演進的原則與指導方針。

2000 年的 ANSI/IEEE Std 1471,則採用了下列的定義(2007 年 ISO/IEC 42010 也跟進採用):

> 體現在其組件與組件彼此間之關係與環境的系統基礎組織,以及治理其設計與演進的原則。

而開放組織(Open Group)則採用了與 TOGAF 稍為不同的定義:

> 組件的結構、其間的關係,以及治理其設計與隨時間演進之原則與指導方針。

我個人則喜歡 Desmond D'Souza 與 Alan Cameron Will 在其關於催化方法(Catalysis method)之著作[2]中的定義:

> 一組關於系統的設計決策,使其實作者與維護者都不用再去發揮不必要的創造力。

---

2 Desmond F. D'Souza and Alan Cameron Wills, *Objects, Components, and Frameworks with UML: The Catalysis Approach* (Boston: Addison-Wesley Professional, 1998).

關鍵在於架構不應該抑制所有創造力，而是沒有必要的創造力。我看過很多沒有必要的創造力。它也強調出決策（第 6 章）的重要性。

架構性決策

這些經深思熟慮而出的定義並不容易實踐，不過，當某人帶著 PowerPoint 走上前來，展示一些框框與其間的連結線（第 23 章），並說著 "這是我的系統架構" 時，我第一個要作的檢驗是其文件中是否包含了有意義的決策。畢竟，若看不到需要作的決策，為什麼要聘架構師，還要寫這些架構文件呢？

Martin Fowler 用了相當簡單的一些例子來解釋事物本質，讓我也想要用自己能想到之最簡單的例子，來描繪 "架構決策檢驗"，這是學建物結構而畫出的（相當蹩腳）。

試想圖 8-1 左手邊的房子，它具有許多在系統架構普遍定義中的元素：我們可以在其中看到主要的系統組件（門、窗、屋頂），以及其間的關係（門與窗戶都在牆上，屋頂蓋在上頭）。就治理其設計之原則來看，也許單薄了些，但我們確實注意到了，已經有個接到地上的門跟幾扇窗子，這依循著一般的建物原則。

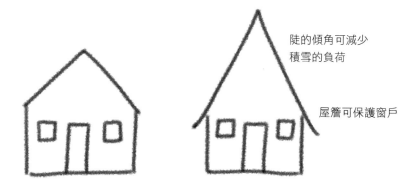

陡的傾角可減少
積雪的負荷

屋簷可保護窗戶

圖 8-1 這是架構嗎？

還有，要蓋這樣的房子，我不想要僱用架構師。這樣的房子"千篇一律"，也就是說，其中沒有隱含任何架構師所作出的決策。當然，我不考慮這種架構。

比較一下右手邊的設計。它也是相當簡單，除了屋頂之外，房子其他部份幾乎相同。這幢房子有比較陡的屋頂，這是有道理的：這房子是設計給氣候寒冷地區使用的，冬天會有沈重的積雪，雪相當重，一下子就能壓垮屋頂。較陡的屋頂可以讓雪滑下去，靠重力就可輕易地將之移除，重力是相當便宜而且到處都有的資源。此外，突出的屋簷可防止滑下來的雪堆積在窗前。

對我來說，這是架構：作了重要的決策並紀錄。這個決策是由系統情境所驅動的；在這個例子中，指的就是氣候：客戶通常不會明確地要求說屋頂不能被積雪壓垮。此外，文件也強調出了相關的決策，避免掉了不必要的雜訊。

若你覺得這些架構決策其實相當明顯，不用特別強調的話，讓我們來看看圖 8-2 中的這些間非常不同的房子。

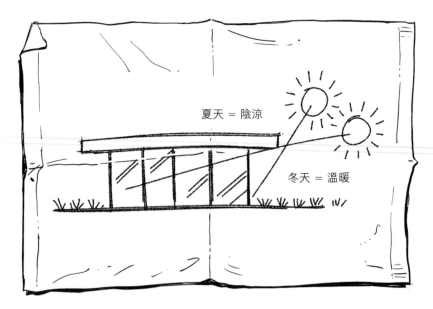

夏天 = 陰涼

冬天 = 溫暖

圖 8-2　畫在餐巾紙上的一個好架構

圖 8-2 中的這幢房子有許多的不同點：牆是由玻璃作的，除了有透亮的景觀外，玻璃牆會讓陽光把建物升溫，讓整幢建築看來更像是一間溫室而不是住宅。這個方案如何？讓屋頂延展出去，讓底下的玻璃牆有遮蔭，特別是在太陽高掛的夏天。在冬天，太陽比較低，陽光會曬在窗戶上，讓建物內部更溫暖些。我們又看到了，這個架構由很簡單但很基礎的決策所定義，用容易瞭解的格式記錄著，強調出該決策的本質與背後的道理。

基礎決策不需要複雜

若你覺得蓋出突出屋簷的想法並不全然是原創或重要的話，試著買第一間有這種設計的房子：比方說，建築師 Pierre Koenig 所做的第 22號洛杉磯房屋個案研究。它優雅地座落在洛杉磯最醒目的住宅群或更遠的區域之中（感謝 Julius Shulman 的標誌性照片），當然是非賣品。不過，若你事先預約的話，還是可以進去參觀的。重要的架構決策可能在事後才能明顯看得出來，但這並不影響其價值。不過，沒有一個是完美的：UCLA 的博士生曾測量過，懸垂在朝南的立面會比朝西或朝東的要好[3]。

切合目的

簡單房屋的例子也強調出另一個建物的重要屬性：很少有建物是純粹"好"或"壞"的，但卻有切合跟與不切合於目的的。一幢有玻璃牆的平頂房子，可能被視為是一幢很棒的建築物，但若蓋在瑞士的阿爾卑斯，情況就不一樣了，經過幾個冬天，屋頂也許就就塌了或漏水了。在太陽路徑全年都差不多的赤道地區，這種房子的設計，可能也不是很好。在這些地區，你最好把牆加厚，把窗戶弄小，再加上空調。

3　P. La Roche, "The Case Study House Program in Los Angeles: A Case for Sustainability," *in Proc. of Conference on Passive and Low Energy Architecture* (2002).

架構沒有好或壞，只有合不合適於目的。

在所提的設計中，考量到環境並找出其中的限制條件或假設，是架構師的主要責任。架構師通常被認為是處理非功能性需求（nonfunctional requirements）的人。我通常把潛藏的假設看作是非需求──從不被明確提出的需求（第一部）。

即便是可怕的大泥球（*http://www.laputan.org/mud*）也能 "切合目的"；比方說，當你不計代價也不在意之後會發生什麼事地，要把東西弄完的時候。這可能不是你想要處理的情況，但就跟在同一地區的房子要有防震措施一樣，有些架構得要管理層的同意才行。

通過測試

重複地看過幾次建物架構的類比之後，我們怎麼將重點轉回到軟體系統架構上來？系統架構不需要非常複雜，不過，它必須有記錄完善且基於明確理由的重要決策。視組織的複雜程度而定，"重要（significant）" 這字可以有幾種解釋，但，"我們把前後端的程式碼分開" 或 "我們有使用監測（monitoring）"，確實有 "把門立起來，讓人可以走進來" 或 "我在牆上開幾扇窗，讓光線可以照進來" 的味道了。

接著繼續討論架構，我們來談談比較不明顯的部份。比方說，"你有使用服務層嗎？為什麼？"（某些人可能覺得這很明顯）或 "你為何將應用程式分散開來，放在幾個雲端服務上？"。檢查決定要用的是否也有缺點，是一種好的檢測方式──沒有缺點的決策，大都沒什麼意義。

所有有意義的決策，都會有缺點。

你會訝異於有多少 "架構文件" 沒辦法通過相對簡單的測試。我希望這組房屋素描，可以簡單又不帶威脅的方式，提供回饋，並鼓勵架構師們更注重設計與文件。

9

架構是在推銷選項

猶豫不決時，有幾個選項可選是件好事

選項大拍賣

我經常被問到架構的價值，有時出於純粹的好奇，有些時候卻像是個挑戰（歡迎）。可嘆的是，我也一直發現，要以簡潔和令人信服的方式，回答這個看似簡單的問題，讓非技術人員瞭解，有多麼困難。因此，我認為，對所有資深架構師來說，讓這問題有個好答案，是一種難能可貴的技能。

 有位同事曾建議說架構師的主要績效指標（KPI），應該是他作出多少決策。當作決策是做架構的定義元素時，我覺得儘可能地作出更多決策，並不是能驅動我專業發展的動力。

用作了多少決策來衡量一位架構師的貢獻，讓我聯想到用寫了幾行程式碼來衡量開發者的生產力。這個指標已被公認為壞指標，因為能力較差的開發者會重複編寫一些冗長的程式碼，而能力較好的開發者會為複雜的問題，找到簡短且優雅的解決方式。我想起了在 Martin Fowler 廣受歡迎的文章裡，也提到過決策，但他是從非常特別的觀點來看待決策。

逆轉不可逆的決策

在軟體架構的許多傳統定義中，包含了作出難以逆轉（或昂貴）之決策的概念。理想上，這些決策應該在專案早期就作好了，讓專案有方向，避免 "分析癱瘓（analysis paralysis）"，這是專案的危險狀態，在還沒寫碼之前，需求一直不明確。不過，作出重要決策是專案早期的主要挑戰：專案起動時也是最多事情被忽略掉的時候，因為專案還有許多地方不明確，要使用何種技術也不確定。因此，大家都希望架構師能運用其能力，依據過往的經驗，作出 "對的" 決策。專案常透支，時程也常延遲，這表示，對一位最好，甚至是大師級的架構師而言，要作好專案早期的系統架構決策都不容易（第 2 章）。

反過來看也是如此。Martin Fowler 之前曾總結出："架構師的一個最重要的工作是排除軟體設計中的不可逆性"[1]。因此，與其將所有的關鍵決策都委於一人，不如將專案早期的不可逆決策縮減到最少。如，選個能將未來改變局限住的彈性或模組化設計，以便減少其對初期決策的影響。現在可以把採用模組化設計視為一種二級前期決策 —— 稍後我們回過頭來討論這一點。

預先作決策的想法常常為專案的週邊結構與流程所驅動，而不是技術需求。比方說，耗費時間的預算審核與採購流程，可能需要團隊在開始進行開發工作之前，就要選擇適用的產品。還有企業軟體與硬體供應商，也同樣需要在早期就選定，以利簽約。他們可能會跟毫無戒心

---

1 Fowler, "Who Needs an Architect?"

的 IT 管理層誇大成效，如一開始就選用他們提供之工具的話，可減少甚或是不需要昂貴的程式設計師。

因此，若組織不讓架構師作決策的情況下，可以取得更好的成果，我們如何說服高層？

用選項推遲決策

若你能透過業務的概念或語彙，與管理高層溝通起來會更容易。順著這路走下去，你可能會發現業務概念會影響如何看待 IT 的方式。金融服務給我們的就只是：選項。

在金融服務中，作決策是很稀鬆平常的，特別是在股票交易的時候。買股票需要把現金先投注進去，雖然未來的股價還未知，但希望未來能有收益 —— 有點類似買輛新車（第 6 章）的情況。現在，若你能去到一年後的未來，而且看到那時的股價，要不要用今天的價格買這支股票，就可以很容易作出決策。目前還不可能有時間旅行，但這個例子讓我們瞭解到為了修正參數而能推遲決策有其價值。這是很直覺的，因為時間拖遲了，就有更多時間來更瞭解決策，這就能讓你作出更好的決策。

 若之前知道當天會是好天氣與積雪條件合適的話，我才會去買當天的滑雪票。我放棄有預購折扣的購票服務，以便能將決策往後推遲。

最接近時間旅行的金融服務就是金融方面的選擇權（*option*）概念。選擇權是指"用固定條件在未來執行某金融交易之權利而不是義務"。舉個例子來說明會比較容易瞭解：

你可以購入一個用 100 元（履約價格，strike price）在一年內買股票的選擇權（假設是買歐股選擇權）。一年後，這個選擇權就過期了：若該股票的交易價格大於 100 元，你只要執行用 100 元買該股票的選擇權，然後再出售盈利，就可以馬上賺到錢。若實際的股票價格小於 100 元，你就可以讓這個選擇權過期，也就是說，你放棄你用 100 元買這支股票的權利。買這個選擇權並不見得會是個壞決策（第 6 章）。

選擇權能讓推遲作決策：與其決定今天要買股票或是賣股票，你可以在今天買選擇權，以獲取在未來才作決定的權力[2]。

好的 IT 架構也能提供選項。比方說，用 Java 或其他廣受支持的語言設計程式時，你就提供了可在不同作業系統下執行的軟體選項，將這個決策推遲到要下決定的那天。幸運的是，只要 Java 持續支持許多平台，你的選項就不會過期。

選項有其價值

金融業相當瞭解推遲決策有其價值，因此，選擇權會有個價格，C。整個市場上都會有人買或賣這些選擇權或其衍生產品。有二位非常聰明的紳士，Fischer Black 與 Myron Scholes，因為算出了選擇權的價值而獲得諾貝爾獎。他們提出廣為人知的布萊克 - 斯科爾斯（Black-Scholes）公式：[3]

$$C(S,t) = N(d_1)S - N(d_2)Ke^{-r(T-t)}$$

$$d_1 = \frac{1}{\sigma\sqrt{T-t}}\left[\ln\left(\frac{S}{K}\right) + \left(r + \frac{\sigma^2}{2}\right)(T-t)\right]$$

$$d_2 = d_1 - \sigma\sqrt{T-t}$$

2　你也可以用選擇權去賣股票，這稱為**賣出**（*put*）選擇權，常被用來對沖掉股價的大幅下跌，本質上像是投資的保單。

3　維基百科，"Black–Scholes Model," *https://oreil.ly/2ZcmI*.

這要花點功夫解釋，但我們可以看幾個主要參數如何影響價格。比方說，高一點的履約價格 (K) 會降低我們對選擇權所期待的價值。我們也可以看到，若現在就可以買選擇權 (T = t)，則選擇權的價格就會變成目前的價格 (S) 減掉履約價格 (K)。

所以，已有數學證明選擇權有價格真的不錯：若架構師賣的是選項，就表示他們會帶來價值！

架構師的選項：彈性

幸運地，IT 架構師既不需要複雜的公式，也不需要諾貝爾獎。你要做的就是設計出能讓決策推遲的系統，提供可在未來行使的選項。

有個典型的例子是決定伺服器的大小：在佈署一套應用程式之前，傳統 IT 團隊會發起一個規模調整的研究，要去計算執行這套應用程式需要多少硬體的支援。可嘆的是，在基建的規模方面，這類的研究只會有二種可能的結果：要麼太大，要麼太小，所導致的結果不是浪費經費，就是應用程式的效能很差。這是延遲決策多麼好的一個機會啊！

就這個例子來說，架構師搭建出的選項是垂直擴展，計算資源可在之後增減。明顯地，這個選項具有這種價值：基建規模可依據應用程式的實際需求來設定，而且也可以依照後續的需要來成長（或縮減）。不過，這個選項可不是免費的，系統必須被設計成是能擴展的：比方說，要讓應用程式的組件是無狀態的，或者使用分散式的資料庫。

基本上，因為複雜度是系統交付速度變慢的主要原因，你為了這個選項付出了增加複雜度的代價，這代價不小。此外，要能運用應用程式的擴展能力，你大概需要將應用程式佈署在彈性的雲端平台上，這就會讓某些廠商把你限制住。所以，結果就是你買了個選項，放棄了另一個選項。

 架構選項很少是不用付出代價的。比方說，你要麼付出了增加複雜度的代價，要麼失去了另一個選項。

如同金融選擇權，架構選項也能讓你在期望無法實現，想管控損失時做對沖。比方說，從特定廠商的介面中弄個抽象層來，這可以沖掉該廠商要增加的授權費或不再提供服務的問題。

履約價格

現在，架構師能做的，就是提出個能賣得出去的選項，並說明該選項的本質與價格。有人必須要決定要不要買。如剛剛說過的，讓一套應用程式能水平擴展或加層中介層是要付出代價的。雖然這可能是一個好的架構實務，但決策原則教我們要去檢視這個選項是不是真的需要。

金融業販售的選擇權會有不同的履約價格，這是你在未來要實現這個選項，所要為每股付出的價格。很容易就可以看出（根據 Black-Scholes 公式），低履約價格的選擇權會有較高的預付費用：未來實現該選擇權的價格越低，你潛在的收益則愈高。要注意到即使履約價格比目前的股價高，該選擇權還是會有價值 —— 畢竟，未來的價格還是可能增加的。

這種效應很容易地可以轉化成之前的 IT 例子：轉移到雲端服務商，我們可以降低水平擴展的履約價格到幾近於 0，這歸功於全自動化。不過，履約價格的降低並不是免費的：你大概要付出被特定供應商的 API、存取控制、帳號設立與機器類型限制住的代價。所以更換供應商的履約價格不低。

為了降低更換雲端服務的履約價格，你可以打造一個抽象層，按個鈕就能讓你把應用程式搬到任何的雲端服務上。容器平台讓這樣的想法可行，但你還是需要把所有的儲存、帳單與存取控制需求抽象化。也許你可能也會受到商業契約的限制。所以，近 0 成本的雲端遷移也會帶來巨大的預付成本：這個選項可不便宜。考慮到更換供應商的需求不高，這個選項也許不值得購買 [4]。

4　Gregor Hohpe, "Don't Get Locked Up into Avoiding Lock-in," MartinFowler.com （2019）, *https://oreil.ly/jWDAW*.

覆約價格最小化（即，從一個供應商轉移到另一個上頭的成本）通常從架構面向來看是比較理想，但考量到經濟面向時，就很少被採用。

此外，有意識地管理應用程式的依賴關係，並將之佈署在容器中，可能可取得比較好的平衡。它帶著高一點的履約價格（遷移還是需要花一些功夫）但卻把前期投資降低很多。好的架構師會提供不同履約價格與成本區間的一些選項，而不會只不計代價地去降低履約價格。

不確定性會增加選項的價格

因此，就跟金融市場一樣，定價格與購買架構選擇權時，需要好好地考慮。雖然如此，還有第二個因素會對選擇權的價值有重要的影響：不確定性。我愈無法確定未來，我就愈能從推遲決策上得到更多的價值。比方說，若應用程式是為了少數且固定的使用者而設計的，則水平擴展的選項就不是太有價值。不過，若我打造出一套在網際網路上用的應用程式，可能會有一百或十萬個使用者，這個選項就會變得更有價值。

這對金融界也同樣適用：Black-Scholes 公式包含了一個重要的參數，σ（"sigma"），代表波動性（volatility）。公式裡，被放在分子的 σ 平方，代表波動性與選擇權價格間的強相關。

因為單就 IT 無法判斷出選項的價值，所以業務不想要受技術決策的影響而作出不適切的決策。根據業務需求，將技術選項轉化成有意義的選項，是架構師的責任。

因此，推銷選項的架構師需要瞭解情境與波動性。通常，這類的輸入需要從業務端而來，不能單由 IT 來決定。這就表示，業務端不想涉入技術決策的思維是不好的，因為這沒辦法作出最適切的決策。

時間稍縱即逝

另一個影響選擇權價值的因素是：時間。行使選擇權的時間（即選擇權的到期日）就是 Black-Scholes 公式中的參數 T，當前的時間被表示為 t。到期日愈遠，其價值愈高。這很合理，因為不確定性增加了，往愈遠的未來看，會讓選擇權更有價值。

 架構師與專案經理通常在不同的時間跨度上工作，對二者而言，相同選項有著不同的價值。

這個效應可用來解釋，為何架構師與專案經理常就架構選項而爭論不休：專案經理的時間跨度，比要在好幾年甚至幾十年的時間內，評估架構完整性的企業架構師要來得短。因為時間跨度的不同，他們對相同的選項會預設（或，實際上是計算而得）有不同的價值。有趣的是，在這種爭議中，兩造都因為其輸入參數的不同，而作了合理但相異的決策。有種模型，如選項模型，有助於降低這種因輸入參數不同所造成的爭議，而讓決策過程變得更好。

真正選項

在金融領域外應用選擇權理論的想法，並非只限於 IT，且被稱為是真正選項[5]。真正選項引導企業投資決策，如併購或購買房地產，通常被分成幾類[6]，非常適用於軟體架構與專案的情況：

推遲選項

之後進行投資，如新增一個功能的能力。

---

5   Stewart C. Myers, *Determinants of Corporate Borrowing* (Cambridge, MA: MIT Sloan School of Management, 1976).

6   Lenos Trigeorgis, *Real Options: Managerial Flexibility and Strategy in Resource Allocation* (Cambridge, MA: MIT Press, 1996).

放棄選項

當專案要被棄置時，使用或重新推展部份專案產出的能力。在 IT 架構中，這個選項等同是打造可被其他專案回收使用之個別獨立的模組或服務。

擴展選項

增加能耐（capacity）的能力；比方說，透過增加硬體的方式來擴展一套應用程式。

收縮選項

能優雅地縮減能耐的能力；比方說，透過使用有彈性之基建的方式。

就像買熱巧克力（第 17 章）那樣，我們可以藉由觀察 IT 之外的真實世界來學習。

套利

在金融界，市場通常被認為是有效率的，也就是說，工具被公平地根據其風險與期望的回報來定價。雖然每隔一段時間，就會有人想出透過套利，一種獲利但不帶有風險的機會，而立即取得回報的方法。架構師應該也要去尋找這類的機會，用非常低的成本來提供選項。比方說運用一會讓更換資料庫供應商的工作簡單些的開源物件關係對映（Object-Relational Mapping，ORM）框架。這就既是最佳實作，也是一個便宜的選項。

敏捷與架構

某些敏捷開發者質疑架構的價值，因為它與一個大型的前期設計（up-front-design）方法密切相關，這種方法一開始就希望做出所有的決策。瞭解架構如同提供選項，不難看出，反過來看也是成立的。敏捷

方法與架構都是處理不確定性的方法，這意味著用敏捷的方式來做，
也能讓你從架構中獲得更多好處。

 敏捷方法與架構的價值都會跟著不確定性增加，它們是朋
友不是敵人。

演化型架構

找不到有意義的選項時，你該怎麼做？或至少事先還沒辦法深入瞭解
的時候？在這種情況下，你需要會隨著愈瞭解科技與客戶需求而演化
的架構——一種被稱為強調演化型架構的方法[7]。就跟自然的歷史一樣，
將演化與一系列變化區隔開來的是適度函數（*fitness function*），它透
過檢視一種方法多能導出想要結果的方式，引領著變化。與事先選用
一個特定的架構比起來，選對了適度函數，就能立即變成演化架構師
的業績。套句名言"任何問題都可以透過多一層間接層來解決"，若
你看到了這點，那可能有掌握到某些東西了。

放大隱喻

在我向一位資深的金融服務主管，他是前任的資產管理部的主管，第
一次分享"推銷選項"的隱喻時，他馬上就認同這個比喻，並且很快
地總結出，較高的波動性會增加一個選項的價值。將這個概念轉到 IT
上來看，他說，在現今這種高度不確定性的時代中，我們在企業與科
技方面都得面對它，架構選項的價值也提高了。企業需要投資更多在
架構上。

當一位不同領域的人也認同這個隱喻，並且將之提升到另一個層次，
這不很美妙嗎？

---

7 Neal Ford, Matthew McCullough, and Nathaniel Schutta, *Presentation Patterns:
Techniques for Crafting Better Presentations* (Boston: Addison-Wesley Professional,
2012).

10

凡系統皆完美…

那要看它被設計來做什麼！

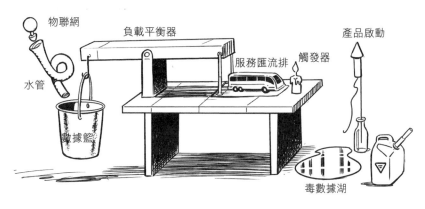

系統行為分析

架構師做的許多事都是衝著複雜系統的行為來的：系統有許多零件，其間交織著複雜的關係。有完全為了這類推理而創建出來的研究領域，稱為系統化思考或複雜系統理論。不過，流行的軟體架構定義聚焦在一套系統的組件與其間的關係，系統化思考則強調行為（第 8章）。身為架構師，我們應該將結構簡單地視為是實現所需行為的一種手段。有系統地思考讓我們能這樣做。

暖爐如系統

房子裡的暖爐就像是一套系統的典型範例，當我們覺得控制是種幻覺（第 27 章）時，我們可以看看它是如何運作的。如圖 10-1 所示，一套加熱系統的典型架構圖會畫出其中的組件與其間的關係：一個能產生熱水或蒸氣的爐子、一個能將熱能傳到房間裡的熱輻射器或空氣傳導器，還有一個控制著爐子的恆溫器。從結構 / 控制系統理論的角度來看這張圖上半部的恆溫器被認為是這套系統的中心元素：開關火爐以調節房間的溫度。

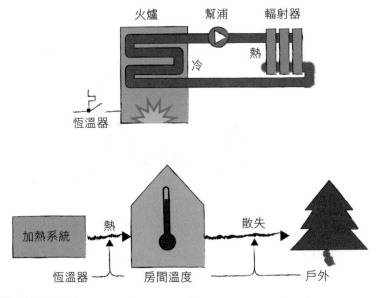

圖 10-1　暖爐的結構視圖（上）與系統視圖（下）

另一方面，從系統化思考的角度，圖 10-1 的下半部，則聚焦在被視為是中心變量的房間溫度與其受影響的因素：燃燒火爐會增加房間溫度，而熱散失到戶外則會降低房間的溫度。熱的散失由房間溫度與戶外溫度決定：天氣冷的時候，更多的熱會透過牆壁與窗戶發散到戶外。這就是智能加熱系統會在冷天加大功率的原因。透過這種方式，系統化思考是一種用完全不同的角度來看待相同系統的平行宇宙，這種角度有助於讓我們更瞭解為何要建造某些事物的原因。

回饋循環

系統化思考有助讓我們瞭解互有相關的行為；比方說，回饋循環。房間恆溫器建立了一個常見於控制系統中的負回饋循環：若房間的溫度太高，則關閉火爐，讓房間冷卻下來。負回饋循環通常是為了讓系統保持在相對穩定的狀態 —— 房間的溫度還是會因恆溫器滯後現象（hysteresis）與加熱系統的慣性而輕微地震盪。不過，大部份系統的自穩定範圍是固定的：加熱器沒辦法讓被夏天太陽曬熱的房間冷卻下來，也沒辦法完全補償冬天因窗戶大開所散失的熱能。

正回饋循環則以不同的方式運作：系統的變量變大，又會促進本身變得更大。我們都知道這種行為會對爆裂物（熱所釋出的氧氣會讓燃燒更劇烈）、核反應（一種典型的"連鎖反應"）或惡性通貨膨脹（物價與工資的循環增長），產生戲劇性的影響。另一個正回饋循環的例子是，路上若有更多車輛，投資在馬路建設上的經費就會比公共運輸上的經費要多，使得更多人想開車上班。就像有錢人傾向投資在更多標的上，讓收入更高，形成"富者更富"的現象，如同 Piketty 在二十一世紀資本論[1]中所舉的例子那樣。

正回饋循環可能會因為其"爆炸性"的本質而產生危險。政策通常透過負回饋循環來抵消這種效應；比方說，提高富人的稅率或徵收燃料稅用以建設公共交通。不過，還是很難平衡掉正回饋循環呈指數性增長的特性。以系統化的方式來思考，有助於讓我們瞭解這類的效應。

有序複雜性

Gerald Weinberg[2] 透過將世界分成三個區域來強調系統化思考的重要性：有序單純性（*organized simplicity*）是被瞭解透徹的工程領域如槓桿或含有電阻與電容的電子系統。你可以精確計算出這些系統的行

---

1 Thomas Piketty, *Capital in the Twenty-First Century* (Boston: Belknap Press, 2014).

2 Gerald M. Weinberg, *An Introduction to General Systems Thinking* (Dorset House, 2001).

為。在光譜的另一端，則是無序複雜性（*unorganized complexity*），我們沒辦法精確地瞭解發生了什麼事，但我們可以為系統進行統計建模。系統行為是無序的（unorganized），代表零件間並沒有太多關聯。為病毒的擴散建模就屬於這一類。比較麻煩的是有序複雜性（*organized complexity*），雖其結構與組件間的互動方式明確，但系統太複雜，以致沒辦法用公式來解決。這是系統的領域，也是系統架構的領域。

系統效應

若我們無法用數學式子判斷系統行為，系統化思考如何能協助我們？複雜系統，特別是牽涉到人的，往往受到循環系統效應或模式的影響。這種效應說明了為什麼漁民常過度捕撈，耗盡自己賴以維生的資源，以及旅客常湧入同一個風景區，破壞了吸引他們造訪的環境。瞭解這些模式，有助於讓我們更能去預則系統的行為並進而去改變它。Donella Meadow 寫的有系統地思考[3]，列出了一些常見的效應，包括底下比較典型的這些：

• 有限合理性（*Bounded rationality*），這是諾貝爾獎得主 Herbert A. Simon 所說的詞，道出了人們通常會做理性的事，但只有在他們觀察得到的情境下才會如此。比方說，若一間公寓建築有個中央暖氣系統，不依據能源消耗量來計費的話，則人們會讓暖氣整天開著，需要時，才會把窗戶打開讓房間的溫度降下來一些。顯然，這是很大的能源浪費，而且會造成污染、資源消耗與全球暖化。但若把情境控制在只考慮房間的溫度與荷包的話，這樣做就變得合理了，不管你是不是喜歡：如此可以避免暖氣系統必須預熱而維持慣性，讓暖氣開著，其實可讓你更容易地控制房裡的溫度。

3　Donella H. Meadows, *Thinking in Systems: A Primer* (White River Junction, VT: Chelsea Green Publishing, 2008).

- 放牧公地之悲劇（*tragedy of the commons*）的說法源於放牧公地的概念，這是一種老愛爾蘭與英國鄉村地區的共用牧地，所有的村民可在其中放牧。因為這種共用資源是免費的，鼓勵村民在這塊牧地上盡可能地放養更多的牛。當然，因為牧地是有限的資源，這種行為會導致資源被耗盡而導致貧窮；即悲劇。這種系統無法自我調節的一個原因是延遲：錯誤行為所造成之影響顯現出來的時候，總是太遲了。

這些效應的複雜性是由諾貝爾獎得主 Elinor Ostrom 所提出的，她是諾貝爾經濟學獎唯一的女性得主，因提出公地放牧之悲劇而聞名[4]。

瞭解系統行為

系統文件，特別在 IT 領域中，傾向描繪系統的固定結構而很少提到系統的行為。不過，諷刺的是，系統的行為是最有趣的：系統通常會展現出確定而可預期的行為。比方說，暖氣系統用來讓你的房間維持在一個舒適的狀態。伺服器的基建以冗餘來增加可用性（availability）。在這二個例子中，系統結構只是一種達成目的的手段。

要從系統的組件來推導其行為並不容易。以我公寓裡的暖氣系統來說明，它可以從地板，也能從牆上輻射出熱

> 一系統的結構只是達成預期行為的一種手段。

水帶上來的熱能。它由幾個主要組件所構成：在主迴路中的瓦斯燃燒器用來加熱水，並由內建的幫浦所驅動。二個外部幫浦把水從主迴路送到地板熱源與牆裡的輻射器上。錯誤的組態設定會讓二個外部幫浦無法從主迴路中吸到足夠的水，從主迴路傳過來熱能無從消化，它很快就會過熱。這樣一來，反而會讓瓦斯加熱器關閉一段時間，而導致熱源的缺乏：加熱器不作用，房間自然暖和不起來，技術人員卻會因此而試著增加加熱器的功率。不過，這只會讓問題變得更嚴重：

4　David Bollier, "The Only Woman to Win the Nobel Prize in Economics Also Debunked the Orthodoxy," *Evonomics*, July 28, 2015, *https://oreil.ly/9Na0H*.

系統無法將足夠的熱水移出主迴路，所以加大瓦斯加熱器的功率，只會讓它更快過熱。經過十幾次的嘗試，暖氣系統仍舊無法按照設計所預期的方式來運行。因為技術人員也許瞭解個別的系統組件，但並沒有瞭解這複雜的系統行為。

這複雜嗎？就架構師而言，這種事每天都會碰到。瞭解系統組件間複雜的關聯並進行適當地調整，使其能展現出預期的行為，這就是架構師所做的。通常畫一張好的圖（*diagram*）有助於把工作做好。

調整系統的行為

使用者從系統中看到的大部份是事件：系統行為所產生的結果。這是由系統結構所決定的，而系統結構通常是看不到的。若使用者不滿意這些事件，如加熱器在房間變冷時候關機，他們常會試著去做一些改變，如將房間裡恆溫器的溫度調高一些，而不去分析或更改背後的系統。在招致災難[5]這本書中，提到了誤解系統會導致如三哩島（Three Mile Island）核反應爐事件或油井鑽台翻覆之類的重大災難。這二種情況都是在操作員不瞭解底層系統之運作方式的情況下，根據出問題的系統表象，而執行造成災難的操作所致。他們從真實系統所得來的心智模型（*mental model*），讓他們做出致命的決策。

我們可以不斷地觀察到，人們不擅長操作回饋循環慢的系統，即只會在明顯的延遲之後，才會展現出輸入改變的響應。有個經典的例子，在 MIT 的 "啤酒競賽" 中，參賽者的平均表現幾乎比最佳狀態要差了 10 倍[6]。把信用卡刷爆是另一個經典的例子：人們會一直舉債，直到無法負擔利息或開始擔心怎麼會把自己搞成這樣的時候。

5　James R. Chiles, *Inviting Disaster: Lessons from the Edge of Technology* (New York: Harper Business, 2002).

6　John D. Sterman, "Modeling Managerial Behavior," *Management Science*, Vol. 35, No. 3 (March 1989), *https://oreil.ly/wrtzb*.

還有，人們也不會整體地來看待系統，並傾向採取會適得其反的作為。比方說，人們常設置一些"阻擋措施（blockers）"來應對排得滿滿的行程，結果讓行程變得更滿。相反地，我們需要瞭解並調整讓行事曆被排滿的原因；比方說，一個需要再開許多協調會議（alignment meetings）才能被調整好的組織性結構。光只解決外顯的癥狀，無法讓系統變得更好。

瞭解系統效應有助於讓你設計出更有效的方法來影響系統，進而改變其行為。比方說，透明度有助消除有限理性的效應，因為它可拓寬人們的界限。Donella Meadow 的書中有提到了一個例子，若在玄關處設一個電錶的話，則不需要透過額外的規則或懲罰，人們就會自動自發地更省電一點。有趣的是，系統化思考可以套用到組織性與技術性的系統上。我們在討論如何調控組織時（第 30 章），就會看到。

John Gall 在系統聖經[7]裡就幽默且有見地得提到，系統的行為方式通常與我們的意圖與直覺相左。

系統抗拒改變

系統很難改變，但不是因為它複雜的結構，而是大部份的系統抗拒改變。組織性的系統會減少阻力，比方說，透過定義完善的流程，而維持住它的存續（longevity），但若處於一個需要組織作出改變的環境時，就會遇到挑戰。Frederic Laloux[8]認為這是琥珀色組織（amber organizations）的一個主要特性：他們建立在過去有用，也適用於未來的假設上，而且認定它可以沿用數千年。

7　John Gall, The Systems Bible, Third Edition (Walker, MN: General Systemantics Press, 2002).

8　Frederic Laloux and Ken Wilber, *Reinventing Organizations: A Guide to Creating Organizations Inspired by the Next Stage in Human Consciousness* (Nelson Parker, 2014).

如第七章談到過的，若你在架構審查中要求做出更好的文件，"系統"就會安排一些消耗你時間的冗長工作坊，以為回應。若你加大壓力，系統就會用一些次級文件來增加你的審查時間。因此，你必須抓到問題的源頭，強調好文件、適任架構師的重要性，並在專案時程裡為這些工作安排好時程。

大部份的組織系統都習於處在一個不隨時間變化的穩定狀態，好好地為其目的工作。若企業環境需要不同的系統行為，則系統就會以傾向回復到之前狀態的方式，主動地作出抗拒。就像要把汽車推出泥巴坑那樣：在你沒把它推過坑頂之前，車子會一直滑回去。這類的系統效應會讓組織的轉型面臨到不小的挑戰。

11

別怕寫碼！

沒有工具的支援，用設計不良的語言
來編程並不好玩

誰敢跑這支程式？

尤達，是星際大戰電影中絕地武士 Luke 天行者的老師，他充滿智慧，知道恐懼會帶來憤怒；憤怒會引發憎恨；而憎恨就會帶來痛苦。類似地，企業中的 IT 害怕寫碼，而喜歡設置組態（configuration）的習慣，可能讓事情往不容易跳脫的痛苦深淵發展。小心暗黑界（dark side），它有許多表相，包括廠商兜售之"只需配置"的產品，它就在乏味且容易出錯之程式碼的另一邊。無奈的是，大部分複雜的組態設定也真的只是程式設計，而其所使用的是設計糟糕且限制很多的語言，也沒有合適的工具或文件可用。

害怕寫碼

企業 IT，通常由營運考量所驅動，傾向採用由費用高昂的外部顧問（第 38 章）所編寫的東西，而這些東西常有許多臭蟲在裡頭，也會造成效能的問題。這些顧問很難負責去處理問題，因為在問題浮現時，他們老早就轉去做另一個專案了。某些 IT 領導人甚至自豪地說他們是 "專注本業企業（proper business）" 而不是軟體開發公司，所以他們不應該去操心程式設計的事。

我看過最荒誕之害怕寫碼的例子是，企業 IT 把應用伺服器拿來做共用服務。一旦你將程式碼佈署到他們的伺服器上，你就不再能取得維運上的支援。這就如同在你啟動車子時，車子不再保固了 —— 畢竟，製造商不知道你會拿車子來做什麼！

企業 IT 對寫碼難以消除的恐懼，讓提供組態作為寫碼替代方案的公司獲利。如我們將看到的，這是相當短視的一種倡議。

好意圖並不會帶出好結果

IT 對寫碼的厭惡，源自於一個好的工作準則。大部分的企業 IT 正確遵守一個買比做好（buy-over-build）的策略：購買現成的（commercial off-the-shelf，COTS）商業軟體解決方案，可以節省 IT 部門的時間與經費，但也會讓人擔心其定期更新與安全修補（patches）的事。一旦買了，解決方案無法依照企業的特定需求進行客製或設置。

另一方面，通用程式庫與開源工作是重複使用現有工具的一種好方法。通常，開源工具常會有一些社區可提供支援，讓技術更容易為人所用。如，誰還想要自己寫 XML 的編序器（serializer）？已經有程式庫可以做這件事了。

這裡有隻貓膩，嗯…好吧，實際上有二隻：首先，若你想要為買來的軟體配置組態，你就得依靠有事先想到這種客製作需求的廠商，也就是說，廠商要能提供你選項（第 9 章）。要把這事做好，表示該廠商有夠大且完善的先期設計，能正確地滿足所有可能的需求，而我們只要讓自己更敏捷（第 15 章）就行。其次，配置組態代表要在軟體供應商所提供的抽象層上做事。現今，抽象化通常是件好事，因為它能讓你從一堆細節中跳脫出來，但某些抽象化還是會帶來一些負面的影響。

抽象化層次：簡單對彈性

提高抽象化層次是讓開發者工作能更簡單的主要技術之一。拜抽象化之賜，只有少數的程式設計師還用組合語言在寫程式、從硬碟中讀取一個區塊的資料，或把個別的資料封包傳到網路上。細節的層次已被完善地包裝進高階語言、檔案與插槽流（socket streams）中。這些程式設計上的抽象化非常方便，也大大地增加了生產力：試著不用這些去做事就能知道！

若抽象化這麼有用，你可能會合理地想到，若加入更多的抽象層是否能進一步提高生產力。比方說，你可以在所有業務函式中使用程式庫或服務。最終，你就不需要全用程式碼來做，而透過，如，配置組態，讓解決方案的開發更簡單。這聽起來是不是真的很棒，因為它就是如此。

提高了抽象化層次之後，你就會面對到一個基本的困境：如何才能不失去太多彈性而做出一個真的很簡單的模型？比方說，若一位開發者需要快速地直接存取任何檔案位置，就需要做檔案流抽象，因為它需要循序地（sequentially）讀取檔案。因此，最好的抽象就是解決並封裝問題困難的部分，同時讓使用者擁有足夠的彈性。

 若一個抽象拿掉太多或錯誤的東西，它就會變得限制太多或不太能用。若它拿掉的東西太少，它就不太能達成簡化的目標，也就不太有價值。

或者如 Alan Kay 優雅的說法：簡單的事必須要簡單，複雜的事必須要可行[1]。*MapReduce*，一套分散式數據處理框架，就是一個正面的例子：它抽象了分散式數據處理較麻煩的部分，如許多工作器（worker）實例的控制與排程，處理失效節點，跨節點聚合（aggregating）數據等等。但它還是讓程式設計師能有足夠的彈性去解決各式各樣的問題，在 Google 內部廣泛地被運用著。

為何要進行組態？

所以，若組態（configuration）能讓我們將程式設計的細節抽象出來，我們應該要更仔細地權衡得失。但在那之前，判斷什麼是與程式設計相對的組態是很重要的。組態的概念，大都混雜了幾種不相關的面向：

- 表示（如影像與文字）

- 所提供的是數據還是指令

- 在佈署之前或之後進行調整

模型對表示

程式設計的抽象，如程式庫，將實作的細節分離，雖然有許多更強大的物件與方法可用，但你還是需要寫程式。企業軟體抽象都常會有不同的封裝，也有能活潑地拖放演示的圖形式使用者介面，讓整個過程實施起來不那麼瑣碎。

乍看之下，我們可能會覺得在現有的程式設計模型之上，加層視覺化的薄板子能達到更高階的抽象。許多商業用戶第一次使用時可能會覺得：輸入指令看來就像寫程式，畫圖比較像用 PowerPoint。不幸的是，這是一種錯覺。GUI（Graphical User Interface）改變的是**表示**，而不是底層的模型。一個複雜的模型，如包含並發（concurrency）、

---

1 Wikiquote, "Alan Kay," *https://oreil.ly/SBC39*.

同步（synchronization）、相關（correlation）、長時交易（long-running transactions）、補償操作（compensating actions）等概念的工作流程引擎，本質上承載著概念性的重量：有不少事情需考慮。將之包裝進視覺化套件中，可讓它更顯眼，但卻無法卸除這些重量。若你的同步進度條被畫在錯的地方，則跟程式寫錯一樣，都會破壞工作流程。

這並不是說視覺化沒有價值。比方說，將工程流程畫成圖，能更自然地表達。雖然這可以放緩初期的學習曲線，但通常沒辦法能有很好的擴展：當應用程式變大了，不容易透過一張畫著符號的大畫布來追蹤。縮小了，文字就看不見了。除錯與版本控制也可能成為夢魘，這些工具大部分都缺乏大家所熟悉的對比（*diff*）函數。

要測試視覺化到底只是層薄板子還是真的是一個較好的模型，我通常會用二個測試，來看看廠商提供的視覺化程式設計工具能怎麼因應：

- 我會要他們在使用者預期會輸入某些邏輯的欄位上，故意打錯字。通常這會讓後續的程序碼出現神秘的錯誤訊息或隱晦的異常。這是 "走鋼絲式的程式設計"：只你要確實地走在線上，那就不會出問題。踏錯了一步，等著你的就是無盡的深淵。

- 我會請他們暫時離開二分鐘，然後隨機地改幾個他們展示的配置選項。回頭他們要除錯，並找出我改了什麼。

至目前為止，還沒有廠商願意吃這個餌；他們或許知道，還不夠重視抽象[2]。

程式碼或資料？或二者都是？

先不談視覺化，要到何種層的抽象，我們才能辨別出 "組態" 與 "高階程式設計" 的不同？儘管我們一直收到供應商的訊息，但光是一個圖形式使用者介面是不夠的。許多程式設計師會跟你說 XML（或

---

2 Gregor Hohpe, "Failure Doesn't Respect Abstraction," The Architect Elevator （blog）, January 21, 2019, *https://oreil.ly/ejTmy*.

JSON 與 YAML）的語法是組態。不過，任何有用過使用 XML 語法之 XSLT 的人都能證明，這並不是組態，而是繁重的宣告式程序設計。這再明顯不過了。

有個比較好的判斷條件，即不管你提供給系統的是可執行碼還是一些資料，若演算法已事先定義好了，而你只需給一些重要的值，這可以被稱為組態。比方說，有支程式需要將使用者的年齡分類成孩童、成人或老年人。這支程式裡頭會有一連串的 **if-else** 或 **switch** 敘述。一個組態檔案只會提供用來判斷的門檻值；比方說 18 與 65。這符合我們對組態的定義。

現在我們也許可以說改這些值是安全的：只要打一些數字進去，不用去瞭解程式語言的語法與運算子的優先序。不過，它並不保證你不會把這支程式搞壞了。若你不小心輸入 65 與 18，這支程式可能就無法如預期地運作。在這種情況下，程式確切的行為是沒辦法預測的，因為它按照已編寫好的演算法來執行。若程式先檢查的是孩童，你可能會把所有人都宣告成是孩童，而若程式先檢查老年人，則你可能會把所有人都變成是老年人。所以，雖然組態會來得更安全一些，但這並非萬無一失。

當你輸入的資料決定了執行順序時，程式碼與資料間的區別會更加模糊。比方說，你輸入的 “資料” 可能是一連串的指令碼。或者資料可能會重組成宣告式的程式設計語言；比方說，要設定一個規則引擎，甚或是 XSLT，這編寫好的碼不就是給執行引擎用的指令嗎？ Von Neumann[3] 可能會這麼說。明顯地，這不是非黑即白的事。

設計時佈署對執行期

另一種與程式不同的配置是我們可以在應用程式佈署之後再調整其組態。因為我們沒辦法在執行期之前就能預知一些參數，這當然是有用的；比方說，所需伺服器（第 9 章）的數量。不過，這種區別是基於

3　維基百科 , "von Neumann architecture," *https://oreil.ly/ilzNC.*

底層的假設，修改程式不但慢（因為你要重新建置（rebuild）與重新佈署整套應用程式）而且危險（因為你可能會帶進新的問題）。微服務架構與自動化建置 - 測試 - 佈署鏈在背後給了這些假設不少問號：它們能讓工作團隊快速、重複且高品質地重新建置、測試並佈署應用程式碼。

 與其試著去預測改變組態的結果，你可能會想要把資源投入到能漸進且快速佈署的工具鏈上。

這不是說配置組態一無是處，而是現代化的軟體交付給了我們其他的工具，可以做到配置組態想做的事。若我們可以在程式中做出調整，就不需要事先決定之後可以用來配置組態的參數，程式碼就會變得更簡單。還有，我們也會受益於快速發展的一系列工具，如版本控制、編輯器支援與自動化測試。

 當企業供應商來推銷其組態配置型工具套件時，我會要求他們要加快其軟體交付模式。

缺乏工具時，通常就會覺得組態配置會更安全些，這種想法會有問題。比方說，"組態改變" 會造成幾種雲端服務提供者之服務的重大中斷[4]。

高階程式設計

在許多情況下，被傳出去的組態配置其實是高階程式設計。比方說，透過命名訊息通道連接的方式來搭建分散式系統時，"組態" 檔通常決定了組件要連接的是哪個（些）頻道。當二個組件使用相同的頻道時，就可以互相進行通訊。在本地端的 XML 組態中輸入這些資料似乎很方便，但這很容易出錯，因為只消打錯一個字，就能讓組件無法通訊或以錯誤的順序串聯在一起。

4　Benjamin Treynor Sloss, "An Update on Sunday's Service Disruption," Inside Google Cloud (blog), June 3, 2019, *https://oreil.ly/yaGr6*.

搭建一個訊息系統並不是組態配置，而是一個用來做系統組合層
（*composition layer*）的高階程式設計模型。重視組態檔，並將之併
到源碼控制並打造驗證與管理工具[5]，有助於除錯，可大大減少可能產
生的問題。

組態程式設計

不管是不是要作出選擇（指的是程式設計對組態配置）你一定會看
到有人提出的折衷方案。這時，指的就是組態程式設計[6]：一種建議
使用獨立的組態語言指定程式中之粗粒度（coarse-grained）結構的方
法。組態程式設計對並發（concurrent）、平行（Parallel）與分散式系
統這類有複雜程式結構的系統，特別有吸引力。

組態如程式碼隱藏

所以，有好地方可以放組態嗎？有的，比方說，將執行期參數注
入（injecting）到高度分散的程式裡或設定好雲端基建（*cloud
infrastructure*）（第 14 章），就是組態很好的使用案例。奇怪的是，
儘管大多數的工具實際上是組態，現今還是有許多方法是用基建如代
碼（*infrastructure as code*，*IaC*）來代表。某些人士必定是覺得代碼
聽來比組態更強。

抽象化是一種非常有用的技術，但相信將某些東西標記成 "組態"，
就能去除複雜度或者就不用聘開發者，就成了謬誤。相反地，要思考
 "組態" 是否真的是高階程式設計。不管是哪種情況，要確定它都是
以定義出現代軟體交付之設計、測試、版本控制與佈署管理的最佳實
作，所焠煉而出的。否則，你創造出的就只是一種只有你自己能用、
設計不良且沒有工具支援的語言。你最好還是去寫程式。

5　Gregor Hohpe, "Visualizing Dependencies," Enterprise Integration Patterns (blog),
　　July 12, 2004, *https:// oreil.ly/1j4-7*.

6　FOLDOC, "ConfigurationProgramming," *https://oreil.ly/DkiV0*.

12

什麼都不砍，
將與殭屍共存

然後它們會把你的腦子給吃了

陳舊系統的復活之夜

企業 IT 活在殭屍之中：陳舊系統要死不活，讓所有人都不敢靠近它們。它們也不容易被完全清除掉。更糟的是，它們會把 IT 人員的腦子給吃了。就如去除了有趣劇情的活人生吃（*Shaun of the Dead*）那樣。

除了仍存在於企業 IT 中的現實之外，在現今變化愈來愈快的世界中，愈來愈找不到陳舊系統存在的理由。讓某些殭屍安息的時候到了。

包袱

包袱系統（legacy systems）以過時的技術打造，而且通常缺乏好的說明文件，但（似乎）仍執行著重要的業務功能。在許多情況下，它們所運行之函數的確切範圍，也並不全然清楚。諷刺的是，大部分的包袱系統會貢獻一些收益，因為，若不如此，它們早就被拿掉了。

 在討論現代 "數位" 公司與傳統的有何不同時，"沒有包袱（lack of legacy）" 常常是一個主要的因素。

系統會受到包袱（legacy）影響，因為技術發展得比業務來得快：人壽保險系統通常必須維護幾十年的資料與功能，這將使得許多用來建造系統的科技過時。幸運的話，系統不再需要更新，所以 IT 可能就會傾向 "就讓它繼續跑"，也順應了廣被接受的建議 "別碰運行中的系統"。不幸地，若更改規則或舊版軟體與底層軟體堆疊中存在有安全性漏洞，則任它繼續跑，就可能會出現問題。

傳統 IT 有時會用必須支援業務為理由，來支持他們的殭屍：你怎麼能關掉業務可能會需要用到的系統呢？他們也覺得數位公司不會遇到這種問題，因為它們都才成立不久，還不會有長期累積下來的包袱。有 150 位 Google 開發者參加的 Mike Feathers 關於用包袱程式碼來有效率地工作[1]的演講會，也許會讓我們對這個假設產生懷疑。因為 Google 系統的進化快速，也比傳統 IT 更快累積包袱。所以，不是他們不會有包袱，必定是找到了更好的方法來處理包袱。

1　Michael Feathers, *Working Effectively with Legacy Code* (Upper Saddle River, NJ: Prentice Hall, 2004).

害怕改變

系統不再隨著技術發展而進化時，就變成了被遺留下來的殭屍。典型的 IT 常可看到這類的系統，大部分是因為改變被視為是風險（第 26 章）。又是："別碰運行中的系統"。系統在經過廣泛且通常持續幾個月的手動測試循環之後才會釋出，要做出更新或調整的成本都相當高。更糟的是，更新系統技術並沒有 "業務案例"。大家對這工作的體認，大概就跟認為更換汽車內的各種潤滑油是浪費錢一樣 —— 畢竟沒換油，車子也能跑，而且不去處理這件事還能讓你季報上的利潤數據更好看一些；也就是說，一直要到引擎縮缸了，大家才會重視。

像 "別碰運行中的系統" 這種口號，反應出改變帶著風險的信念。

瑞士信貸（Credit Suisse）有個團隊在其名命為進化管控（*Managed Evolution*）的書中[2]，提到了如何去抗衡這種陷阱。進化管控的主要驅動力是在系統中維持敏捷性（agility）。畢竟，一套沒人想去碰的系統是沒有敏捷性的：它沒辦法被改變。在一個靜態的業務與技術的環境中，情況可能並不全然那麼糟糕，但我們所處的環境已不再是如此！

在現今的環境中，無法去改變一套系統已變成了 IT 與業務的主要責任。

期待最佳表現並不是一種策略

事出必有因，企業 IT 的害怕改變也是如此。這些組織通常缺乏工具、流程與密切觀察產品指標的技能。在事情走偏了的時候，也沒辦法快速佈署出解決問題的版本。因此，只能在佈署前試著測試所有的狀況，然後差不多以 "盲目" 的方式來運行應用軟體，期盼所有

---

2 Stephan Murer and Bruno Bonati, *Managed Evolution: A Strategy for Very Large Information Systems* (Berlin: Springer, 2011).

的東西都能正常運作。這種行為試著將 MTBF（mean time between failures，平均故障間隔時間）最大化。

雖然增加故障間隔時間是值得去努力的，但只關心 MTBF 卻會有二個主要的負面影響。首先，因為過度的前期測試（up-front testing），會拖慢硬體的準備與軟體的佈署，也將導致把實際發生的失敗看作 "不應該發生的失敗" 的心態。這不會是你想要從運營團隊那裡聽到的話。

這類的團隊常忽略掉了方程式的其他面向：平均回復時間（*mean time to recovery*，MTTR）。這個指標代表一套系統有多快能從錯誤中回復過來。現代的團隊會檢視這二個面向。打個比方，你會想要用防火建材，也想要有一組幾分鐘內就能就定位的滅火隊。我觀察過一家大型化學工廠，其最嚴格的意外應變時間是，消防小組必須要在 45 秒內就定位（!）。機場的應變時間通常要在 2、3 分鐘以內[3]。

 傳統組織依靠能最大化 MTBF 的方法來 "期望最佳表現"；而現代組織還會透過最小化 MTTR，來 "為最糟的做準備"。

降低 MTTR 牽涉到非常不一樣的機制，如高系統透明度、版本控制與自動化。實際上，降低 MTTR 改變了 IT 組織的遊戲規則，它是 *Accelerate*[4] 作者提出的四種軟體交付效能指標中的一種。

版本升級

殭屍問題並不只會在以 PL/I 寫成，在 IBM/360 上執行的系統上。通常，升級基本的執行期基建，如應用伺服器、JDK 版本、瀏覽器或作業系統會讓 IT 疲於奔命，使得版本升級工作一直拖到供應商不再支援

3　維基百科 , "Airport crash tender," *https://oreil.ly/e4DNF*.

4　Nicole Forsgren, Jez Humble, and Gene Kim, *Accelerate: The Science of Lean Software and DevOps: Building and Scaling High Performing Technology Organizations* (Portland, OR: IT Revolution, 2018).

的那一刻。那時，付費讓廠商擴大服務範圍，避免處理軟體升級工作的夢魘，是很自然的反應。

通常無法遷移（migrate）性會接連地存在於軟體堆疊中的好幾層：沒辦法更新到 JDK 的新版本，是因為新版本沒辦法在現行的應用伺服器版本上運行，而要更新應用伺服器的版本，則需要新版的作業系統，但這新版的作業系統又棄用了某些該應用程式所需的程式庫或功能。

 我見過一家 IT 商城卡在 Internet Explorer 6 上，因為他們運用了一個後續版本所沒有的特殊功能。

看看大部分企業應用程式的使用者介面，你很難想像他們幾乎榨乾了瀏覽器支援的每一個細微功能。當然，他們不應該依賴這類特殊功能，而是要從瀏覽器的演進中取得優勢。要做這樣的考量，需要用心地在短期最佳化與確保長期速度（第 3 章）間取得平衡。

諷刺的是，IT 界普遍的害怕寫碼（第 11 章），將自己導向重度客製化框架這條又黑又窄的路上。版本升級變得又難又貴，讓另一個殭屍又變大了。這跟任何做過 SAP 升級的人都有關聯。

運行對改變

害怕改變甚至深植在許多將"運行"（操作）與"改變"（開發）分開對待的 IT 組織之中，形成運行軟體時不會牽涉到改變的觀念。其實它是改變的對立面，改變是由軟體開發所造成的 —— 就是那些產生脆弱程式碼 IT 的人所懼怕的。用這種方式來組織 IT 團隊，系統一定會過時且變成包袱，因為沒辦法在系統上套用任何的改變。

你也許會認為不去改變運行中的系統，IT 就可以將營運成本維持在低水平。但諷刺的是，反過來才是真的：許多 IT 部門用了整個 IT 預算的大半在"運行"與"維護"上，只為"改變"留了一些預算，用來支援業務不斷變化的需求。這是因為運行與支援包袱軟體不便宜：

操作流程通常是手動的；軟體可能並不穩定，需要持續關注；軟體可能無法擴展得很好，需要採購昂貴的硬體；缺乏文件，有問題就用試誤方法排除，浪費時間。這就是包袱系統能把寶貴的 IT 資源與技能都綁死的原因，其嚴重地吞噬了能用到更有用之工作上的 IT 大腦；如為業務提供功能。

為過時做準備

在選擇產品或徵集提案（request for proposal，RFP）時，傳統 IT 傾向列出一張內含數十項甚至上百項特性或功能的表，要求候選產品能滿足這些需求。通常，這些表都是由外部對業務需求或公司的 IT 策略不熟悉的顧問所列的。雖然，他們可以列出一張長表，而且就某些 IT 人員而言，這張表還愈長愈好，這些人員主要是想要呈現出考量選項時有多"徹底"。

另舉一個關於汽車的類比，這就像我們用一張列著無數相關或無關條件的長表來評估一輛汽車那樣，"要有一個 12V 的點煙器插頭"、"速度錶必須超過 200km/h"、"可以轉動前輪"，然後用這些項目來替一輛 BMW 跟 Mercedes 車打分數。很像是把你推到（雙關語）一部可以盡情享受吹毛求疵的車子前面。

常被這類"功能"表所遺漏的一項是為過時做準備：這套系統容不容易被替換掉？數據能不能被匯出成定義完善的格式？業務邏輯能否被提取出來並放到新系統中重複使用以避免被廠商綁死？在選擇新產品的蜜月期中，這很像是在婚禮前討論婚前協議[5]——在即將踏入終生旅程時，誰喜歡去想離別的方式？但若是在選擇 IT 系統時，你最好希望這旅程並不是終生的；系統會來來去去。所以最好有個協議擺著，勝過被你試著要分離的系統（或廠商）當作人質。

5　一份婚前協議通常會載明離婚時財產要如何分配的方式。

不厭其煩

你如何擺脫"改變是不好的"這個循環？如同之前提到過的，沒有
適當的設備與自動化，做改變不只令人憂心，確實是有風險。抗拒
升級或遷移軟體，類似於抗拒經常建置與測試軟體。Martin Fowler
提出了打破這種循環的最佳建議："不厭其煩（If it hurts, do it more
often）"。這句具挑釁意味的話背後，隱藏了一種洞察，推遲一件棘
手的任務，往往會令它更加棘手：若幾個月內都沒有建置過你的原始
碼，保證它一定不順利。同樣地，若運行軟體的應用伺服器已有 3 個
版本沒更新了，你將面臨到地獄級的遷移任務。

常做這類的工作會迫使你將某些流程自動化；比方說，運用自動化的
建置或測試套件。處理遷移問題也就自然地變成例行事務。這就是為
什麼危機處理人員要定期訓練的原因；否則，實際遇到緊急事故時，
他們驚慌失措，事情就沒辦法處理好。當然，訓練要投入時間與精
力。但還有別的選擇嗎？

改變的文化

數位公司也必須要處理改變與過時的問題。

在 Google 中流傳著一句笑話，每一組 API 會有二個版本：
過時的跟尚未完善的。實際上，它並不是笑話，它很接近
現實情況。

處理不斷地改變常常是很痛苦的 —— 你寫的每一段程式碼都可能在任
何時間點故障，因為它的依賴項發生改變了。不過，習慣了這種改變
文化之後，就能讓 Google 跟上腳步（第 35 章），這是現今 IT 所應
具備之最重要的能力。可嘆的是，它很少被專案團隊列進效能指標之
中，即便是肖恩也知道殭屍沒辦法跑很快。

13

別派人做機器的事

把所有事都自動化；沒辦法自動化的，
將之變成自助式服務

派部機器去幹人類的活

誰能想到可以從電影駭客任務（*The Matrix*）三部曲中學到這麼多關
於大型 IT 架構的事呢？有了母體（Matrix）是由機器所運行的認知
之後，在其中看到系統設計智慧所產生的東西，就不是那麼令人訝異
了：史密斯幹員（Agent Smith）與塞佛（Cypher），達成的交易告訴
我們，絕對不要派人類去做機器的事，塞佛是莫菲斯（Morpheus）團
隊的成員，背判了團隊，讓隊長被捉。

將一切自動化！

企業 IT 透過大量的自動化業務流程把自己打造出來，但卻經常不那麼自動化，這確實是很諷刺的事。我在公司上班的早期，驚動了一大批基建架構師，因為我跟他們說了我的策略，即："把全部的東西都自動化，沒辦法自動化的，將之變成自助式服務（self-service）"。有些人感到困惑不解、懷疑，有些人還有些生氣。但是，這確實是 Amazon 等大公司做過的事。一路走來，它徹底改變了人們獲取與存取 IT 基建的方式。這些公司也吸引了業界裡的頂尖人才，來做這些基建。若企業 IT 要維持競爭力，這是它必須要思考的方式！

不只關乎效率

就如同測試驅動開發不是一種測試技術（基本上，它是一種設計技術）那樣，自動化並不只關乎效率，主要講究的是可重複性（repeatability）與彈性（resilience）。一位供應商的架構師曾說過，不應該為不常運行的任務實作自動化，因為這不經濟。基本上，該供應商計算過，編寫自動化比手動完成這項任務所需的時間還要多出幾個鐘頭（該供應商似乎也簽了固定價格的契約）。

我用可重複性與可追溯性（traceability）來反駁這種推理：只要有人牽涉在其中，就一定會發生錯誤，而工作將在缺乏適當文件的情況下，將就著執行。這就是為何你別派人去做機器之工作的原因。實際上，因為操作人員不常做這些事，較少運行任務的錯誤率，可能是最高的。

第二個反例是災難式的狀況與中斷：我們希望少發生這些狀況，但一旦發生了，系統最好能全自動地處理，以確保它們可以儘快回復到運行狀態上。在此，經濟性考量的並不是節省人力，而是如何將中斷期間的業務損失減到最小，它的成本遠超過人工。要能認同這種想法，你需要瞭解速度經濟（第 35 章）。否則，你可能還會爭辯說消防隊應該用接水桶的方式來滅火，因為房子不會經常失火，用消防車與打水幫浦滅火並不經濟。

可重複性增長自信

當我將任務自動化之後，產生之最大最直接的好處就是增長自信。比方說，我用 Markdown 寫本書的原始自費出版版本時，我需要維護二個稍有不同的版本：章節參考資料使用超連結的電子書版本，以及使用章節編號的印刷版本。很快地對手動在二種格式之間轉換感到疲乏之後，我寫了二支簡單的腳本，可以在印刷版與 epub 版的文本間切換。因為很容易做，我也將這些腳本寫成是冪等的（idempotent），表示重複執行這些腳本許多次並不會造成任何問題。有這些腳本在手，我幾乎不需要去擔心在不同格式間轉換的問題，因為我很確定不會發生任何問題。自動化大量地降低我的負擔，明顯地加快了工作速度。

自助式服務

一旦工作完全自動化了，使用者能直接在一個自助式服務的入口（portal）執行一般的程序。為了提供所需的參數（如，伺服器的容量）他們必須對要採購的東西有清楚的認識。Amazon Web Services 提供了一個直覺使用者介面的好範例，它不但會警示你的伺服器可為世界上任何一部電腦所存取，也會偵測你的 IP 位址，方便你設定存取權限。

 在填寫採購一部 Linux 伺服器所需的試算表時，我被告知只要複製現有伺服器上的網路設定即可，因為我也沒辦法瞭解我到底需要什麼。

對習於藏在相當深奧之“管道”中工作的基建工程師而言，設計出好的使用者介面可能是一種具挑戰性但有價值的工作。對他們來說，這也是一個展示海盜船（第 19 章）的機會，比起成天在幕後做零件要來得更有趣。

 比起半手動流程，自助式服務能給你更好的控制性、精確度與可追溯性。

自助式服務並不代表基建的變動都是能自由操作的。就如同自助式餐廳也需要收銀櫃臺那樣，使用者所做的更動也需要驗證與批准。不過，與其讓工作人員重複輸入以開放格式（free-from）上傳的文本或 Excel 的試算表，當一項自助式服務的請求被批准後，工作流程就會將所要求的變動推展成產品版本，不需要人的干預，並減少了出錯的可能性。自助式服務也會減少輸入的錯誤：因為開放格式或 Excel 試算表很少執行驗證，輸入錯誤會造成冗長的電郵工作循環或被忽視而直接導入。一套自動化的方法能立即給使用者回饋並確保訂單就是使用者所需要的。

自助式服務之上

相對於電郵試算表來說，自助式服務入口是一項重要的進步。不過，最好還是在原始碼儲存庫上變更組態。在其上，可以透過 *pull requests* 與 *merge* 的操作來做批准。批准過的變更會觸發自動化的佈署，將之轉成產品版（production）。原始碼管理早就能透過審查與批准的流程，包括評論（commenting）與稽核（audit trails），來管理龐大且複雜的變動。你應該運用這些流程來進行組態的調整，如此，你就能開始以軟體開發者的方式來思考（第 14 章）。因為現今任何好的想法都需要有句行話（buzzword）來表示，運用原始碼儲存庫來管理程式碼與組態，現在被叫做 "GitOps"。

大部分的企業軟體供應商將 GUI 視為是促進容易使用與降低成本的利器。不過，在大規模的操作中，情況正好相反：手動進入使用者介面很麻煩且容易出錯，特別是在重複請求或做複雜的設定時。若你需要 10 部各自設定有些微差異的伺服器，你會手動輸入這些資料 10 次？全自動化組態應該透過 API 來完成，也可以將之與其他系統或腳本整合，變成更高階自動化的一部分。

 有一次我設定了項規則，即不能從使用者介面直接更改基建的設定，必須透過版本控制的自動化來完成。這讓做展示的廠商手忙腳亂。

允許使用者指定他們要的，並快速且妥善地提供給他們，似乎是一種令人感到相當愉快的情況。不過，在數位的世界中，你總是可以多做一些。比方說，Google 的 "零按搜尋（zero-click search）"，現在成了 Google Now，主動地考慮到使用者需要多次點擊的負擔，特別是在行動設備上。系統甚至應該要在使用者還未提出需求之前，預測到使用者的需求並找到所要的答案。這就像你一進到麥當勞，櫃臺上就有你喜歡的快樂兒童餐在等你那樣。這才是客戶服務！在 IT 世界中對等的服務可能是自動擴展（autoscaling），讓基建能在沒有任何人工干預，在高負載的情況下，自動準備好額外的處理能力。

自動化不是單行道

自動化通常聚焦在由上而下的部分；比方說，要按照客戶訂單或更高層組件的需求，來設定部分低階設備的組態。不過，我們將會看到，不管人是否牽涉在其中，控制可能是一種錯覺（第 27 章）。此外，"控制" 需要能反應系統當前狀態的雙向通訊：房間太熱的話，你會要控制系統將冷氣打開，而不是開暖氣。IT 系統自動化也是如此：你大概需要先檢視目前的狀態，才能指定要買多少硬體或網路應該要怎麼調整。因此，現存系統結構的完全透明與清晰的詞彙至關重要。在一個案例中，我們花了幾週的時間，才弄清楚一間數據中心是否有足夠的備用容量來佈署一套新的應用程式。若需要數週的時間才能瞭解現況的話，即便把所有的訂單流程都自動化也無濟於事。

若你想要進行全自動化，讓基建不能被改來改去，即不允許手動進行調整的話，你可以先假設組態腳本中的設定與現實是相互匹配的，在這種情況下，透明度就無關緊要：你只看腳本。雖然這樣的設定是一個我們想要的終狀態（end-state），但要持續地在整個大型 IT 產業中將之實現，要花很大的功夫。系統中可能還存在有沒辦法自動化的包袱硬體或應用程式。

顯性知識是好知識

隱性知識是只存在員工腦中，但在其他地方都沒有記錄的知識。這類未經記錄的知識，可能會是大型或快速成長之組織的主要負擔，因為這些知識可能會遺失，新進員工需要重新學習組織中早已瞭解的知識。將只存在於一位操作員腦中的隱性知識編碼成一組腳本、工具或原始碼，可讓這些流程顯現出來，便利知識的傳播。

對任何需確保業務按照定義完善且可重複執行之準則與流程來運行的監管單位而言，隱性知識是一個痛點。全自動化需要將流程明確定義且公開，排除了沒有記錄的規則與手動流程常有的不穩定性。因此，自動化系統比較容易監管。諷刺的是，傳統 IT 通常固著於手動流程，以易於分責，但他們卻常忽略了運用手動核准自動化流程的方式，就能滿足分責與可重複的需求。

人的位置

若我們要把所有的工作都自動化，需要留個位置給人嗎？電腦擅長執行重複性的工作，不過，雖然我們人類在棋盤遊戲 *Go* 中不再立於不敗之地，在處理新的、創意、設計或自動化的工作上，我們人類還是做得最好的。我們應該專注在分責上，讓機器去做重複性的工作，而無須擔心天網（Skynet）隨時可能都會主宰世界。

14

若軟體淹沒了世界，最好使用版本控制！

當基建都軟體化後，
你需要用軟體開發者的方式來思考

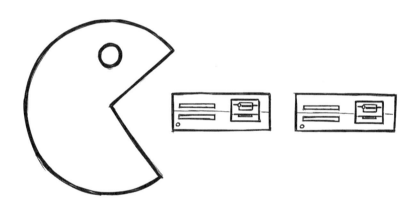

軟體吞噬了基建

若軟體確實能把整個世界給吞噬了，IT 基建會是它的早餐：VM 與無伺服器（*serverless*）架構的容器引發之基建虛擬化的快速發展，讓為一部分硬體供應程式碼（provisioning code）的問題，轉變成純軟體的問題。雖然這是一種很棒的機能，也是雲端運算能帶來的一項主要價值，但企業 IT 與程式碼間的緊張關係（第 11 章）及對現代開發循環的不熟悉，可能讓這種做法變成是一種危險的倡議。

SDX：軟體定義了全部

許多傳統的 IT 基建是固定界接好的或是半手動設定好的：伺服器是被架好接著纜線的，網路交換器則以工具或組態檔手動設定好的。將設備暱稱為 "金屬" 的操作人員，通常很滿意這種狀態：它讓程式設計師遠離關鍵基建，那裡頭最不需要的是臭蟲跟這類仍廣泛被誤解成隨意做些東西，然後就想達到最好成果之 "敏捷" 開發這類的東西。

雖然這種情況正快速地改變中，但這是好事。持續的基建虛擬化讓之前要透過卡車跟電纜線手動送到的資源，透過調用雲端服務提供者的 API 就能搞定。原本的基建就像你跟車商訂了車，但要四個月之後才能拿到車，也才能發現應該要訂有皮椅款的車才對。基建虛擬化後，就跟用行動電話向 Uber 叫車那樣，三分鐘後就能出發。

虛擬化與可程式基建是跟上數位應用程式之擴展性與演進需求的基本元素。若需四周才能有部伺服器，再經過四個月才能把它安裝在正確的網路區段上，你就沒辦法執行敏捷業務模型。

作業系統層級的虛擬化無疑地是一種新發明，但 "軟體定義" 的趨勢，已擴展到了軟體定義網路（software-defined networks，SDNs）與軟體定義數據中心（software-defined datacenters，SDDC）上。若這還不夠，你可以弄個 SDX —— 軟體定義的任何東西，包括虛擬計算、儲存、網路之類的東西，與其他在數據中心可以找到的東西，以某種協調的方式運作。其他的行銷部門創造了基建如代碼（*infrastructure as code*，*IaC*）這詞，顯然忘記了他們的工具大部分由是組態而不是程式碼所完成的（第 11 章）。

我們經常可以透過閱讀 Google 介紹其 5 年或更早之系統的研究論文（Borg[1]，Google 的叢集管理器，官方論文在 2015 年發表，幾乎是在內部發表的十年後）而看到 IT 的未來。要知道 SDN 正朝何處發展，

---

1 A. Verma et al., "Large-Scale Cluster Management at Google with Borg," Google, Inc., *https://oreil.ly/ uGbf5*.

看看 Google 用被稱為 Jupiter Network Architecture[2] 的架構所做的東西，就可以略知一二。若你沒空把全部的東西都看完，底下三行內容應該會讓你振奮起來：

> 我們最新一代的 Jupiter Network [⋯略] 能提供超過 1 Petabit/sec 的全對分頻寬（bisection bandwidth）。這表示，10 萬部伺服器中的任一部都能任意地以 10Gb/s 的速度與另一部伺服器連結。

只要有能依據應用需求並將之視為整體基建虛擬化之整合部分的網路基建，才能具備這樣的能力。

織布工的暴動？

新式工具需要以新的思考方式來運用才能發揮作用。這是老諺語 "帶著工具的傻子還是一個傻子" 所要傳達的意思。我並不喜歡這句諺語，因為即使你不熟悉一套新工具，但只要有新的思考方式，那就不是傻子。比方說，許多架構與運營界的人並不熟悉當前的軟體開發方法。這不會讓他們變成傻子，但卻可能令他們無法遷移到 "軟體定義" 的世界上頭。他們可能從未聽過單元測試、持續整合（continuous integration，CI），或建置管線（build pipelines）。他們可能被誤導而認為 "敏捷" 是 "隨興（haphazard）" 的同義詞，而且也因為他們選擇重新建置 / 產生一個組件，而不是採用漸進的調整，所以沒有足夠的時間去歸納出不可改變性（immutability）是問題的根本屬性，

因此，儘管已經成了要求有更快變革與創新週期之 IT 生態體系的瓶頸，運營團隊通常還是不準備把他們的管區（domain）交待給能用腳本將軟體定義的任何東西實現出來的 "軟體人"。這種現象類似於織

2　Amin Vahdat, "Pulling Back the Curtain on Google's Network Infrastructure," Google AI Blog, August 18, 2015, *https://oreil.ly/JWczw*.

布工的暴動（Loomer Roits）[3]，因為軟體定義基建的經濟效益太大，以致於沒有人能阻擋得了它。但同時，把能維持系統正常運行與最瞭解現行系統的人抬到工作桌上來，是一件重要的工作。因此，我們不能忽視這種兩難的情況。

若軟體吞噬了整個世界，只會留下二類的人：能告訴機器要做什麼的人以及有其他事可做的人。

向所有人解釋**什麼是程式碼？**[4]可能是有用的第一步。找來更多能寫碼的資深管理角色的模範，可能也是另一種好方法。無論如何，要在軟體定義的世界中存活下來，並不是學程式設計或編寫腳本這麼簡單。

軟體開發者不用回復，他們用重建

可回復性（*reversibility*）是可用來呈現軟體開發者的思考方式有多麼不同的一個鮮活例子；即，若一組態行不通時，能快速回復到一已知之穩定狀態的能力。

當我們的團隊要求基建廠商提供能回復到一已知基建組態的功能時，通常得到的回應是每個可能的操作都需要個明確的 "回復（undo）" 腳本，他們眼中看到的是龐大的額外投資。顯然，他們並不像軟體開發者那樣思考。

運用手動更新要回復到一個已知的狀態上是非常困難的，至少需要不少時間。在軟體定義的世界中，它就容易多了。經驗豐富的軟體開發者知道，若他們的自動化建置系統能重新建置出一件東西，如二元影像或一部分組態，他們就能輕易地回復到之前的版本上。所以，與其明確地回復改變，開發者會讓版本控制重置到最後的可行版本之上，再重新配置，再重新發佈此 "復原" 的組態。如圖 14-1 所示：

3　英國在 1800 年早期引進了電動織布機之後，造成了大量的織布工人失業或被減薪。他們組織起來去搗毀新型的織布機。

4　Paul Ford, "What Is Code?" BusinessWeek, June 11, 2015, *https://oreil.ly/n2hmb*.

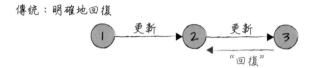

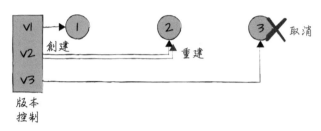

圖 14-1　傳統與版本控制的思維

這種思維源於軟體的短暫性 —— 從頭重建並不是主要的負擔。透過將基建變成為軟體定義式的，基建也變成了暫時的。這是一種思維上的大轉變，特別是在考慮所有硬體的年度折舊成本時。但只有透過這種思考方式，能展現出軟體定義帶來的真正優勢。

在複雜的軟體專案中，把東西復原回去是一種相當普通的流程，通常由所謂的 "建置巡警（build cop）" 在自動化測試失敗，建置變成 "紅色" 後觸發。這個建置巡警會找出是誰上傳了搞破壞的程式碼，然後就可以快速地修復，或直接撤除該程式碼的提交。組態自動化工具也具有同樣的能力，將系統回復到一個已知的可行版本，也能被用來回復並自動重新設定基建組態。

把雪融了

軟體定義基建避開了 "雪花" 或 "寵物" 伺服器的概念 —— 指的是運行了一段時間且沒有重新安裝而有獨特組態配置的伺服器，註：[如每一片雪花都是獨特的，"雪花伺服器" 指的是那些不符合標準組態的伺服器]，這些伺服器都需要很小心地進行手動維護。

"這部伺服器已經上線三年了"，這不是吹捧而是風險：
若它出問題時，有誰能重建這部 "寵物" 伺服器？

在軟體定義的世界中，一部伺服器或網路組件可以很輕鬆地自動重設
組態或重建，類似重新創建一套 Java 程式那樣。你不再需要擔心會不
會把一個伺服器實例弄亂了，因為它可以透過軟體的方式在幾分鐘內
輕鬆地被重建出來。

軟體定義基建並不只是用軟體來替換硬體組態，主要是採用基於開發
紀律、自動化測試與持續整合的嚴格開發週期。經過了數十年，軟體
團隊已經學會了如何在品質維護上快速地取得進展。將硬體問題轉化
成軟體問題，能讓你取得這個知識體系的優勢。

自動品質檢查

Google 的一個關鍵基建部分是路由器，它會將傳入的要求轉到適當類
型的服務實例上。比方說，對 maps.google.com 的 HTTP 要求會被轉
到提供地圖資料的服務上，而不會被轉到搜尋服務網頁上。路由器由
一個內含數百行正則表達式的檔案來設定。當然，這個檔案是，也應
該如此，透過版本控制來維護的。

儘管有嚴格的程式碼審查，不可避免地有時會有人把一組
錯誤的組態簽入進服務路由器，Google 的大部分服務就立
刻會出問題，因為服務要求沒辦法被轉到適當的服務實例
上。幸運地，拜版本控制之賜，上一個版本很快就能回復
回來。Google 的回應器並不會不允許有人去改變這個檔
案，因為這會讓許多工作慢下來。他們把自動檢查加到程
式碼的提交管線中，以確保語法錯誤或有衝突的正則表達
式，會在該檔案被簽入到程式碼庫前被偵測到。

在軟體定義基建上工作時，你得要像個專業的軟體開發人員。

使用適當的語言

Google 有一點令人感到好奇，即在裡頭工作的人不會用"大數據"、"雲端"或"軟體定義數據中心"這樣的行話來溝通，因為 Google 在業界分析師創造出這些行話之前，就在用這些東西了。許多 Google 的基建在十幾年前就已經是軟體定義式的了。應用的規模擴展時，配置許多已被佈署進數據中心的流程實例會變得無聊。比方說，若一套應用程式含有 7 個前端，從 1 到 7，及 2 個後端，A 跟 B。1 到 4 的前端會連到 A 後端，5 到 7 會連到 B 後端。為每一個實例個別維護一個組態檔會很困擾，也容易出錯，特別在系統擴大與縮減的時候。實際的做法是，開發者會用一套被稱為 Borg configuration Language（BCL）（*https://oreil.ly/2qfVz*）之定義完善的功能性語言，來產生組態。這套語言支援模版、值繼承以及像 map( ) 這類便於操作數值列表的內建函式。

為了避免落入組態檔的陷阱（第 11 章），學習一套用來編寫佈署描述符（deployment descriptors）的客製函式語言，對某些人而言並不輕鬆，但就軟體開發者而言，這是很自然的方式。

隨著配置程式愈來愈複雜，組態測試與除錯的問題就愈顯重要，這時有人就會寫個互動型的正則驗證器與單元測試工具。這正是軟體人解決問題的方法：用軟體解決軟體問題！

BCL 的例子強調出一套軟體定義系統的真實面貌：將基建變成是軟體開發生命周期一部分之定義完善的語言與工具。用來設定基建組態的 GUI，即廠商常拿來展示的東西，應該要儘量避免，因為它們並沒有被好好地整合進軟體生命週期中，而且不但不好測試，也會容易出錯。

軟體淹沒了世界，一個一個修

要改成軟體定義，並不只是修幾個腳本或組態檔案就行。而是要將基建變成是軟體開發生命週期（software development life cycle，SDLC）的一部分。首先，先確認你的 SDLC 是快且有規範的，也做好了品質導向的自動化。其次，在軟體定義基建上運用同樣的思考方式；不然最終你做的就會變成 SDA，軟體定義末日（Software Defined Armageddon）。

15

A4 紙不會扼殺創意

堅固平台給了開發人員一張白紙

創意無界限

今日的 IT 部門必須符合二項重要但看似衝突的目標。首先，業務環境會在 IT 的開銷上形成壓力，而數位破壞者卻推著 IT 加快變革與創新的速度。IT 的一項主要成本槓桿是 IT 在各面向上的協調：減少不同應用與技術的使用，能促進規模經濟，也更能與供應商協商並降低技能要求。這在技能匱乏期是一個重要的因素。

乍看之下，這些努力似乎與創新相衝突；若一家公司有太多固定參數，如何能創新？難道創新不需要能自由地去做實驗並質疑規範與標準？有趣的是，有些協調過程不但不會阻撓創新，反而會促進創新。

隨著本書反復出現的情境，我們又在真實世界中找到一個提示：紙。

A4 紙

有一個最廣為人知的標準（通常是在美國以外的地區）是紙張大小的標準。世上最常用被用來列印或書寫的紙張尺寸是 A4 大小的紙張。標準 A4 紙張的精確大小是 210mm 寬 x 297mm 長。乍看之下，設定這樣的標準既隨意又局限。但細看之下，並不是如此。

DIN A 紙張尺寸 [1] 的族系於 1922 年被規範出來，這一點都不隨意。長與寬的比例始終等於 2 的平方根。拜這個獨特性質之賜，把二張小一號的紙沿著長邊拼起來，就成了一張更大一號的紙。比方說，二張 A4 紙可拼成一張 A3 的紙。而且，若你 A5 的紙用完了，可將一張 A4 紙從中對折，然後撕開，就可以有二張標準尺寸的 A5 紙。很方便吧？

還有，若二張 A4 可以拼成一張 A3 的紙，二張 A3 的紙可拼成一張 A2 紙，依此類推，16 張 A4 紙就可以變成一張 A0 紙。但一張這樣的紙有多大？簡單：有一平方米這麼大。841mm x 1189mm 的長寬邊還是維持 2 的平方根的比例關係。所以，若你有算過 3 張一般的 "80 磅（gram）" 紙需要多付超重郵資的話，就可以很快地算出每張的重是一平米那張的 1/16，而 80/16=5，也就是每張是 5 克。你可以試著計算 3 張 letter 尺寸的 #20 號紙有少盎司 [2] 看看。

---

1 DIN 是德國國家標準局（Deutsches Institut für Normung）的字頭縮寫，它是設定德國國家官方標準的國家級機構。

2 1 令（500 張）銅版紙（Bond paper）有 20 磅重，尺寸大小為 22 x 17 英吋。每張紙有多少盎司，留給讀者作為練習。

最重要的是，標準紙張的尺寸解決了要從眾多紙張大小中作出選擇的問題。它不但可被整齊地疊起來，也方便我們使用同樣大小的套子、信封、抽屜、打孔機與影印機。A4 大小的紙到處都是，即便是我的筆記型電腦，也是 A4 尺寸的，所以它可以很方便地被裝進任何用來裝一疊紙的手提箱中。

重點是，儘管紙張尺寸的標準相當嚴謹，但它並不會扼殺創造力。你還是可以隨意在上頭畫跟寫東西。我還沒見過有人無法在特定尺寸的紙張上工作的。我們可以說，A4 紙張其實是能促進創造力的，因為它讓使用者專注在創造面向上 —— 關注寫在紙上的東西，而不用去處理紙張格式系統的眾多規格。

所以，當我們要將 IT 組件標準化時，我們應該尋求一種類似於紙張規格的規範：可簡化工作、具規模經濟性，但又能讓我們在空白紙上工作的標準化規範。

產品標準限制大，介面標準行得通

當 IT 部門試著去斟酌他們的投資時，通常會著重在標準化產品（第32 章）；比方說，哪個資料庫或應用伺服器可在各個應用間被運用。標準化產品降低了多樣性的影響，也能透過配套採購的方式來節省成本。經典的規模經濟（第 35 章）操作：公司在特定產品或供應商的支出愈多，交易就會更安全。不過，不像 A4 紙張，這類產品的標準傾向限制開發者的選擇，因此就不是那麼的普遍。

相對而言，現今大部分成功的技術標準，是那些規範產品或組件之間可以怎麼組合的標準。我們將這類標準稱為介面標準或相容性標準。影響 IT 之介面標準最戲劇化的例子是超文本傳輸協定（hypertext transfer protocol，HTTP）。HTTP 開始了網際網路的革命，因為它允許任何瀏覽器連到任何的網站伺服器上，也能經由任何程式設計語言或技術來實現。因此，部件變得容易交換，也能個別進行革新。比方說，我們不用換掉所有的瀏覽器，就能開發出更高效能的網站伺服器。

平台標準

有一種有用且愈來愈普遍的方法，能正確地結合介面與產品標準的優勢，其作用更像是 A4 紙，而不是一本公司的規範手冊。這些標準被稱為平台標準（*platform standards*），或簡稱平台（*platforms*）。平台標準基本上把 IT 分成二部分：將不太能形成差異化競爭的元素放在下層，將能提供直接商業價值與差異化競爭的自家開發軟體（in-house-developed software），放在上層。

長期以來，為人所知的平台概念是由汽車製造工業發展出來的。其中，許多外觀不同的汽車共用相同的底盤、懸吊、安全設備與引擎零組件的 "基建"。因為這些組件需要龐大的工程研發與成本，但又較不為終端客戶所見，在許多型號上儘可能地共用這些組件是很合理的作法。同時，各型號的內部與外部元素又有不同，就成了可滿足市場區隔的差異化元素。若要找一個能繪製出元素之可見度與商品化程度的模型，我強力推薦 Wardley 圖[3]。

回到 IT 上，分層（layering）確實不是新的想法。如果有什麼值得說的，那就是它是能降低複雜性並促成重複使用之最古老的概念（第 28章）。下層最好就是安排那些傳統上，在網路與硬體中可找到的那些東西。這樣子安排有二個原因，首先，對大部分的企業而言，不同類型的處理器架構、網路設備、監測框架或應用伺服器，並沒有產生太多的商業價值。其次，它們的較低變化率（第 3 章），讓它們較容易被標準化成一般的基礎層。

層對平台

因此，若平台是分層的，這是廣為人知的概念，平台有什麼不一樣，有什麼特別之處？至少我們可從三個面向來思考：

---

3 S. Wardley, "Wardley maps," Medium.com, March 7, 2018, *https://oreil.ly/bk3sL.*

自服務

在傳統 IT 中，各層間的互動透過服務要求或電郵試算表（第 13 章）來達成，基本上是植基於低層掌握了權力（畢竟那是一種治理！），而處於上層的要尋求能取用的權限。在現代的平台上，以雲端服務提供者為代表，經由允許上層的人透過線上入口或 API，讓舊有概念發生了轉變，在 IT 服務中引入了以客戶為中心的概念。

分隔線

以往處於 IT 各層次間的分隔線是基建對應用，通常反應在組織的架構上，其中，你可以看到會有應用團隊與基建團隊。雲端計算平台已將邊界戲劇性地轉變了，而且還持續轉變中。比方說，無伺服器計算將平台一路提升成提供單一功能的程式碼。

重力中心

現代平台並不像之前的方法那樣，只著重在計算的執行期，如網路、伺服器與儲存。它們也包含了軟體交付工具鏈，因為這些是定義了交付速度（第 3 章）的主要元素。它們通常也包含了如服務網格這類的監測與通訊機制。就此看來，它們為應用程式提供了全面的服務生態體系。

這樣做的優點是，較低層的標準化並不會限制有助於業務的功能。不過，要能如此，開發團隊就需要去選擇並操作整個軟體與硬體的堆疊。它也將開發者的創意能量導向能產生商業價值的部件上，而不是去開發另一種永續性的框架。有趣的是，這正符合了我喜歡的軟體架構定義：不需要實作者一直執行不必要之創意的設計決策（第 8 章）。

在一家主要的金融服務公司中，我們定義了一個敏捷交付平台，它並不是只比私有雲端執行期多一點點功能的平台；它包含了本地端的原始碼儲存庫、容器化的建置工具鏈、通用之監測、視覺化與安全的功能。它成了支援新軟體交付的實用平台，也加快了現代開發技術的導入。

數位紀律

數位公司是高速必要紀律（*high velocity necessitating discipline*）的最佳範例（第 31 章）。他們瞭解到在某些面向上所採取的嚴格措施，實際上會加速創新的速率。通常，這種嚴格措施會以 A4 型平台的形式出現。比方說，Google，是眾所皆知的快速創新企業，對應用程式的佈署與運營，有非常嚴格的平台標準（第 32 章）：基本上在一類的作業系統上，只有一種佈署應用程式的方法，而且只由一種監測框架在監視著。Google 找到了抽象的確切層次，在其上，人們可以去創新，而不用浪費時間在不必要的創造力上。

 Google 是致力於實施嚴格平台標準的絕佳範例，無疑地，這大大提高了創新的速度。

避開偽石

有一個叫做武之城（*Takeshi's Castle*）的電視娛樂節目，參賽者必須忍受一些殘忍的折磨，才能通過考驗，完成競賽，節目以此來娛樂觀眾。長久以來，有個叫跳石（Skipping Stones）的關卡，原遊戲的日本名字叫做 "龍神池（Dragon God Pond）"。參賽者必須一步步地踩在一排石頭上，通過裡頭全是泥濘不堪之髒水的小池塘。若其中沒有機關的話，這並不好玩：大部分石頭是固定的，但有些則是用保麗龍冒充的，假石頭不容易分辨，若運氣不好的參賽者一腳踩在上頭，下場就是狼狽地跌到池子裡，用慢動作來看這個過程最有趣了。

某些平台似乎就是要讓它們的客戶玩武之城——它們的組件看來很牢靠，但有些會突然跑掉。IT 平台會有停用的組件、不一致的介面或整合不良的情況。不用說對參賽者：你，而言，這並不好玩。因此，別把平台建置成像跳石這樣的東西！反而，要把握住一些關鍵的面向，以確保你的平台堅固耐用，又有足夠的彈性能促進採用與創新：

選擇有用的抽象層

標準化的鋼筆與鉛筆能促進創造力的提高或有扼殺創造力的風險呢？有用的標準是能屏蔽掉複雜度，但能為許多工具所運用的：你可以在 A4 紙上用鋼筆、鉛筆、粉筆與水彩等等工具來作畫，因此它是一個有許多用途的具體標準。

持續微調

沒有什麼東西是永恆的，特別是在 IT 裡頭。IT 標準也是如此。它們要能夠隨著技術與新洞察而持續演進。今日最好的創意平台，幾年之後可能就會變成路障。

持續更新

雖然你的客戶可能會要求你的平台保持穩定，但他們可不想要一個過時而又滿是因為缺乏修補而安全漏洞百出的平台。讓你的產品版本持續更新吧！

將之實現

寫在紙上的標準，未必能做到。因此，要用能用的工具與平台，把你的標準實現出來。許多人可能不太注重 A4 紙，但若這是在任何商店裡都能夠很容易取得的選項，他們也會採用的。

提供獎勵

你要獎勵那些採用標準的人；比方說，用較低的價格、更好的服務，或提供比非標準方案更短的供應（provisioning）時間。

雲端提供者不會只將標準寫在紙上，他們會提供能透過自服務介面而快速交付的實作。雲端平台也持續在演進與成長，讓自己成為能促進創新之堅固平台的絕佳典範。

 相對於日常的作業（與基建團隊的建議），讓敏捷交付平台能成功的一個關鍵決策是平台的定時更新。傳統的作法是在更新之前，需取得所有應用程式負責人的同意，但如此一來，只消幾個月，平台就過時了。

起初雲端服務提供者所提供的，大部分是像基建如服務（IaaS）那樣的虛擬機。現今多數的服務提供者則為應用程式提供平台如服務（PaaS），為單一程式碼單元提供函式如服務（FaaS）／"無伺服器"。專注在 Docker 容器這種通用（現行）的標準，促進了平台的創建，也提高了平台使用者的創新率。

一種規格不見得適用於所有的需求

雖然平台與標準的功能強大，但建立一個全球性標準可能比預期要來得困難許多。比方說，除了所有 A4 體系的紙張規格之外，還有所謂的 "信件尺寸" 紙，其大小是 8.5 x 11 英吋，這是美國紙張的尺寸標準。雖然維基百科上說它正確的起源 "不明"[4]（最可能的說法是其源於手工製紙的歷史）也不太能轉成 DIN 尺寸的紙張。直至紙張標準統一那時，我還必須為我那部可靠的 HP LaserJet 4 準備二種送紙匣，還有，也會常收到 PC LOAD LETTER（譯者按：請將 Letter 紙放入送紙匣）[5] 的提醒。

---

[4] 維基百科，"Paper Size," *https://oreil.ly/et7UH*.

[5] 維基百科，"PC LOAD LETTER," *https://oreil.ly/ou-b8*.

16

IT 世界是平的

沒有地圖，所有的路看來都有希望

生活在中間王國中 ——Kwong Hing Yen（江慶人）

幾千年來，地圖一直是有價值工具，儘管大多數的地圖，特別是世界地圖，都被嚴重地扭曲。我們不容易將球體的表面畫在平面紙上，在畫角度、大小與距離時，都會有些差距 —— 若地球是平的，事情就容易多了。比方說，長久以來廣受歡迎的麥卡托投影法（*Mercator projection*）為航海員提供了真實的角度，也就是說，在地圖上讀到的角度，可以直接套用在船艦的羅盤上（補償了地理與磁北極間的差異）。使用這個便利屬性，可避免角度的扭曲，的代價是，面積的扭曲：離赤道愈遠的國家，地圖上呈現出來的面積愈大。這就是為何非洲在這類地圖上看來變得特別小之原因 [1]，這種取捨在航海用途上是可被接受的：錯估距離的問題比航向錯誤要來得小很多。

畫出球體表面也反映出如何決定"中間"的困難。大部分的世界地圖通常以歐洲為中心，以通過英國格林威治（Greenwich）的 0 度經線（本初子午線）為準。如此劃分的結果會將亞洲劃為成"東方"而美洲則劃成"西方"。敏銳的觀察者可以很快地發覺到，生活在球體上，西方與東方的概念在某種程度上取決於旁觀者的角度。這類的想法長久以來促使居住於東亞地區的人，將其國家放在地圖的中間，甚至因此而將國家取名為：中國，"中間王國（middle kingdom）"。

雖然經過了這麼多世紀，我們可能仍會認為這樣子想未免有些自我中心，但在那時，這是有實質意義的：為了讓離你愈近的地方可呈現出愈多細節，自然就會將地圖的中心作為起點。還有，你旅行能到達的範圍也大致都在地圖上劃定了。

IT 的領域也是很廣闊的，遊歷一家典型企業的產品與技術場域，可能相當於航行到好望角（Cape Horn）那樣令人生畏。除了某些地方類似之外，每家 IT 的領域就像在自己的星球上，不容易得到一致的 IT 世界地圖。除了像 Matt Turck 的大數據景觀（*https://oreil.ly/_yNxO*）之類少數有用的嘗試之外，企業架構通常仰賴於其供應商所提供的地圖。

供應商的中間王國

身為一家大型公司的首席架構師，你很快就能認識一些新朋友：會計經理、（預售）方案架構師、領域首席技術長（field CTOs）、銷售經理等等。他們的工作是將他們的產品賣給像你任職之公司這種重度仰賴外部硬體、軟體與服務的大型企業。購買或以軟體即服務形式租賃一套非差異化競爭的系統是合理的。自己創建一套會計系統，在大部

1　"The True Size Of Africa," Information Is Beautiful, Oct. 14, 2010, *https://oreil.ly/yeVps*.

分的情況下看來，與打造自己的發電場有相當的價值。有這些東西很重要，但它們並不會帶來任何競爭優勢。所以，就如同你不會想要靠自己弄家發電場來取得優勢那樣，你應該也不想去建造自家的會計系統。

企業供應商，特別對架構師而言，也是一種重要的資訊來源，因為供應商會密切地追蹤產業趨勢。但無論如何，一定要留意，你給出的資訊，可能會被供應商的世界觀所扭曲。因為企業供應商活在他們的中間王國中，通常會不成比例地把自己的家鄉畫大，邊緣就自然會產生某種程度的扭曲。扭曲可能會透過其產品特有功能而定義出之產品類別或行話的形式出現。比方說，我看過用"Zero Trust"來強調安全的網頁瀏覽，用"GitOps"來與 Kubernetes 掛勾。二者都不過是一種想像。

 我常開玩笑地說，若你對汽車是什麼沒概念，也只跟一家特定的德國車商打過交道，你最終會相信，引擎上的星徽是一輛汽車最具決定性的特徵。

大型企業中的 IT 架構師因此必須開發出自己平衡的世界觀，如此才能安全地航行在企業架構與 IT 轉型滿佈暗流的海域中。供應商的扭曲並不代表欺騙；其大部分是人們成長背景的副產品。若你開發的是資料庫，很自然地就會把資料庫視為是所有應用的中心：畢竟，那是資料儲存之地。伺服器與儲存硬體被視為是資料庫器材的一部分，其中應用程式邏輯變成了一條條的資料流（*data feed*）。相反的，就一家儲存硬體製造商而言，其他的所有東西只是"資料"，而資料庫被視為是通用"中間件（middleware）"的一部分。這就像我第一次到澳洲旅行，覺得應該可以很快地也到紐西蘭去玩那樣，因為我覺得這二個地方非常接近。在知道從墨爾本到奧克蘭還要整整飛 3 個半小時之後，才意識到我世界地圖外圍的部分也是扭曲的。

畫出你的世界地圖

為了避免掉入"引擎蓋上的星徽"或"它就只是資料庫"的陷阱，開發出屬於自己的、沒有扭曲的 IT 景觀圖，是你的架構團隊的首要工作 —— 這也是企業架構師（第 4 章）的一種絕佳的歷練。幸運地，IT世界是平的，比較容易可以把它畫在白板或紙上。有自己的地圖，你對各種產品就能持有更好更中立看法，還有也許，如，更能體會到駕駛訓練比引擎蓋上的廠徽更形重要。

任何在職銜中帶著產品名稱的架構師，其所帶著的是供應商的地圖，而不是你的。

從新產品的設定或汰舊之處，開始一塊一塊地畫出地圖是可行的 —— 改變率（第 3 章）又成了架構的好指標。另一個好起點是要將現有產品當成是公司的關鍵差異化產品之時。

畫地圖前，要將許多來源的資訊，通常是扭曲的，拼湊起來。也許有一天，你會有一套 AI 驅動的應用程式，能像智慧型手機把許多張照片組成全景照片那樣，為你拼湊出想要的企業架構。但在那之前，你要從供應商、部落格、產業分析報告與你的基建及開發團隊那邊蒐集資訊。你要抗拒誘惑，不要直接請你喜歡的，以二或三個字母為名的企業供應商，幫你畫地圖。第一，這張圖還是被扭曲的。第二，以今日的創新速率來看，它也會很快過期。

在地圖上安排國家或地界時，專注在功能與關係上，別拘泥在產品名稱上。

將一套大數據系統稱為"Microsoft SQL Server"並不會比把一間房子的結構叫做"Ytong"[2] 來得更有用。二者也許都是好名稱，但都跟架構無關。

2　Ytong 是歐洲用於建築施工之通風混凝土磚的流行品牌。

因為若 IT 架構運作在行話與產品名稱之間,其中的組件與其如何組成就會受到較少的關注。這就是為什麼除了重視框框之外,也要注意其間之連結線(第 23 章)的道理所在。

定義邊界

要將 "邊界" 擺在地圖的哪邊是做企業架構時的一個重要面向。雖然我們都喜歡沒有邊界的架構,但若要為企業打造一張有意義的地圖與語彙,我們需要擺上一些邊界。比方說,我們的 "資料" 大陸應該被分成資料倉儲、資料湖、資料市集或資料庫?資料庫應該要分成關聯式與 NoSQL 資料庫,而哪一個又可以繼續拆成圖資料庫(graph databases)、物件商店(object stores)等等?是否要將托管的雲端資料庫,如 DynamoDB 或 Spanner,與其他資料庫區隔開來?你是否會將運營資料庫(operational databases)與分析資料庫分開來?運用許多方法來劃分與定義這些邊界,是在企業層級做架構的主要元素。你甚至可以將之視為是 "參考架構(reference architecture)",但你要記住,架構並不是複製 - 貼上的活。你需要定義出對組織、商業策略與商業架構有意義的大陸跟國家,如圖 16-1 所描繪的。

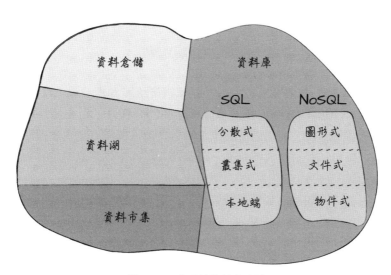

圖 16-1　合理的資料庫大陸

我有一個同事執行了一項應用監測（application monitoring）的徹底實踐，其中包括黑箱監測、白箱監測、錯誤排除（trouble-shooting）、紀錄分析（log analysis）、警報與預警。這些都是一個應用監測方案中不同但相關的面向。許多供應商，特別是有應用程式效能監測經驗的，也會考慮到效能檢測，因為這是他們地圖的中心。你可以決定是否要跟著這樣做，或只把它當成是開發工具鏈的一部分。

在我看過的大部分參考架構中，我覺得他們應該要在底下加上一個免責聲明，類似於電影裡會提到的："如有雷同的人物或系統，純屬巧合。"

畫出轄區

當你的 IT 世界地圖已經有明確的邊界時，你可以開始把正在使用或市場上可取得的供應商產品，加進地圖上的"國家"中。這張地圖就可以協助你評估一套供應商產品是否適合放在你的地圖中。某些產品也許無法完全覆蓋空隙，有些產品則會跟現有方案明顯重疊。

將產品放在 IT 世界地圖上有點像是在玩俄羅斯方塊：現有的拼塊決定了哪一塊新的最合適。也就是說，與其挑選"最好的"產品，你應該選擇最合適的。

大部分的大型 IT 組織會透過一套標準組來治理其產品檔案（*product portfolio*）（第 32 章）。標準會降低產品的多樣性，使得企業獲得規模經濟；比方說，能透過配套採購的方式取得優勢。在定義標準時，世界地圖可以提供很大的幫助，因為它可以判定你需要的是哪一類的標準，以及你應該運用到哪一個層次。比方說，在為你的"資料庫大陸"定義不同類型的資料庫或資料儲存體時，你可以瞭解是不是需要用不同標準的關聯性資料庫與 NoSQL 資料庫，或者，要不要將輕量的使用案例跟任務的關鍵案例區隔開來。有張好地圖，才能好好地去探索供應商所提供的複雜產品。

關於缺乏好地圖而想要找出合適產品的困難，有個生動的例子，那是在一個入口網站上進行的對話：有位 IT 部門的經理在一個共用的入口網站感嘆找不到通訊埠轉發（port forwarding）的文件。這個專案的架構師則回應，網站伺服器並不是他們方案中的一部分，他們假設在網站伺服器上的通訊埠轉發都是處理好的。這就會引發許多爭議與疑惑，因為部門將通訊埠轉發實作在一個整合網路管理工具上，而不是在網站伺服器上。他們使用不同的世界地圖在溝通。

檢視地圖找到大家都認可的"那塊該放什麼"，有助於減少誤解。比方說，一張地圖上可能畫著通訊埠轉發是應用交付控制器（*Application Delivery Controller*，*ADC*）概念的一部分，它運用如反向代理（reverse proxying）、負載平衡以及通訊埠轉發，管理網站的流量。在簡單的方案中，你可以把一部網站伺服器當作是 ADC，或者採購一套如 *F5* 的整合式產品。

諷刺的是，推動畫自己的 IT 世界地圖這種有價值的訓練，在傳統 IT 經理人眼中看來可會覺得太"學術"。這點在德國特別有趣，具博士學位的 IT 管理層（不一定是主修技術的），常在其姓名前加了"Dr."頭銜。若務實代表"隨意"，我會很樂意加入"學術"陣營：我領薪水是來思考並作規劃的，不是來玩產品樂透彩的。

產品哲學相容性檢測

在把供應商的產品畫到地圖上時，只瞭解供應商現行產品的檔案是不夠的，也要瞭解產品的發展方向──IT 世界絕不會靜止不動。這就是為什麼我都會先瞭解供應商所提供的跟我們的世界觀是否一致。

在討論世界觀或因為有太多"解決方案架構"需要比較時，與供應商的資深技術人員，如 CTO，開會是最有效的。因為這些方案都被純粹在供應商地圖上轉來走去的技術銷售人員所吹捧，他們談的只是"中間王國"。但我需要的是世界地圖。

 在一位會計經理用"請協助我們瞭解你們的環境"，這通常被解讀成"請告訴我要賣你什麼"，在會議中開場時，我通常會搶著先問資深的人員關於他們的產品哲學。這問的有點大，但有助於將對話轉到供應商的世界地圖上。

我喜歡問供應商二個主要的問題，以瞭解他們的世界地圖：

- 你們有什麼基本的假設？沒有人能在一張完全沒有邊界的空白地圖上操作，所以供應商必須做出選擇並挑選邊界。這問題的答案可以讓你瞭解他們地圖的邊界何在。

- 你處理過之最麻煩的問題是什麼？這問題的答案可以讓你瞭解他們地圖的中心何在。

討論產品中的基本假設與決策可以讓你對供應商的世界地圖有個透澈的瞭解（圖 16-2），不但瞭解其核心，也認識其邊界（要記住 IT 的世界是平的，所以會有邊界）。

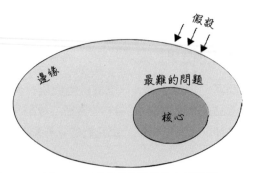

圖 16-2　產品供應商的核心與邊緣

很自然地，只有跟真正定義出供應商之企業與產品策略的人交談，才有用。看看該公司的領導層介紹網頁，可以幫助你找到對的人。看看領導層的沿革，也能幫助你瞭解 "他們從何而來"；也就是說，他們是基於哪些假設而運作的。

在詢問一家監測廠商這些問題時，很清楚地瞭解到其地圖的核心是能在不看原始程式碼的情況下，監測運行中的應用軟體。若你從運營的角度來看這個問題，這個功能是很實用的，特別是在為一家將 "改變" 與 "經營"（第 12 章）區隔開來的組織做事時。不過在一個 "你做的，你去經營" 的環境中，開發團隊直接涉入了運營的面向，這種智識屬性就比較沒有價值。最後，你可能會把錢用在不需要的東西上。瞭解供應商的世界地圖有助於讓你做出更好的決策。

比較世界地圖並不是要去找出哪個對了哪個錯了；而是要去比較世界觀。比方說：我相信一套好的程式設計語言與紀律軟體開發生命週期（SDLC），要比 "容易" 設定的組態（第 11 章）來得好。這是因為我用軟體工程師的心態來對待。其他人可能不喜歡與 `git stash` 或編譯錯誤打交道，而傾向採用供應商的組態配置工具。

不斷變化的版圖

當真實世界相對固定（大陸漂移地相當緩慢，而且 90 年代國土變化的趨勢也稍慢了下來）時，IT 世界的變化卻前所未有地快。因為供應商不容易改變其產品哲學，你很容易碰到披著新衣的舊產品。作為一位架構師，你的工作是看透這件漂亮外衣下所隱藏的鏽蝕與斑駁。

17

咖啡店不用二階段提交

排隊時學學分散式系統設計！

大杯、耐用的非原子性豆奶茶拿鐵

在設計解決方案時，為了打造出定義完善且完美的系統，架構師通常會關注如 ACID（Atomic, Consistent, Isolated, Durable，原子性、持續、孤立、耐用）交易的技術性方案與二元值（binary values）。現實是，設計複雜系統並不那麼容易，所以你還得要多考慮一個設計方針的來源：真實的世界[1]。

1　本章已發表在（以略為不同的格式）*IEEE Software,* Vol. 22, 與 *Best Software Writing*, ed. J. Spolsky (Apress).

請給我一杯熱可可

你知道你是位極客（geek），去咖啡廳會讓你想到鬆散耦合系統間的互動模式。去日本旅行時，我就有這種體驗。在東京某些熱門觀光區可以看到許多星巴克咖啡廳，特別是在新宿與六本木。勉強擠出 "Hotto Cocoa o Kudasai"（請給我一杯熱可可）這句話後，回到我外國佬的泡泡中，開始想著星巴克如何處理飲料訂單的問題。

星巴克，像多數行業那樣，主要想將訂單的吞吐量（throughtput）最大化，因為更多的訂單相當於更多的收益。有趣的是，這個吞吐量的最大化是由一個非同步併發（concurrent）處理模型來實現的：你下了訂單之後，櫃台人員在咖啡杯上寫下你訂單的細節（如，小杯、脫脂、加熱豆奶泡的雙份濃縮咖啡），然後將之放到佇列（queue）中，這其實就是濃縮咖啡機上杯子所成的佇列。這個佇列讓櫃台收單與咖啡調製脫勾，即便咖啡調製員無法立即泡製咖啡，櫃台還是可以繼續接單。店裡忙起來的時候，有幾個咖啡調製員可以被佈署到競爭 - 消費者的情境中[2]，這表示他們可以在不重複同樣工作的情況下，用並行（parallel）的方法把咖啡做出來。

非同步處理模型可以是高度可調控的，但也不是都沒有問題。還在等熱巧克力時，我開始思考星巴克如何處理這類的問題。也許我們可以從咖啡廳學到一些關於如何設計出成功之非同步傳訊（asynchronous messaging）方案的方法？

相關性

並行與非同步流程讓飲料的訂單不一定會依下單的順序完成。造成這種情況的原因有二。首先，不同的飲料會有不同的訂單處理時間：須攪打得很細的冰砂就比基本的手沖咖啡要多點時間製作。最後下單的

2　Gregor Hohpe, "Competing Consumers," Enterprise Integration Patterns, *https://oreil.ly/NShD-*.

手沖咖啡可能會先做好送來。其次，咖啡調製員可能會一次調製好幾種飲料，讓處理時間最佳化。

因此，星比克會有個相關性的問題：飲料必須送到相對應的顧客手上。星巴克用與傳訊架構（messaging architectures）所使用的相同"模式"來解決這個問題：相關性識別符（correlation identifier）[3]可以個別標示出每一條訊息，而在整個處理流程中流通。在美國，大部分的星巴克都使用一種明確的相關性識別符，那就是在顧客下單時，在杯子上寫下顧客的名字，飲料準備好了的時候，就大聲喊出顧客的名字。其他國家可能會用不同的飲料類型來表示相關性。在日本，咖啡調製員喊的是飲料的類型，我遇上了麻煩。我的解決辦法是買特大杯即"venti"飲料，因為它比較少人買，因此比較容易識別，也就是"可相關（correlatable）"。

例外處理

在非同步傳訊系統中的例外處理，呈現出另一種挑戰。若你沒辦法付錢的話，咖啡店會怎麼做？若飲料已經做好，他們會把它倒掉。若還沒做好，他們會把你的那個杯子從"佇列"中拿掉。若他們拿錯了飲料給你或你對飲料不滿意，他們就會重新做一杯。若機器故障沒辦法做出你點的飲料，他們會退錢給你。顯然，在排隊買咖啡時，我們就可以學到不少有關錯誤處理的策略！

如同星巴克，分散式系統通常沒辦法仰賴能在多種操作下確保得到一致輸出的二階段提交語義（two-phase-commit semantics）。因此他們運用相同的錯誤處理策略。

3　.Gregor Hohpe, "Correlation Identifier," Enterprise Integration Patterns, *https://oreil.ly/NkR28.*

忽略

最簡單的錯誤處理策略就是什麼都不做。若錯誤發生在單一操作上，你直接忽略它就行。若錯誤發在一系列相關的操作上，你可以忽略該錯誤並繼續底下的操作或就只是忽略或取消目前已經做好的部分。這是咖啡廳在顧客沒辦法付款時會做的事：取消製做飲料然後繼續。

不針對錯誤做任何處理，乍看之下可能會覺得這做法不好，但在現實的商業交易中，這種做法是完全可以接受的：若損失不大，弄一個錯誤修正方案似乎比無視它更昂貴。當有人牽涉於其中時，修正錯誤也需要開銷，也許也會耽誤其他客戶的服務。更有甚者，錯誤處理可能也會引發更多的複雜性——你最不想要的就是裡頭還帶有錯誤的錯誤處理機制。所以，在許多情況下，"單純地把它做好"就行。

 我在幾家 ISP 公司待過，他們採用忽略的方式來處理在帳單／供應（provisioning）循環中產生的錯誤。因此，客戶最後可能會有使用了服務但卻沒有接到帳單的情況。這類的收益損失很小，不會影響到業務，而客戶也很少抱怨這種免費的服務。他們會定期地檢查對帳報告，找出"免費"帳戶，並將之關閉。

重試

若直接忽略錯誤無法解決問題，你可能要重試一下這會造成錯誤操作。若重試有可能會成功，那這也不失為一個合理的選項；比方說，因為暫時的連線問題已被修復，或是原本無法使用的系統已被重新開機。重試可以解決這種間歇性的錯誤，但若這種操作與公司的業務規則相左，那也沒辦法做。若你的飲料弄錯了，星巴克會重新再調製你點的飲料，不過若是停電，那也沒辦法做了。

若在一組操作（即，"交易"）中發生錯誤，若所有組件都是冪等的（idempotent），那事情就會比較簡單，因為它們可以接受好幾次相同的指令，而不會重複執行。這時你就可以直接重新發出所有操作的要求，因為做完工作的接收器會直接忽略重試的操作。將一些錯誤處理的負擔，如檢測重複訊息，轉移到接收器上，就可以簡化整體的互動。

在由 0 與 1 打造出來的系統中，一個基本的重試操作常常能夠成功，這很令人訝異。有句話將神經病說成是 "一遍又一遍做著相同的事，然後預期會有不同的結果"，顯然不適用在電腦系統上。

補償性操作

在失敗操作後將系統回復到正常狀態的最後一種做法是，復原（undo）已做過的所有操作。這類的 "補償性操作" 對可以將已扣除的金額重新記帳回來的金融交易很有用。若一家咖啡廳沒辦法做出令你滿意的咖啡，它會將消費額存回你的會員帳號中，回復到帳號交易前的狀態。

因為在現實生活中充滿了錯誤，補償性操作可以許多形式來進行，如客服可以打電話，請顧客不要理會已經收到的信函或退還寄錯的包裹。傳統櫃台的補償操作，則可能是送一份臘腸給顧客。某些操作是不容易逆轉的。

交易

目前提過的所有策略與二階段提交不同，它們仰賴的是個別的準備與執行階段。在星巴克的例子中，二階段提交會相當於你等在櫃台前，櫃台桌上擺著收據與錢，直到飲料做好。當飲料被擺上櫃台的桌上之後，金額、收據與飲料可以立即換手。櫃台人員與顧客在此 "交易" 未完成前都沒不能離開。

這樣的二階段提交方法，可免除額外的錯誤處理策略，但它一定會影響到星巴克的業務，因為如此一來，在一段固定時間內，能夠服務的客人數會明顯減少許多。這是要提醒大家，二階段提交方法固然可以讓生活簡單一些，但卻會影響到訊息的自由流動（也就影響了可擴展性），因為它必須在多個非同步操作中，維護交易資源的狀態。它也說明了一套高吞吐量的系統在出現問題時，應該要為適切的路徑做最佳化，而不是逐一地去處理少數案例的交易。

反壓

儘管以非同步的方式工作，但咖啡廳也沒辦法無限制地擴展。因為寫上標記的咖啡杯佇列變得愈來愈長的時候，星巴克只能暫時將收銀員調去調製咖啡。這雖然有助於降低已下單之顧客的等待時間，但卻會將反壓（*backpressure*）施加於正在等待點餐的顧客身上。沒有人願意排隊等待，但還沒輪到你點餐，你就只能選擇離開這家咖啡廳去買杯外帶咖啡或去找另一家附近的咖啡廳。

溝通

咖啡廳互動也是一個簡單但常見之溝通模式（*conversation pattern*）[4]的好例子，它描繪出訊息在參與者間交換的流程。二方（顧客與咖啡廳）之間的互動，包含了一小段的同步互動（點餐與付款），與一段長的非同步互動（調製跟拿咖啡）。這類的溝通常見於購買的場景中。比方說，在 Amazon 收到一份訂單時，同步互動會指定一個訂單號，後序的所有步驟（扣款、包裝、運送）就能以非同步的方式進行。當這些步驟完成時，顧客會收到電郵通知（非同步）。若有錯誤發生，Amazon 通常會補償（退還貨款）客戶或重新跑一次流程（重寄貨品）。

---

4 Gregor Hohpe, "Conversation Patterns," Enterprise Integration Patterns, *https://oreil.ly/g-wvQ*.

標準數據模型

咖啡廳能教你更多有關分散式系統設計的事。在星巴克開始展業不久時，顧客們會為了要學點咖啡的新語言而感到著迷，但也同時會感到挫折。小杯咖啡現在變成了 "tall"，而大杯的叫 "venti"。定義專屬的語言不只是一種聰明的行銷策略，也建立出了能將後序處理流程最佳化的標準數據模型（*canonical data model*）[5]。任何不確定性（豆奶或脫脂牛奶？）在櫃台提供的 "使用者介面" 上得到適當地解決，避免了會耽誤到咖啡調製員的冗長對話。

歡迎到真實世界來！

現實環境大多是非同步的：我們每天的生活中充斥著許多互相配合但非同步的互動，如看電郵跟回電郵，買咖啡等等。這意味著非同步傳訊架構通常是為這類互動建模的一種很自然的方法。它也代表觀察日常生活中的種種，有助於設計出成功的傳訊方案。*Domo arigato gozaimasu!*[6]

---

5 Gregor Hohpe, "Canonical Data Model," Enterprise Integration Patterns, *https://oreil.ly/8SU8U.*

6 "非常感謝您!"

溝通

架構師不會把自己孤立起來，他們的工作是從不同的部門蒐集資訊，闡明連貫的策略，為決策進行溝通，然後贏得組織內各層級的支持。因此，溝通技巧對架構師至關重要。然而，向不同的受眾傳達技術內容並不容易，因為就技術層次高的主題而言，許多典型的呈現或寫作技巧無法將之很好地表達出來。比方說，上頭有引人入勝之照片且打上一行字的投影片，也許能抓住觀眾的注意力，但卻呈現不出你雲端計算平台的策略。與其著重在其上，架構師反而應該要專注在溝通的風格，除了能強調內容，也讓人容易融入與接受的方式。

無法管理無法瞭解的東西

"無法管理無法量測的東西"是常見的一句管理學上的口號。不過，為了進行有意義的量測，你必須瞭解你所管理之系統的動態。否則，你沒辦法辨別要拉哪根槓桿來影響系統的行為（第10章）。

在一個生活與專業到處都被技術滲透的世界中，就一位決策者而言，瞭解正管理著的，不啻是一項艱鉅的任務。即便業務主管們並不需要自行編寫程式來解決問題，當IT系統無法滿足業務需求時，忽視技術的演進與能耐，將導致商機或信心的喪失。單靠時間軸、人員配置與預算規劃來管理複雜的技術專案，已不再適用於需要滿足快速交付高品質功能之需求的數位世界（第40章）。

架構師必須透過清晰溝通技術性業務決策分歧的方式，比方說，透過開發與運營的成本、彈性或上市時間（time-to-market），協助消弭技術知識擁有者與高階決策者間的落差。不是只有"業務型"的人員，才須要面對瞭解複雜科技的挑戰。即使是架構師與開發者，也不可能跟上錯綜複雜之技術方案的所有面向，他們也需仰賴關於架構決策與其意涵之容易理解但卻精準的說明。

引人注意

技術內容可能會很令人興緻勃勃，但諷刺的是，講者會比聽者更感興趣。要能在冗長的程式碼評估或數據中心基建報告中，維持注意力，即便是最熱情的聽眾也會感到吃力。不只要讓決策者看到確切的現實，也要能其體會並有動機去支持你的提案。因此，架構師必須要運用自己腦袋的二邊，不只要讓內容的邏輯有條理，也要架構出引人入勝的故事情節。

用（較少）論文

過去，由我們團隊發表的技術決策文件得到了許多讚揚，但也收到了許多預期外的批評，如"你的架構師們只是在紙上談兵"。你可能要提醒他們，文件具有下列幾個方面上的價值，來避免這類的批評：

一致性

對設計原則與決策的認同並將之記錄於文件之上，能提高決策的一致性，也會因此而保有系統設計概念上的完整性。

有效性

結構完善的文件有助於找出設計中的斷層（gap）與矛盾。

思維的清晰度

透徹瞭解之後才能寫得出來。

教育

若新的團隊成員能取得好的文件，就能更快培養出生產力。

歷史

基於特定情境的決策（第 8 章）有可能發生改變。文件有助於讓你瞭解情境。

利害關係人間的溝通

架構文件有助於引導不同的受眾達到相同的理解程度。

然而，開發團隊似乎還是會下意識地排斥編寫文件。

 若有人說把他們的想法寫下來太耗費功夫，我就會照例質疑他們，這似乎是因為他們一開始就沒有真正地瞭解內容。

有用的文件並不見得就是篇幅厚重，恰恰相反：短的文件更容易閱讀消化。這就是我們團隊大部分的技術文件被限制在 5 頁以下的原因。

程式碼不就是文件嗎？

有些開發人員會臉不紅氣不喘地說原始碼就是他們的文件，所以把一些東西寫下來只是做重複的事罷了，對吧？他們也可能會有一種所有的受眾都能拿到程式碼，這些程式碼都組織得很好，而且也有如搜尋這類的工具來輔助別人看程式碼的想法。不過，你的原始碼並沒辦法對計畫發起人說明你的價值主張與關鍵決策。因此，你要帶著如寶石般透亮清徹的文件，搭著架構師升降梯（第 1 章）到頂樓去。

用程式碼來產生圖表與文件可能有用，但如此產生的效果往往會讓人見樹不見林。而且，它們通常不善於適當地強調重點，不太能解釋為何用這種方式來做事情的原因。幸運地，什麼是"有趣"或"值得注意"的，還是需要人來判斷。

用對字

技術寫作並不容易，看看使用者手冊就可瞭解，如果我們可以這樣說它的話，它應該被稱為最可笑的文獻。只有在缺乏同情心的情況下，大概也只有稅務表格填寫說明表才能比它們更可笑。

因此，架構師並須能吸引那些浪費了多年職業生涯，閱讀著拙劣手冊，以及那些除了偶爾看看呆伯特（Dilbert）漫畫，不看任何技術文件的人。精準的用語與清楚的句構，有助於讓讀者順利掌握困難的概念。

溝通工具

第三部將協助你克服在創造有說服力之技術溝通時，會面臨到的挑戰，並強調文件這有用的工具對架構師的重要性：

第 18 章 解釋

你需要為受眾精心打造出一條坡道，以利管理層用理性的思考來處理複雜的技術性課題。

第 19 章 給小朋友看海盜船！

除了展示基礎構成元件之外，還要展示一下整艘海盜船，提高受眾的興趣。

第 20 章 為忙碌的人而寫

忙碌的主管們不會詳細地看你所寫的每一行文字，要設法讓他們能方便地閱覽你的文件。

第 21 章 強調完整性

總是要再次強調，要專注在本質上。

第 22 章 圖表驅動設計

一張圖不只能抵千言，它還能幫助你設計出更好的系統。

第 23 章 把線畫出來

你的架構不是只有組件，它們之間的關係也要被呈現出來。你得要在其間畫上線。

第 24 章 銀行搶匪速寫

雖然技術人員可能是最瞭解系統的人，但也不容易為一套系統繪製出好的藍圖來。要協助他們把銀行搶匪的速寫畫出來。

第 25 章 軟體就是協作

版本控制 / 持續整合不只是為了軟體開發，它們是能合作的關鍵。

18

解釋

為讀者打造斜坡，而不是懸崖！

為讀者打造斜坡，而不是懸崖——筒井美羽（Miu Tsutsui）

Martin Fowler 有時會將自己介紹成一位"擅長解釋"的人。這雖然有些英式的低調（British Understatement ™），但也道出了一項 IT 界所需之極其重要但罕見的技能。很多時候，技術人員要麼淨說些幾乎沒有意義的高階解釋，要麼滔滔不絕地說些令人摸不著頭緒的技術行語。

造個斜坡，而不是懸崖

曾有一個架構師團隊向管理層委員會展示一套用做高性能計算之新硬體與軟體的堆疊。裡頭涵蓋了從工作負載管理到儲存硬體的所有內容。把如 Hadoop 與 Hadoop 分散式檔案系統的垂直整合堆疊，拿來

跟如平台負載分攤設施（Platform Load Sharing Facility, LSF，*https://
oreil.ly/FQmQY*）之獨立的工作負載管理系統方案做對比。在一張寫
著 "POSIX 合規性（POSIX compliance）" 的比較用投影片就被打在
螢幕上，用來說明選擇的判斷標準。這也許是合適的，但你要如何對
不太瞭解檔案系統的人解釋這有什麼意義，它為何重要，以及選用之
後會有什麼結果？

我們常將某學習曲線稱為陡坡，表示新手不容易學懂，或 "很快跟
上" 一套新的系統或工具。我傾向認為我的管理階層都是相當聰明的
人（不太可能只靠拍馬屁或玩弄政治就爬上高位），所以他們可以爬
上一座相當陡的斜坡，但他們沒辦法爬到懸崖頂上。安排個有邏輯的
流程，可以讓這些聽眾對一個可能相當 "陡" 但可行的不熟悉領域，
形成一些結論。在斷章取義之字頭縮寫名詞的轟炸與技術行語構成之
"懸崖" 的阻隔之下，"POSIX 合規性" 成了大部分人眼中的懸崖。

你可以透過解釋 POSIX 是一種受到 Unix 各系統採用的標準檔案取
存程式介面，其可以降低在維護多種 Linux 系統版本時，可能發生的
鎖死問題，這就能將前述的懸崖轉化成斜坡。透過這個斜坡，主管
們就可以推理出，因為它們已經在一個 Linux 版本上做好標準化了，
POSIX 合規性不會增加太多價值。它也與如 Hadoop 這類其中已帶有
檔案系統的垂直整合系統無關。

用幾個字打造個斜坡，你就能讓技術背景不深的人參與到決策過程中
來。這個斜坡可能無法讓聽眾深入瞭解 POSIX 與 Linux 的版本，但它
卻提供了一個用來在決策選擇範圍內進行推理的心智模型。

陡峭的斜坡能讓人很快地爬上去，但若要藉此帶你的聽眾登上珠穆朗
瑪峰，那就會太耗費力氣。因此，在呈現前，必須考慮到你的聽眾需
要爬到多高（或多深），然後才來決定要呈現什麼。在定義詞彙時，
用問題的情境來說明，要強調出相關的屬性並略過不相關的細節。比
方說，與上述決策無關的 POSIX 演進與 Linux 標準程式庫的細節，就
應該被省略掉。

注意落差

斜坡不僅需要提供一個合理的坡度，也要避免邏輯上的落差或斷層。專家們通常不太能察覺到這些落差，因為他們的腦子會默默地把這些落差補上。這是我們大腦的一種非凡的功能，但一位不熟悉主題內容的聽眾，還是可能會被絆倒，即使這落差很小，但可能也會因此而失去了推理的頭緒。這種效應被稱為知識的詛咒（the curse of knowledge）：一旦你瞭解了某件事，就會很難想像其他人是怎麼學的。

在一個關於網路安全的討論會上，有一組架構師提到了他們的需求，即位於非信任網路區域的伺服器，會有個別的網路介面，稱為 NIC，用來接入或傳出網路流量，以避免可從網際網路直接連到信任系統上。他們繼續說供應商的"三NIC 的設計"沒辦法滿足他們的需求。我覺得這不太合理：為何一個有 3 個網路介面的伺服器，沒辦法支援只需要一進一出的 2 介面設計？對熟悉其中道理的人來說，這個答案很"顯然"是：每個伺服器都需要用一個額外的網路介面，用來備份並管理任務，所需通訊埠的數量要是 4 個，而不是 3 個。略過了這個細節所產生的認知落差，讓聽眾們（與我）都搞不懂。

呈現者很難去判斷他們到底弄出了多大的間隙。這是知識詛咒。在上述的例子中，只要幾個字或在圖上多畫二條有標籤的線，就能把這間隙補起來。不過，這不代表間隙本身小 —— 它可能很窄，但相當深。

向不熟悉主題內容的人說明你的想法，然後要他們"回頭來教你"你所說的內容，類似隨堂測驗（第 21 章），這對找出間隙很有幫助。

首先,創造語言

為技術性對話作準備時,我傾向用二步驟法:首先,我會先透過不帶有產品名稱跟縮寫的一般詞彙,設定好一個基本的心智模型。有了這個之後,聽眾就能在問題空間中思考,瞭解其中參數的相關性。這個心智模型不需拘泥型式,它只需要給聽眾一種能在所提到之不同元素間作出連結的方法就行。

在前述檔案系統的例子中,我會先說明檔案存取如何被一層層地堆砌出來,從硬體(如磁碟)開始,再來是基本的區塊式儲存(像 SAN)到檔案系統,最後則是上頭掛載著許多應用程式的作業系統。這樣的說明,甚至還用不到半張投影片的篇幅,但卻可以完美地套進一張分層區塊圖(圖 18-1)裡。

第二個步驟是,我可以運用這個詞彙來解釋,Hadoop 是從應用層開始一路往下整合到本地端檔案系統與磁碟的,不使用任何的 SAN 或其他類似的機制。這樣子設定有其特定的優勢,如降低成本與資料局限性,但需要為這個特定的框架,打造應用程式。相較之下,針對高性能計算的獨立檔案系統,如 GPFD 或 pNFS,要麼建構在標準檔案系統之上,要麼提供 "接配器(adapters)",讓專屬的檔案系統能透過被廣泛使用的 API,如 POSIX,來存取。

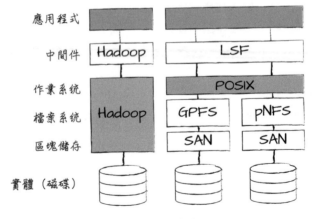

圖 18-1 檔案系統的比較

你可以透過這張圖表說明 Hadoop 堆疊能從上到下一路延伸而下，而其他系統，其中含有 POSIX 合規性，則是 "一塊塊" 地連接，聽眾現在就能輕易理解為何 POSIX 功能很重要，但 HDFS 並不需要支援它的原因。

一致的細節程度

判斷細節要呈現到何種程度才有助於推理思考並不容易。比方說，我們把 "POSIX" 當成是一件事來講，但實際上，其中還有許多不同的版本、組件與 Linux 標準程式庫等等。能呈現出大致上合適之細節程度的能力，是架構師的一項重要的技巧。許多開發者或 IT 專家喜歡用不相關的詞彙讓聽眾應接不暇。有的則會覺得沒講的都很明顯，而忽略了關鍵的細節，留下了巨大的間隙。通常，你應該用折衷二者的方式來呈現。

能否呈現出正確之細節程度，取決於你有多瞭解聽眾。若你聽眾的相關程度不一，鋪個好斜坡則更為要緊，因為它能讓你抓住那些對內容不熟悉之聽眾的注意，也不致讓熟悉內容的聽眾感到無聊。最高段的形式是鋪一段熟悉內容的聽眾雖然瞭解，但卻也還能欣賞的斜坡。要做到這樣並不容易，但可以往這個目標來努力。

鋪段雖陡但有邏輯的斜坡，可讓不熟悉主題內容的聽眾加快趕上，也不致讓熟悉內容的聽眾感到無聊。

能呈現出 "剛剛好" 的細節程度通常要碰運氣，即便你很瞭解聽眾。不過，你能做的就是維持一致的細節程度，這也同樣重要。若你在投影片 1 上說明了高階檔案系統，然後在投影片 2 上講磁碟上的編碼方式，你肯定會讓他們感到無聊，也許有人就不繼續聽下去了。因此，要在不留下太多 "懸而未決" 之面向的情況下，找到一條能保持對目前架構決策理解一致的路線。

有演算法經驗的人，會將這種問題稱為是一個圖分割（graph partition）問題：你的主題包含了許多元素，其間依據某種邏輯連接著，如同用邊將節點連結起來所形成的圖那樣。你的任務是在切掉最少邊（即邏輯連結）的情況下，把圖拆開（即只涵蓋部分的元素）。

想那麼做卻又怕不被認可

這句 Karl Valentin 名言 "Mögen hätt' ich schon wollen, aber dürfen habe ich mich nicht getraut" 的拙劣翻譯，提醒我解釋技術內容時所面臨的最大挑戰是：有太多架構師相信他們的聽眾永遠沒辦法 "懂" 他們的解釋。有些甚至擔心呈現技術細節會讓他們顯得不適合管理層的工作。因此，即使他們原本可能，但也不敢嘗試在資深的聽眾之前，呈現技術概念。在我看來，這反而是錯失了機會。我將與管理層的每次互動視為是教育機會。這是架構師升降梯的基礎。

> 與管理層的每次互動也是一種教育機會，要把握它！

有些人則更進一步，喜歡臨時冒出些專有詞彙、縮寫與產品名稱來迷惑管理層，所以他們的 "決策"（通常只是個人好惡或供應商的建議），就不需要被聽眾質問。通常在將審核會議視為是麻煩事，而不是獲取意見的技術團隊上會看到這種作法，在討論技術議題時，用來消弭管理層的不安。

我比較不認同這種作法，也通常會建議管理層，不要批准他們還沒瞭解透徹的提案。畢竟，若事情不是那麼容易能瞭解，應是因為說明得不夠清楚，而不是聽眾無法瞭解的緣故。

作為一名架構師，你的職責是對所做之決策與假設造成的結果，有個廣泛的瞭解。沒有了這種認知，肯定會出亂子。比方說，若照這樣做了幾年，IT 系統還是沒辦法滿足業務需求，通常就是因為在沒有溝通清楚之前，就做了某種限制或不當的假設所致。為決策進行溝通，將折衷方案解釋清楚，就能保護你跟公司經營的業務。

19

給小朋友看海盜船！

為什麼整體比各部零件要多得多

這是人們想看的

看著樂高積木的外盒時，你不會看到裡頭的每一塊積木，你看到的反而是精緻的、完整拼好了的模型，如，一艘海盜船。為了要讓圖片更引人注目，盒子上印的，不會是放在客廳桌子上的模型船，而是遨翔在一邊聳立著峭壁一邊游著鯊魚之海盜港灣裡的擬真海盜船 —— 連傑克史派羅船長都會嫉妒。

這跟就系統架構與設計進行溝通有啥關係？可惜，關係不大，但應該要扯上關係！技術內容的溝通過程，太常是相反的情況：鉅細靡遺地把所有個別的元素都列出來，但卻看不到海盜船。結果就是一堆框框（希望還有一些線，第 23 章），而沒有清晰的樣態或整體的價值主張。

不過，這樣比較公平嗎？ LEGO 賣玩具給小朋友，而架構師需要為管理層或其他專業人士，解釋組件間複雜的交互作用。還有，IT 的專業人士還得要解釋因為網路分段泛濫而造成網路中斷的問題，這比扮演海盜要無趣多了。我覺得這個類比是合適的，我們可以從海盜船那邊學到 IT 架構的呈現方法。

引起注意

海盜船最初的目的是要能在其他所有競爭的玩具中引起注意。如同小朋友進了玩具店，會找新或漂亮的玩具，許多參加內部會議的人之所以會與會，是因為他們是被老闆指派來的，並不是真的想來聽你呈現的內容。你得要搬出一些好東西，才能引起他們的注意，讓他們放下手機。

但糟糕的是，許多簡報會從內容大綱開始，我覺得這相當笨。首先，它不吸引人：它就像列了一堆組合步驟的組合說明書，而不是船。其次，內容大綱的目的是讓讀者能快速地瀏覽過一本書或雜誌。若聽眾必須坐著聽完整場報告，怎麼還需要在一開始就給他們看內容大綱。

 簡報開頭的內容大綱並沒有用，因為聽眾不會直接跳到第 3 章去。它也會讓聽眾在簡報一開始就感到無聊：你看過在開頭就列出故事情節大綱的電影嗎？

"跟他們說你要跟他們說的" 這句可能是亞里士多德說的古老格言，當然不會被轉化成列出內容大綱的投影片。你要跟他們說的是如何打造出一艘海盜船！

營造興奮感

小朋友與你的聽眾看著海盜船的那一刻，他們應該會感到興奮。怎麼能這麼酷？有鯊魚、海盜、匕首與加農砲，還有寶箱跟鸚鵡。劇情會在腦海中展開，如同你正在看電影那樣。為什麼 PaaS、API 匣道（gateways）、網頁應用防火牆與建置管線（build pipeline），說的是這麼沒感覺的故事呢？這是一個如何在數位世界的危險水域中，加快速度的故事。在那裡，自動測試與建置管線能讓你航行得又快又安全。自動佈署能讓你的交付產業化，而 PaaS 能讓你的艦隊能一邊試著避免在被供應商鎖定的土地上靠岸的同時，一邊還能視需要展開或集中。這至少能跟海盜故事的情節一樣，令人感到興奮！

我相信 IT 架構能比一般人想像的更令人感到興奮、有趣。我與一個朋友，裕二，在 2004 年參與了一個面試會（*https://oreil.ly/79lq9*）。在其間，我說過，軟體開發比從表面上看到的要來得更令人興奮 —— 就跟它是你做出來的那樣令人興奮。若你將軟體開發看作是一堆 LEGO 積木塊，你就看不到海盜船！覺得軟體與架構無聊或就是對之提不起興趣的人，只是擦過了軟體設計與架構思維的表面。他們也不瞭解 IT 已不僅是達成目的的手段，它已成了業務的創新驅動力。他們把 IT 想成是隨意拼湊起來的 LEGO 積木，實際上，我們正在打造的是海盜船！

專注於目標

回到海盜船上，外包裝盒本就清楚地展示出了這些積木的目標。這目標並不是讓這些積木隨意地被堆在一起，而是要打造出一個凝聚、平衡的方案。在這裡，我們可以看到整體確實比零件的總和要多出許多東西。系統設計也是一樣的：一套資料庫與幾部伺服器，沒什麼特別，但一套擴展開來的、沒有主伺服器的 NoSQL 資料庫就相當令人興奮。

可嘆的是，必須將所有零件組起來的技術人員，很容易就把重心都放在這些零件上頭，忽略了要讓人注意到其所建構之方案的目標。他們覺得相對於完整方案的有效性,聽眾們更應該要欣賞到,將拼湊這些零件時所付出的努力。這裡我不得不說:沒有人會對你花了多少力氣感興趣;人們要看你做出來的結果。

海盜船會帶來更好的決策

海盜船不只能營造興奮感,它也能成為作出更好決策的工具。在我的架構升降梯工作坊(*https://architectelevator.com/workshops*)中,有一個畫系統架構的練習。為了展示可畫出一般架構的幾種不同方法,我挑選了一套大部分聽眾都相當瞭解的系統,即應用程式監測系統(application monitoring system)。我會發給每一組參與者十幾張卡片,每一張卡片上會畫有如紀錄聚合器、時間序列資料庫、閾值(thresholds)、警報之常見的監測組件,並要求他們要畫出一個包含這些組件的架構。

參與者通常會畫出將這些組件按邏輯順序排好的圖;比方說,用資料流的方式,如圖 19-1。有時,一些組件會被進一步地組合成主要的功能,如資料蒐集、資料處理與使用者介面,就像一般架構圖的樣子。

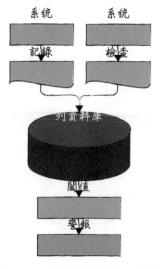

圖 19-1　典型的監測系統架構圖

看完了這樣的圖之後，我問了一個聽來很天真的問題："這個系統的目標是什麼？"剛開始，參與者會說偵測異常並發出警報。經過深思熟慮後，這些架構師們逐漸看到了更大的圖像。他們正確地識別出監測系統的真正目的是，透過最小化系統停機時間，讓系統可用性最大化。透過相反的假設，這很容易驗證：你只有在不需要關注系統可用性的時候，才不需要作任何的監測。

不久，參與者瞭解到，剛開始畫的圖只呈現出方程式的一半：一套監測系統只有在被偵測出之問題能被分析並修正時才有用。基於這個洞察，他們開始豐富或重畫圖表，以便將海盜船呈現出來；那就是，主要目標，如圖 19-2。

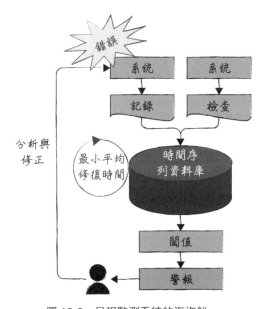

圖 19-2　呈現監測系統的海盜船

他們現在把目標畫在圖中心，並加進了相當於鯊魚與鸚鵡的東西：最小化 MTTR，從錯誤回復所需的時間。因為 MTTR 佔了整個循環，我們可以考慮到二邊的情況：偵測到停機狀況需要多久的時間，而處理好這個狀況需要多久的時間？

多虧了這個拼好了的模型,這個面向很明顯,我們也更能推想出公司是否應該在這個經過升級的監測系統上投資。拜性能更好之感應器與更聰明之分析算法所賜,投資一套能將停機偵測時間從半小時縮減到幾分鐘的監測系統,似乎是一個好主意。但若解決一個停機問題需要花幾個小時,這張圖就會改變:比方說,花 50 萬元去將 MTTR 從 4.5 小時縮減到 4.1 小時,就不那麼有用。相反地,你應該尋求減少解決停機問題所需時間的方法。這可以做到,比方說,透過讓整個系統更加透明,或更高程度的自動化(第 13 章),快速地將已佈署的軟體回復(roll back)到一個更早一點的穩定版本上。畫出更好的圖能幫助我們做出更好的決策(第 22 章)。

產品包裝盒

類似海盜船的一個成功的概念是產品包裝盒,Luke Hohmann 在其書名為創新遊戲的書[1]中提到了 "創新遊戲(Innovation Games)"。這個遊戲要參與者為他們的產品設計一個實體的零售用包裝盒。為了要能吸引到潛在的買家,盒子要能呈現出一般的使用方法,並強調出效益,而不能只列出功能。

 將你的產品想成零售商品,有助於讓你專注在實質利益而不是技術性功能上。

若團隊做得好,他們會在封面放上一艘漂亮的海盜船,如圖 19-3。

1　Luke Hohmann, *Innovation Games: Creating Breakthrough Products Through Collaborative Play* (Boston: Addison-Wesley), 2007.

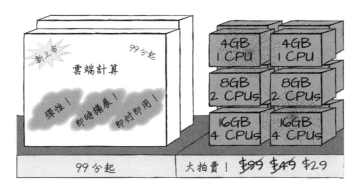

圖 19-3　雲端計算的產品包裝盒

設計海盜船

就產品與工程團隊而言，畫海盜船通常是一項新的，而且有時會覺得不太舒服的練習。有些技術可以克服初期的這些障礙。

呈現出情境

LEGO 包裝外盒上的圖像把海盜船擺在合理的情境，如（假的）海盜港中。類似地，圍繞在一套 IT 系統周遭的環境，其複雜度至少與該系統內部設計的複雜度相當。幾乎沒有系統是可以獨立存在的，而各系統間互動通常比單一系統的內部更難進行相關工程。因此，你應該在適合該系統的環境中，將之呈現出來。

許多架構方法從系統情境圖（system context diagram）開始做起。用意雖好，但常常做出不實用的架構來，因為它著重在完整的系統規格，而沒有強調出重點（第 21 章）。這樣的圖表所呈現的是無垠的海洋，而不是海盜船。

放在裡面的東西

LEGO 玩具也會標示出所需的確切零件數與其組立的方法，但這些訊息是印在盒子裡頭的說明書上，不是印在外盒上。相對地，技術溝通應該在第一頁或第一張投影片中，就將海盜船呈現出來，然後在後續的頁面中，繼續往下說明各種積木塊與其如何組立的方法。先引起聽眾的注意，然後再帶他們看細節。如果不用這種方式來做，在最精彩部分終於上場之前，聽眾們可能早就都睡著了。

考慮聽眾

就像 LEGO 會為不同的年齡層的消費者推出不同的產品那樣，並不是每一位 IT 聽眾都適合玩海盜船。對於某些離技術比較遠的管理層，你要呈現的可能是用一把 LEGO DUPLO 積木做出來的小鴨子。

包裝一些情感

有些人可能會覺得，在嚴肅的工作討論會中，太容易興奮的話會顯得太輕浮。此時你應該回頭想想，2,300 年前左右，亞里士多德對如何溝通所給我們的好建議（圖 19-4）。他總結出，一個好的論點是基於理性訴求（*logos*），即事實與推理；人品訴求（*ethos*），即信任與威信；情感訴求（*pathos*），即情感！大部分的技術簡報傳達了 90% 的理性訴求、9% 的人品訴求以及也許有 1% 的情感訴求。由此觀之，一小部分的情感成份可產生很大的作用。你只要確保內容與封面上所呈現的圖片是相互匹配的就行：盒子上印著一艘海盜船，但盒子裡卻找不到大砲，這一定會讓人感到失望。

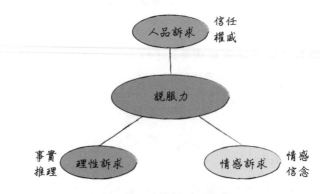

圖 19-4　三種說服力模式

玩也是工作

在討論玩具議題時：拼艘海盜船會被大多數人歸類成是在玩 —— 某種通常被視為與工作相反的事。從 80 年代的老電影裡，可找到另一種看法，"只工作不玩耍，天才也會變傻瓜"。我們希望不去玩在 IT 架構師身上，不會產生與電影 "鬼店（The Shining）" 中作家傑克所受到的相同效應 —— 他愈來愈瘋狂，並想要把家人全殺掉。不過，不去玩一定會扼殺學習與創新。

大部分我們認識的事物都不是從學校老師那邊學來的，而是從玩與實驗得來的。可嘆的是，大部分的人在進入自己的專業生涯後，似乎已忘了怎麼玩，或被要求不要玩。這通常是由社會規範，有壓力（或看起來）才有生產力，與恐懼所造成。玩無所畏懼，也不會批判；這就是它能讓你對新事物敞開心胸的原因。

 玩就是學習，在事物快速變化的時候，架構師要多去玩。

若玩就是學習，在需要我們去學習新科技、運用新的工作方式之快速變化的時代中，我們應該再次強調玩的重要性。我常鼓勵團隊中的工程師與架構師們去玩。有趣的是，LEGO 提出一個被稱為認真玩（*http://www.seriousplay.com*）的有效方法，供主管們使用，以提高團隊問題解決的能力。他們可能正在打造海盜船。

20

為忙碌的人而寫

別指望所有人都會逐字閱讀

若沒有時間讀，可以先看圖

大部分的組織裡充滿了大多數還沒人看過的無聊文件。這並不表示編寫文件沒有用。文件做得好，它還是能讓許多讀者產生共識的最佳媒介。隨著時間的推移，簡要但技術定位與決策精準的文件，已成為我們架構團隊的註冊商標。

雖然本章的標題是如繁忙之人看的日語教本之類暢銷書的雙關語，它特意暗示出我們既是為繁忙的人而寫，我們本身也是忙碌之作者的這種模糊性。

寫出規模

可嘆的是，寫作比起閱讀要耗費更多的心力，但吝於寫作雖可省下一些功夫，但卻是大錯特錯。因為寫下來的東西，遠比用講的或投影片簡報要來得有價值：

它能擴展

你能讓一大群人都看到你要呈現的，而不需要把所有人都聚集到一個房間裡頭（播客（podcasts），當然也能做到這一點）。

它很快

人的閱讀速度比聽要快上二到三倍。

它可被搜尋

你可以很快找到想讀的內容。

它可以被編輯也能改版

每個人看到的都是同樣、被改版過的內容。

所以當你有夠多（或重要）的受眾時，寫作是有效益的。最大的好處是，如 Richard Guindon 得到的 "寫作是自然能讓我們瞭解想法是多草率的一種方法" 這個洞察，讓寫作成為了一種值得我們去做的練習，因為它需要你去爬梳你的想法，你就能讓這些想法形成某種前後連貫的故事情節。不像大多數的投影片，編寫完善的文件是完整且獨立的，因此可被廣泛地散佈，不需要額外的補充。

品質對影響力

寫作困難的地方在於，雖然你可在某種程度上強迫人們聽你的（或至少假裝聽你的），要強迫別人讀你所寫的文字，可是難上許多。我提醒寫作的人，"讀者沒有必要一定要翻到下一頁去讀，要不要讀下去，取決於他們到目前為止所讀到的"。

假設內容有趣，也與讀者有關，我持續觀察到寫作品質與其所受到的關注之間會存在一種非線性的關係，這是評估技術論文之影響力的一個很好的替代指標。若論文沒有達到品質的最低要求（比方說，它可能很冗長、結構不良、錯字一堆或想法荒謬、字體難看）許多人會連看都不看一眼，它也就沒辦法產成任何影響力。我把這種情況叫做"垃圾桶"區，代表讀者可能會有的反應。在光譜的另一端，隨著文件往"鍍金"區域移動，隨著品質的提升，最終將產生最大的影響力。

所以，你要先讓寫作的品質達到"甜蜜點"後，再專注於內容之上，而不是一味地修飾。雖然甜蜜點何在取決於主題與受眾，但我會將垃圾桶區劃得比大多數開發者所設定的要來得寬一點，也就是會更危險一些。主要的影響因素是：大多數的重要讀者，是工作非常繁忙的人，他會儘量不去看冗長的文件，除非是高取得成本的顧問性文件。但若遇上了，也可能會讓其他人去讀，畢竟顧問的收費很高。

 曾經有一位資深主管拒絕閱讀一份文件，因為在該文件的封面上，他的名字就被寫錯了。我想他是對的。

對這些缺乏耐性的讀者來說，措辭清晰且簡潔並不是錦上添花：少了這些，你的論文很快就會被名正言順地丟到垃圾桶區裡。明顯的錯字或錯誤文法就像形容裡頭有蒼蠅的湯之諺語所說的：味道幾乎一樣，但顧客可不會再回來要湯喝。

"在其手中"——第一印象很重要

當 Bobby Woolf 與我寫好企業整合模式（*Enterprise Integration Patterns*）這本書後，出版商向我們強調"在其手中"那一刻的重要性，這是指潛在買家從書架上拿了本書下來，快速瞄了封面封底，也許也看了目錄，然後開始翻閱的時候。讀者會在這個特別的時刻，作出購買的決定，而不是在偶然看到了第 326 頁中的獨特結論時，才決定要買這本書。這是我們為什麼要在那本書中，加上許多圖表

的原因之一：幾乎在每一頁中都含有一個圖形元素，如圖示（又名
"Gregorgram"）、圖樣素描、螢幕截圖或 UML 圖表：全部差不多有
350 幅。我們要傳達一種強烈的訊號給讀者，這本書不是一本學術著
作，它是務實且平易近人的。技術文件也應該這麼做：版面清楚、加
入一些概念清楚的圖表，以及，最重要的是，簡潔且切中要點！

為了在不浪費紙張的情況下，評估讀者在見到一份簡短文件時會有什
麼"感覺"，我把我的 WYSIWYG（所見即所得）編輯器畫面縮得足
夠小，讓所有的頁面都能被呈現在一個畫面中，如圖 20-1。雖然我沒
辦法讀上頭的文字，但我還是可以看到標題、圖表與整體編排的大致
情況；比方說，段落與章節的長度。這就是讀者在翻閱你文件，判斷
是不是要繼續讀下去時，所看到的情況。若他們看到無盡的要點、冗
長段落或雜亂無章的編排內容，這份文件很快就會離開"其手中"，
隨著重力的轉移，掉到資源回收桶裡去。

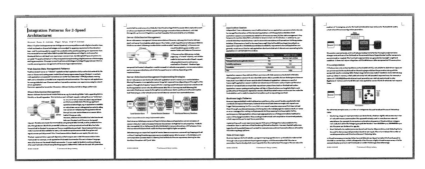

圖 20-1　一份縮小後的技術文件

寫作的魔咒：線性

文字是線性的：一個字接著另一個字，一段接著一段。不過，任何相
關的技術主題幾乎都不會只有一個維度。技術寫作（或演講）最主
要的一個挑戰是，將一個複雜的主題空間對應到一個線性的故事情節
上。對腦中有演算法的人來說，寫作有點像實作圖遍歷問題：你可以
用廣度優先（*breadth-first*）或深度優先（*depth-first*）。廣度優先代

表你可以先高階地處理所有的議題，然後再逐漸深入細節。深度優先則是在處理下一個議題前，先深入某個議題。

考慮週全的邏輯結構有助於克服這種限制。造訪樹結構比用許多迴圈去遍歷複雜的圖要來得容易。Barbara Minto 在其所著的金字塔原理（*The pyramid Principle*）[1] 一書中就抓到了這個方法的核心。"金字塔" 在這個情境下，代表的是內容的層次；也就是說，是一個樹狀結構，而不是 *IT* 中的金字塔（第 28 章）。

好文件就像史瑞克電影

大部分的動畫電影必須要能取悅幾種觀眾群：小孩愛看有趣的角色，而成年人則必須花 30 塊錢帶著家人去看電影，然後再用二個鐘頭看這些可愛的角色。像史瑞克（Shrek）這樣精彩的動畫片，裡頭兼顧到小孩與成人的幽默成份，照顧到了廣大的觀眾。觀眾會在些微不同的場景裡發出笑聲，但卻不會彼此影響。

面對多樣觀眾的技術文章應該也要做到這樣。它們不僅要傳達出技術細節，也要強調出重要的決策與建議，觀眾就可以讀到這二種層次。底下列出一些有助於讓你的文件讀來有點像是在看史瑞克的簡單技巧：

戲劇化的標題

換掉官腔官調的總結：讀者應該要能只讀標題，就能掌握要點。像 "介紹" 或 "結論" 這類的標題，沒辦法說故事，在簡短文件中不應該出現。

錨圖（*Anchor diagrams*）

這能為重要的部分提供視覺線索。翻閱文件時，讀者的眼光很可能停在一張圖表上，把重點擺在裡頭，就是很好的策略。

---

1 Barbara Minto, *The Pyramid Principle: Logic in Writing and Thinking* (Upper Saddle River, NJ: Prentice Hall, 2010).

側欄（*Sidebars*）

這是用略為不同的字型或顏色呈現出來的簡短內容，其明白地提示
讀者，可以跳過這些額外的細節而不會影響思緒。

透過這些方式，主管們可以直接讀標題與看圖表，就能在一、二分鐘
內獲取文件的基本內容（圖 20-2）。大多數會讀文件的讀者，可能會
跳過一些標注說明，而相關的專家則會特別去看這些標注說明裡的細
節。如此一來，你就可以透過給不同讀者予不同閱讀路徑的方式，略
為打破寫作的線性魔咒。

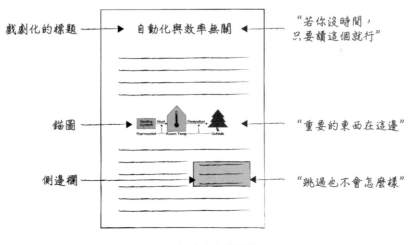

圖 20-2　打破寫作的線性詛咒

給讀者方便

有了好的第一印象之後，讀者會開始讀你的文件。為了取得技術寫
作的建議，我推薦技術寫作與專業溝通[2]這本書，已絕版，但二手
書還很多。其 700 多頁的內容涵蓋了許多學科領域，包含了不同
類型之文件，如履歷，的編寫方法。我覺得其最後說明之對等性

2　Leslie A. Olsen and Thomas N. Huckin, *Technical Writing and Professional Communication, 2nd ed.* (New York: McGraw-Hill, 1991).

（parallelism）與段落結構的內容最有用。對等性要求列表中的所有項目，都需遵守相同的文法結構；比方說，都用動詞或形容詞開頭。底下列出範例，左邊是反例，右邊則呈現出比較好的做法：

系統 A 比較好，因為：	系統 A 比較好，原因是：
• 它比較快	• 效能
• 有彈性	• 彈性
• 我們要降低開銷	• 經濟
• 穩定	• 穩定性

不一致的寫法會讓讀者耗用太多腦細胞在拆解你寫的文字，而無法聚焦在你要傳達的訊息上。把語言中的"雜訊"排除掉，可減少摩擦，讓讀者聚焦在內容上。對等性不只就列表有用，就句子而言，也同樣有用；比方說，在進行比喻（analogies）及對比（contrasting）時。

每一個段落應該聚焦在一個主題上，並在開頭就介紹該主題，就如這一段這樣：讀者可以從前面的幾個字，看到這一段說的是有關段落怎麼寫的內容，這樣一來，他們就可以放心，我不會在中間突然跳到列表上去。若已經知道怎麼把一個段落寫好，他們就可以安心地略過這一段內容。這就是為什麼"更要注意的是，在某些情況下，可能要特別注意…"是非常不好之段落開頭寫法的原因。

列表、集合、Null 指標與符號表

大多數的程式設計語言支援集合（sets）── 即，無序的元素集 ── 但書籍（或演講）並不支援：其中的所有列表都有其順序。因為你沒辦法避免，所以最好要安排好順序。比較好的方式是按時間（先後）、結構（關係）或者排名（重要性）來排順序。而照"字母序"或"隨意"來排，則是不好作法。

 "這是照什麼排的？"已經是我在審查內含列表或分組之文件時，會問的標準問題了。

把這（*this*）這個字隨意地當成獨立的參考來用，是另外一個常讓我不以為然的做法；比方說，寫著"這是個問題"，但卻沒指明這個"這"指的到底是什麼。Jeff Ullman 把這種"無參照性的這"列為是寫作清晰度的一種主要障礙，以他所舉的經典例子為例[3]：

> 若你把這小東西（sproggle）轉向左邊，它會卡住，然後外星人（glorp）就沒辦法動了，這就是我們會用 foo 跟 bar 的原因。

我們用 foo 跟 bar 這種無意義的名稱，是因為外星人不能動還是因為小東西卡住了？程式設計人員都很瞭解懸置指標（dangling pointers）與空指標例外（Null Pointer Exceptions）的危險，但他們似乎對寫作沒有這麼嚴謹（也許是因為讀者不會要你去追蹤堆疊（stack）的內容？）。

Minto 給了另一個很棒的建議：

> 向讀者陳述一件他不知道的事，會自動地在他的腦海中跳出一個合乎邏輯的問題 […]，作者現在有義務回答這個問題。因此，確保讀者把全部注意力放在上頭的做法是，在你準備好回答這些問題前，避免讓讀者的腦袋中跳出這些問題。

對軟體工程師來說，我的解讀是：在寫作時，會假設讀者使用的是單階編譯演算法（single-pass compilation algorithm），而且也沒辦法取得完整的符號表。這是說，不能用前向參考（forward references）：你只能參考到已經介紹過的詞或概念。就演算法的思維來說，你需要在主題圖上進行拓撲排序（topological sort）。但若一直在繞圈子的話，怎麼辦？你會碰到堆疊溢出（stack overflow）的問題，就跟你的讀者一樣！

照著這個簡單的建議做，可以讓你的技術文件至少擺在 80% 以上其他文件的上面，因為，可嘆的是，技術文件的標準是如此之低。

3　Jeff Ullman, "Viewpoint: Advising students for success," *Communications of the ACM 52, No. 3* (March 2009).

曾經看過一場內部的呈現，其在第一張投影片中就寫著：
"只有 ABCD 技術被證明是有用的方案。"當我提問要證
據時，"時間與經費不夠"這個藉口就跑出來了，根本沒
驗證過。這不只是用字上的問題，這是嚴重的問題。若沒
辦法讓讀者相信第 1 頁，他們不會想看第 2 頁。

最後，一定要避免使用未經證實的說法。我把這種現象稱為是"沙漏
演示（hourglass presentation）"：開頭就說了一大堆行話跟承諾，然
後變得很狹窄，最後還要求一大堆經費與人的支持。

簡言之，牛肉在此 [4]

在技術寫作中，讀者不會站出來欣賞你的文學創意，只會想去瞭解你
所說的內容。因此，字數少就是多。雖然 Walker Royce[5]，在其書中
用了不少篇幅來討論英文字彙，他對簡潔與編輯方面的建議還是有
用的。他對 Zinnser[6] 用的"我可能會加上（I might add）"、"應該指
出（It should be pointed out）"以及"有點意思（It is interesting to
note）"所做的註解，恰到好處：

> 如果你可能會加，那就加上。如果這應該被指出來，那就指出
> 來。如果這有點意思，就讓它有意思。

Royce 也提出了許多具體的建議，如何把冗長的表達或一些"大
（big）"字，用單一、簡單的字詞來替代。如此不僅減少雜訊，也有
助於非母語的講者去表達。

---

4 一般會把"brevity gives spice（簡潔襯托出重點）"嘲諷地翻譯成"short and
sweet（簡明扼要）"。

5 Walker Royce, *Eureka!: Discover and Enjoy the Hidden Power of the English
Language* (New York: Morgan James Publishing, 2011).

6 William Zinsser, *On Writing Well: The Classic Guide to Writing Nonfiction* (New
York: Harper, 2006).

如果你對句子構成的要求比較嚴格，也能忍受長篇大論和嘲諷，我會建議你讀 Barzun 的 *Simple & Direct*[7]，這本書並不簡單，但絕對很直接。

在我們團隊內部的編輯工作中，包括附錄或細節，經常會將字數縮減掉 20% 到 30%。寫作生手可能會對此感到訝異，但聖艾庫佩里（Saint-Exupéry）的格言說道 "沒東西可加不叫完美，沒東西可去掉才是完美"。這對技術文件（或編寫完善的程式碼）而言，特別真切。我真的把這一章的篇幅縮減了 15%。

當我寫出來的東西，被一位專業的編輯用這種殘酷的編輯手法修改過，送回到我手上的時候，我覺得這文件已經不像是 "我寫的"了。過了幾年，我開始覺得清晰與精準是讓技術文章有自己風格的好方法。像本書這樣，篇幅長一點、更具個人風格的作品，帶點 "放鬆"，有助讓讀者在看了很多頁之後，還能維持注意力。

單元測試技術文件

提升技術文件品質最有效的方法是舉辦寫作工作坊[8]。這類的工作坊會讓參與者討論一篇他們讀過的文章，其作者只能聽，但不能發言。這樣的設定可以模擬讀者在閱讀並試著想瞭解文章內容的情境。作者必須保持沈默，因為他們沒辦法從文章裡蹦出來，向讀者解釋：一份文件必須獨立而完整。因為寫作工作坊的時間有限，最好在舉辦前，先檢查一下自己要發表的文章。

7　Jacques Barzun, *Simple & Direct* (New York: Harper Perennial, 2001).

8　Richard P. Gabriel, *Writers' Workshops & the Work of Making Things: Patterns, Poetry...* (Upper Saddle River, NJ: Pearson Education, 2002).

技術備忘錄

一份文檔並不需要包羅萬象 —— 畢竟，誰會像看百科那樣來讀它？20 年前，Ward Cunningham 以他的劇集模式語言（Episodes pattern language）[9] 定義了技術備忘錄（technical memo）的格式，這是一種說明系統特定面向的文件：

> 維護一系列格式良好的技術備忘錄，用以記錄那些不容易用開發中之程式來表達的課題。讓每一份備忘錄都聚焦在一個主題上。[略] 傳統、全面的設計文件 [略] 很少有亮點，除了特別獨立出來的重點外，在技術備忘錄中強調這些重點，其他的就不用太在意。

切記，雖然編寫技術備忘比編寫大量的普通文件要來得有用，但還是不見得容易。崇高理念也會出錯的經典範例是，維基百科專案，其中充斥著隨機、多數是過期的且前後不連貫的文章。這不是工具的問題（維基剛好也是 Ward 發明的）；其實，這應該是編寫者不重視完整性（第 21 章）所造成的。

筆比劍強，但沒公司政策強

編寫高品質的建議文件可能會在組織內招來始料未及的質疑。完美（*perfection*）這個詞，總是被不懷好意的差勁作者與不想分享團隊成果的人使用著。諷刺的是，這些人通常是在同一部門中，喜歡沈溺在供應商五光十色之展演的人。

其他宣稱他們的 "敏捷" 方法不需要編寫文件的團隊，其實也拿不出能跑的程式來演示。敏捷軟體開發將重點放在產出值得閱讀的有用程式碼，但幾年期的 IT 策略計畫，不太能單獨用程式碼來展現。哎，好的文件比好的程式碼更難尋。

9　John Vlissides, James O. Coplien, and Norman L. Kerth, *Pattern Languages of Program Design 2* (Reading, MA: Addison-Wesley, 1996).

某些企業人士非常排斥編寫清晰完善的文件，因為他們傾向為每一位受眾去"調整"他們的故事。當然，這種方式沒辦法擴展（第 30 章）。

在不善於寫作的組織中編寫好文件，能讓你明顯地獲得能見度，但也會動搖政治體系。

 第一次將一篇關於數位生態系的建議書拿給資深經理看時，她向我的老闆跟我老闆的老闆抱怨說，我的報告"趕不上"她的想法。

溝通是一種有力的工具，組織中的某些人會不計代價地試著去掌握主控權。要明智地挑選你的標的。

21

強調完整性

讓人看到林，而不是樹

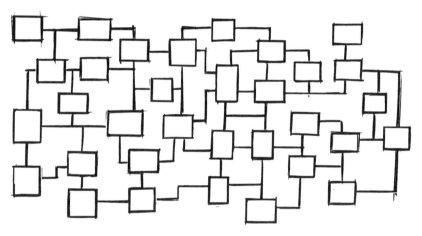

你能在這個資料庫架構圖中找出效能瓶頸嗎？

在呈現圖表時，你可能聽到如"系統 ABC 不見了"的回饋。雖然這出於好意，但完整性並不是你架構圖的主要目標。與其做出回應，你應該說明適當的範圍。但正確的範圍是什麼？大到夠表示出意義，小到夠令人理解，凝聚到夠合理。

在一個大型組織中，我們需要不斷地面對因規模龐大與複雜環境所造成的危險。所以，戴上一些眼罩是被允許的，實際上，也是被鼓勵的。

圖表就是模型

在討論架構圖表時，最好一開始就要提醒自己為什麼要畫這些圖表。架構圖是現實的模型（第 22 章）。我們在日常生活中使用最普遍的現實模型是地圖：地圖讓我們決定要去哪與怎麼去。要能這樣，地圖要能呈現出特別的範圍與其重點。比方說，只呈現出一半市區的芝加哥的街道地圖，應該滿不方便的。不過，把密西根湖全部都涵蓋在裡頭，就跟以同樣的尺度把史普林菲德（Springfield）加進來那樣，也沒有多大的用處。地圖的設計者會根據用途，刻意地選擇邊界與細節程度。

模型，不管是地圖或架構圖，跟對錯無關。事實上，他們都是錯的（第 6 章），因為它們並不真實。William Kent 的 "Data and Reality" [1] 書裡頭有句話，適切地提醒我們："河裡並沒有虛線，高速公路也沒有被畫成紅色。"

與其試著讓模型正確，你應該想的是模型是不是有用。雖然，要能回答這個問題，你要先瞭解模型用來做什麼，或者目的是什麼。一個有用的模型，它要能協助你回答問題，或做出更好的決策。否則，你的圖就只是一張藝術作品。看過了數以千計的架構圖，我的印象是，大部分的架構師都不是特別有天賦的藝術家。

因此，在準備畫特定的架構圖或設計簡報投影片時，你先要決定有哪些問題要回答。建造你的世界地圖（第 16 章）時，可能需要一個寬廣的 "地勢"，但在畫架構圖時，這就不是很有用。用這種方式來思考：旅遊局會給你看的是海灘跟棕櫚樹，他們不會拿一張印著整個大陸的地圖給你。

---

1 William Kent, *Data and Reality: A Timeless Perspective on Perceiving and Managing Information in Our Imprecise World, 3rd ed.* (Westfield, NJ: Technics Publications, LLC, 2012).

我並非總是能在事先就決定好圖表的範圍與邊界。有時，我需要在眼前有張圖，才能決定是不是要將它拆成二部分。因此，我幾乎都是用迭代的方式在做。

所有的模型都是錯的，但有一些是能派上用場的。要找到哪一種有用，你要先知道要回答的是什麼問題。

5 秒鐘測試

架構圖或投影片是用來傳播一個特定觀點的，因此，必須有個鮮明的重點，這跟參考書或手冊有所不同，二者所強調的是詳盡。不過，我還是看過許多投影片試著把最接近現實的情況詳盡地呈現出來，但卻沒有聚焦在真正值得看的部分。

面對這類 "嘈雜" 的投影片時，我會試著套用一個嚴格但有用的 5 秒鐘規則，它跟食品安全無關[2]：

> 我把一張投影片讓觀眾看 5 秒鐘，然後請他們描述其所看到的內容。通常所得到的回應是從標題或如 "二個黃盒子下有個藍桶子" 這類之說明，縮減而來的。如果你想要傳達的只是一套共用資料庫模式（*https://oreil.ly/VQ20P*），這樣的結果可能還可以接受，但大部分的作者聽到自己的寶貴內容被簡化成這樣子，會感到失望。

沒有通過這個測試的投影片，第一次打到畫面上時，大概都會讓聽眾感到困惑：觀看者的眼睛會追著視覺元素跑，並試著去分辨什麼是重要的，它的意義又是什麼。在這段時間中，觀眾沒有在聽你說明內容，因為他們忙著找視覺重點。當然，投影片你不會只秀 5 秒鐘，但就每張呈現的投影片來說，第一印象很重要。

---

2 Wikipedia, "Five-Second Rule," *https://oreil.ly/1Z397*.

有個有用的簡報技巧是在下一張投影片被秀出來之前，口頭介紹其中的概念。觀眾應該更會去聽你在說什麼，因為他們注意力不會被新的畫面干擾，而你正在作補充。照這種方法，你需要知道要秀的下一張投影片是什麼，而不是用該投影片來投醒你接著該說什麼。

某些組織把投影片做得跟文件一樣，這意味著他們有意把投影片當成講義來讀。做出來的簡報書簡（*slideument*），這是由 Garr Reynolds[3]創造出的詞，不太能變成有效果的簡報，也絕無法通過 5 秒鐘測試，因為太多內容被擠到一張投影片上了。慘的是，這樣的文件絕大多數也不會變成有意義的文件，因為，它們沒有清晰的結構與故事軸線。有趣的是，Martin Fowler 找到一種用簡報工具做出來之文件的運用方式，他將之稱為訊息札（*infodecks*）[4]。Nancy Duarte 也展示了一種稱為投影片文件（*SlideDocs*）[5]的類似方法，用來讀不投出來看的話，二者都可以是有用的溝通媒介。

隨堂測驗

我參加過許多架構審查與決策委員會。這類的委員會議通常是因為決策者與知識持有者間存在著不適當之隔閡（第 1 章）而成立的，許多大型企業仰賴它們，試圖撫平技術領域的高低不平，取得跨許多職能部門的概觀。這些會議的主題可能是相當具有技術性的，讓我懷疑聽眾是否真的能跟得上。

 一場簡報的隨堂測驗包含了簡報內容填空，以及讓聽眾解釋他們看到與瞭解的是什麼。這是用來測試展演者的，不是測聽眾的。

---

3 Garr Reynolds, *"Slideuments and the Catch-22 for Conference Speakers,"* Presentation Zen (blog), April 5, 2006, *https://oreil.ly/yw45r*.

4 Martin Fowler, "Infodeck," MartinFowler.com, Nov. 16, 2012, *https://oreil.ly/yvgTq*.

5 Nancy Duarte, "PowerPoint Presentations vs. Slidedocs," Duarte.com, *https://oreil.ly/MjKny*.

要測試決策者是否瞭解其所作出的決策，我在簡報中加入了隨堂測驗[6]，讓簡報者暫停，打上空白投影片（在 PowerPoint 中按 "B"），然後詢問有沒有聽眾願意用自己的話，把剛剛講的內容，概要地說再說明一遍。可惜的是，聽眾對這個練習的反應，要不是緊張地笑出聲、猛盯著地板瞧，或者突然檢查起電郵來，大都講不出一個好的內容概要來。結果，為了讓所有人都能多少吸收到一點東西，我會請講者簡要地回顧一下要點。還有，向聽眾們強調，這個測試是對講者做的，針對的不會聽眾，也許這有助於減緩一些緊張氣氛。

簡單的語言

我不會自外於這個隨堂測驗。我通常刻意地用非常簡單的語言來重複講者所說的內容，以確保我自己真的有抓到重點。

 在一場有關於非信任網路區中之網路安全架構的簡報中，看了一堆相當緊湊的投影片之後，我總結了講者的重點如下："你擔心的是黑線會一路從頭到底拉下來？" 他大聲地回應 "是"，證實了我已正確地把這個問題總結出來，而他也帶走了如何更好地溝通這個議題的方法。

這個技巧乍看之下似乎過於簡化，但它驗證了被呈現之模型（如代表從網際網路到信任網路間，合法網路路徑的垂直線）與所提問題（直接連結路徑存在安全風險）之間存在著一個牢靠的連結。將所有雜訊剔除並將陳述縮減成 "黑線" 後，使得這個訊息會變得更加清晰。

6　隨堂測驗是老師不預警在課堂進行的簡單測驗，不用說，學生們非常不喜歡這種測驗。

圖解基礎

若我必須抓出讓實用架構圖效果大打折扣之第一號敵人的話,它大概會是 Visio 預設的 10 點字型大小、過細的線寬與因誤判使用者習慣所設定的組件位置。它跟 PowerPoint 的自動調整大小功能差不多,讓使用者用無數的項目點(bullet points)來麻醉觀眾。誠然,所有的問題並不能全部歸究於這套工具,但 Visio 為了進行細部工程繪圖的預設設定,會誘導使用者畫出一些投在牆上也不太能引起共鳴的圖。

對於繪製圖表,我的建議是,圖表要能傳達出清晰的訊息,而不是笨拙地把內容擠進去。底下列出幾種基本的技巧:

避免使用螞蟻字體

沒辦法閱讀的文字就無法增添價值,所以避免使用螞蟻字體(*ant fonts*)[7],除非你把 "我知道你看不清楚" 當作是投影片的重點介紹。在簡報中使用大小適當,顏色對比良好的無襯線字(sans serif fonts),都會受到歡迎。我見過太多投影片,不但字體很小,裡頭差不多有 50% 是空白,這都可用來畫出更大的方框跟文字了,如圖 21-1。架構圖並不是簡約主義適用的地方——把字弄粗一點!

圖 21-1 善用可用空間,讓文字更容易閱讀

大部分的工具可以讓你設定如線寬與字體大小的偏好設定,要把這些設定好。另外,經常將螢幕上的圖縮小成原圖的 25%,檢查看看,圖的內容是否還能閱讀。

---

7 Neal Ford, Matthew McCullough, and Nathaniel Schutta, *Presentation Patterns: Techniques for Crafting Better Presentations* (Boston: Addison-Wesley Professional, 2012).

將訊噪比最大化

元素間無意義的差異，除了造成干擾之外，其實沒有太多意義。因此，要減少視覺上的雜訊；比方說，要使用一致的表格與圖形，並適當地將之對齊排好（圖 21-2）。在如圓角與陰影等裝飾性元素的運用上，也要謹慎──它們可能會干擾到你想要傳播主要的訊息。如第 23章中將說的，若一定要這樣，也要確保這樣子做有其意涵。

圖 21-2　確保組件有一致的外觀

在 Nancy Duarte 的書 *slide:ology*[8] 中有許多關於如何放置組件，即版面安排，的絕佳建議與注意要點。

箭頭要指到位

在簡報工具中，我最常調整的是把箭頭加大。若你要使用箭頭來表達語意（第 23 章），那就要讓它們容易識別，如圖 21-3。若方向並不是圖的重點，那就不要用箭頭，減少干擾。

圖 21-3　若方向重要，將箭頭畫大，讓人可以清楚看到

若你的工具不配合，會在線上顯示出個警示三角形；但不能以此為藉口，就畫出不當的圖表出來。這不就像是一個廚師從廚房走出跟你說，餐不好吃是因為農夫沒種出好吃的蕃茄那樣。如此的話，你大概得不到太多的同情。

8　Nancy Duarte, *slide:ology: The Art and Science of Creating Great Presentations* (Sebastopol, CA: O'Reilly Media, 2008).

沒必要不用圖例

雖然它們是科學界與 Excel 輸出圖表的標準功能，但一個畫在圖表下方或側邊的視覺圖例，是要讓檢視者對圖表中的樣式與顏色產生關聯的。在資料旁邊加上標籤（label），會更容易分辨，如圖 21-4 所示。

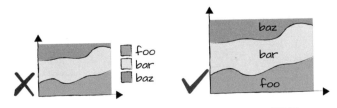

圖 21-4　為資料加上標籤，讀者就可以不用看圖例

因此，只在絕對避免不了的時候才用圖例。多數情況下，你可以將一些多餘的內容移除，空出圖框的空間，在適當的位置加上標籤。我修改 Excel 輸出的堆疊直條圖，以便能適當地調整大小與標籤。僅僅多5 分鐘的投資，讓滿屋子的主管省下了不少讀資料的時間與精力。

分層呈現

如我們已瞭解的，好的文件讀起來就跟看史瑞克電影（第 20 章）那樣。需要描繪出特定系統行為（第 10 章）之複雜關係的圖表也一樣，它們應該要能通過 5 秒鐘測試，第一眼就能讓人看出高階結構，然後再呈現一些細節，同時也要不干擾到整體。圖 21-5 先呈現出現系統含有二個相同的區域，這二個區域可再被 "放大"，個別呈現其內部的組成。

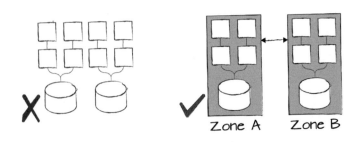

圖 21-5　讓圖表有清楚的高階結構

偶爾我會透過逐項說明式投影片（*build slide*）或逐步呈現（*incremental reveal*）的方式來達到這個目的，我知道對於這類的視覺效果，看法兩極。我覺得逐項說明式投影片的效果比較好，因為它們能讓觀眾在看到下一個元素前，有時間去消化目前所呈現的內容。為了發揮效用，直接讓新的元素顯現就行，避免花俏之螺旋 - 扭曲 - 淡入淡出 - 旋轉的呈現效果。

若你妥善地將圖表分層，視覺內容就會漸進地被呈現出來。若你無法每次都這樣做，逐項說明式投影片會是一種合理的替代作法。

元素的樣式

大多數的架構師會逐漸發展出自己的視覺風格，而且也能把它視為是一種品牌工具來運用。我的許多技術論文與圖表只要被送上某個人的桌上，就很容易被辨認出來 —— 如，有一致的顏色與粗體，接近卡通風格的大字體，帶有微妙的美學風格。

我畫的圖幾乎總是會畫有線（第 23 章），但我讓這些線的語意只維持在代表 2 到 3 個概念上。我用線畫出來的每一種關係類型，都應該是很直觀的。比方說，我會用粗的灰箭頭來代表資料流，而控制流則以細黑線來畫。如圖 21-6，畫的是企業整合模式中的控制匯流排（*Control Bus*）模式 [9]。

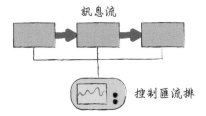

訊息流

控制匯流排

圖 21-6　呈現出線語意的控制匯流排模式

9　Hohpe and Woolf, *Enterprise Integration Patterns*.

線的寬度表示有大量的資料流經系統的資料流，而控制流雖小得多，但卻更明顯。最好的視覺風格，借寫作建議來用，是"只讓人看見想要傳達的"[10]。

寫出陳述

在製作投影片或編寫文件章節時，標題能為清晰而聚焦的陳述定下基調。在多數情況下，我喜歡用完整的句子來作為標題，因為只要寫好標題就能表達出整個故事的本質。透過這種方式也能確保每一張投影片或每一個段落都聚焦在一個主要的陳述上。

但在對一大群特質不同的聽眾進行主題演講時，我會破例用單一的詞或短句，如架構師升降梯（第 1 章），來作為標題。這樣的短標題可以跟簡單的視覺效果搭配得很好，這些對我，講者，而言，確實是一種視覺輔助，不但能吸引聽眾的注意，也能讓他們在這些視覺隱喻（visual metaphor）的輔助下，記住內容。

不過，為了審查或決策會議而作的技術簡報，我則傾向要有個明確的陳述，不管聽眾們是否認同。這些陳述最好用完整的句子來呈現，類似於為忙碌之人所準備之文件中的故事標題（第 20 章）那樣。在這種情況下，"無狀態服務與彈性擴展的自動化支援"比"伺服器架構"要來得好。

你當然要避免寫出會造成讀者困惑之冗長或蹩腳的句子，別把敘述寫成："伺服器基建與應用架構概觀圖（簡介）"，相信我，我看過比這還糟的。

10　Barzun, *Simple & Direct.*

二十張投影片，一個故事

在安排簡報時，我發現太多的技術簡報會用一張投影片講一個故事。用一張投影片聚焦一則訊息好是好，但訊息需串起來形成一則有說明力的故事才行，如圖 21-7 下半部所呈現的那樣。有趣的是，你可以很簡單的用 PowerPoint 的大綱檢視模式，來測試這樣安排的效果，這種模式會在側欄上顯示所有投影片的標題。

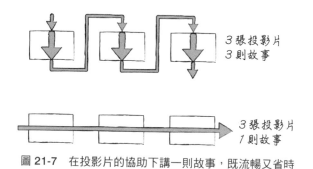

圖 21-7　在投影片的協助下講一則故事，既流暢又省時

創造出這種說明力不僅可以讓一條故事軸線的推展更有邏輯，也大大地縮短了呈現的時間。若每張投影片講的都是一則新故事，講者大概就會用掉半分鐘來看並介紹每張投影片。這個時間再乘上簡報中的 20 到 30 張投影片，你就知道前後連貫的故事軸線，能省下 15 分鐘的時間。所以，在擔心沒有足夠的時間說明內容之前，我建議你先確定簡報是不是只有一條故事軸線。

我推薦你連上 *https://speakerdeck.com* 這個網站去看看，裡頭蒐集了只講一篇故事的投影片檔。

沒有說不清的事

對於需要製作文件或視覺輔助來說明複雜主題內容的人，我最後再提一個建議：事情可能很複雜，但能不能說得明白取決於你。

22

圖表驅動設計

圖比字更不容造假

用圖表來設計

幾年前，克雷斯特德比特（Crested Butte）企業架構峰會，再一次證明把一大票極客（geeks）聚在偏遠小鎮上，可以激盪出許多創意。我們那一次會議所產生的創意結果是 A 到 Z 列表上的 26 個新式開發策略，從活動驅動開發（activity-driven development，ADD）開始，到零失誤開發（zero-defect development，ZDD）結束。領域驅動設計（domain-driven design，DDD）被 Eric Evans 寫成了一本很棒的書

Domain-Driven Design[1]。不過,這裡要講的是,我心裡突然冒出來的另一個 "DDD":圖表驅動設計(*diagram-driven design*),事實證明,有趣練習的背後,其實都有個嚴肅的想法。

簡報技巧:不只是風度翩翩

在日本為 Google 工作期間,我開了一門簡報技巧的課給工程師們上,內容涵蓋了一些受到簡報之禪[2]這本書所啟發的,如何運用強而有力之視覺效果的一般性原則。我自己會加上經理們穩重自信的高解析度照片,也知道每場簡報的情況確實會有一些差異,一場簡報不見得適合所有人等等的一些因素。不過,無論圖片有多麼特別,多麼令人印象深刻,就大多數技術性的簡報而言,風度翩翩、有磁性的聲音與如賈伯斯一般的手勢(也可穿上高領毛衣),大概沒辦法讓聽眾瞭解多雲策略如何會加大系統架構複雜性的來龍去脈。

確實,你需要的是 "牛肉":團隊有沒有不同的設計?怎麼個不同法?選用這個而不選用那個是因為哪些設計原則?系統有哪些主要的構件,而它們之間如何互動(第 23 章)?如何追出效能的瓶頸,你又從中學到什麼?在簡報之禪一書作者 Garr Reynolds 到 Google 來談他的書的時候,他認為技術的討論通常需要輔以詳細的圖表,甚或是一段原始碼。他建議,以講義的形式將這些呈現出來,而不要將這些放在簡報裡頭,讓觀眾可以去看這些內容並摘錄重點。儘管如此,大部分我看過的技術簡報,裡頭確實有用來詳細解釋技術概念的原始碼或圖表,所以我們最好想辦法如何更有效率地來處理。

---

1 Eric Evans, *Domain-Driven Design: Tackling Complexity in the Heart of Software* (Upper Saddle River, NJ: Addison-Wesley, 2003).

2 Garr Reynolds, *Presentation Zen: Simple Ideas on Presentation Design and Delivery, 3rd ed.* (New Riders, 2019).

Ed Tufte 已分析過讓 NASA 管理層誤判情勢，導致哥倫比亞號太空梭在重返大氣層時發生災難[3] 投影片，（從被放在一起的投影片看來，也許他講的有道理）。早在 2000 時，呆伯特連環漫畫已讓 "被 PowerPoint 折騰死" 成為經典。你也沒辦法把許多原始碼給塞到投影片裡去，特別是裡頭還寫著檢查例外處理的冗長程式碼。你要把圖表當作是技術概念的主要溝通媒介。

圖表繪製是設計技術

在克雷斯特德比特（Crested Butte）那時，看著我們列出表來，思索著我們弄出來的某些東西是不是有實質上的意義。當我們在稍後的場次討論如何畫出有意義的圖表時，我強調了一致之視覺詞彙的重要性，藉此，就可以忽略不必要的細節，將設計決策（第 8 章）的本質強調出來。在這個討論中，我們瞭解到，要畫出好的圖，一開始就要有個像樣的設計。若不先設計清楚，就不容易有個能依循的秩序。再仔細想想，我們瞭解到，大體上，好的圖表能促進好的系統設計。圖表驅動式設計已成為一種有用的方法了！

談到圖表驅動式設計時，我並不是說我們會用 UML 圖表來產生程式碼。我堅定地支持 Martin Fowler 的 *UML as Sketch*[4] 陣營，將 UML 當作是可以幫助人類理解的圖，而不是程式設計語言或一種規格。若有人不是那麼認同這種看法，我會引用 UML 共同發明人 Grady Booch 所強調的 "UML 從來就不想變成是程序設計語言"[5]。而且，我講的是圖表能將重要的概念表達出來 —— 眾所周知，一幅重要的圖表並不會拘泥在不相關的細節上。

---

3   Edward Tufte, "PowerPoint Does Rocket Science: and Better Techniques for Technical Reports," EdwardTufte.com, *https://oreil.ly/kDihX*.

4   Martin Fowler, "UML as Sketch," MartinFowler.com, *https://oreil.ly/WLUgR*.

5   Mark Collins-Cope, "Interview with Grady Booch," Objective View Magazine, Issue 12, Sept. 12, 2014, *https://oreil.ly/HGc5j*.

用圖表來設計

用圖表來設計有個很棒的例子，即 Bobby Woolf 與我在 2003 年共同出版的企業整合模式（*Enterprise Integration Patterns*）這本書。書中定義了用來設計非同步傳訊方案的一種模式語言（pattern language），裡頭所用的是文字表格與一組圖示（icons）。這種一致的視覺風格與傳訊方案的簡單建構模型，讓視覺語言變成了一種設計工具，如從該書摘錄下來的圖（圖 22-1）。

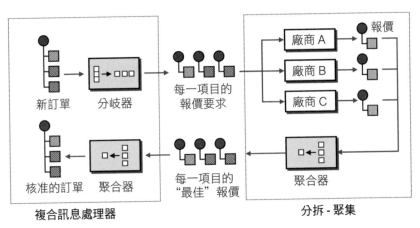

圖 22-1　以企業整合模式進行設計

所產生的圖表並不只是用作圖表，也有助於驗證設計。比方說，這種視覺語言會提醒你，每一條被拆分或派發出去的訊息，之後需要再將它們聚合回來。它也驗證了這些元素的邏輯分組。

圖表驅動設計有個很棒的例子，即以距離（垂直軸）與時間（水平軸）為二軸，將火車路徑畫在圖上的圖形式火車時刻表。火車移動得愈快，路徑線就會變得愈陡。在這類圖上的線，會在火車互相以不同方向會車時交叉（圖 22-2）。在只有一條鐵軌的鐵路上，你就要確保火車必須在有二條鐵軌與二個月台以上的車站裡會車。而有這樣的火車時刻表攤開在旁邊，就是一種很好的設計輔助。

這類圖表廣為人知的範例，可追溯到 Étienne-Jules Marey 與其所著的書 *La Méthode Graphique*（1878）。你可以在 Tufte 的書 *The Visual*

Display of Quantitative Information[6] 中看到這些圖表被擺在重要的位置，這本書也許已成為圖表繪製的標準教科書了。

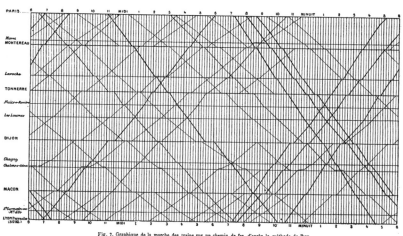

Fig. 7. Graphique de la marche des trains sur un chemin de fer, d'après la méthode de Ibry.

圖 22-2　火車時刻表的視覺化設計

圖表驅動設計技術

當你接受圖表繪製也是一種設計技術之後，你就會發現好的視覺設計與好的系統設計之間存在一些連結，我們會在後續章節中討論。

建立視覺語彙與觀點

好的圖表使用一致的視覺語言。一個方框代表某種事物（如一個組件、類別或程序）、一條實線代表別的（可能是一個建構依賴項、資料流或 HTTP 的要求），而一條虛線所代表的則又不同。你不需要元物件功能（*Meta-Object Facility*）與正確性驗證語義（correctness-proven semantics），但你需要知道要用什麼元素或關係把東西畫出來。挑選視覺語彙對定義出自己該關注的架構觀點是很重要的，如原始碼依賴項、執行期依賴項、調用樹或程序在機器上的配置。

6　Edward R. Tufte, *The Visual Display of Quantitative Information* (Cheshire, CT: Graphics Press, 2001).

好的設計通常與抽象思考能力有關。圖表是視覺抽象，可以被運用在思考過程中。

限制抽象層次

我最常在技術文件上遭遇到的問題是，不同的抽象層次被粗糙地混在一起（在程式碼中也能找到同樣的問題）。比方說，組態檔影響系統行為的方式可用如下的方式描述：

> 系統組態被存在一個 XML 檔中，裡頭的 "timetravel" 項可被設定成 *true* 或 *false*。檔案可從本地端的檔案系統或網路上讀進來，但你要透過 NFS 或 Samba 來存取。它設定了一個 SAX 解析器（parser）以避免在記憶體中建出整個 DOM 樹。讀取這些設定的 "Config" 類別，是個單體（singleton），因為⋯

就在這幾個句子裡頭，你看到了檔案格式、專案設計決策、實作細節、效能最佳化等等。應該不會有太多個別讀者會對這麼多的內容感到興趣。

現在試著把這段文字轉畫成圖！要把所有的這些概念都擠進一張紙上，非常困難。

畫圖時，一次只考慮一個抽象層，會強迫我們整理好思緒。然而，畫圖並不會自動地解決抽象混淆的問題，它會把問題直接放在你的眼前，比曲折繞彎的文字說明要來得直接許多，從遠處看也還不難看出重點。有一句大家熟悉的德國諺語說，*Papier ist geduldig*（"紙會包容（paper is patient）"），意思是紙張不會拒絕你在它上頭塗鴉所畫出來的垃圾。圖表比較沒那麼能包容，若你拿現代藝術來類比架構圖的話，你會喜歡蒙德里安（Mondrian），而不是波洛克（Pollock）。

回歸到本質

佈告欄大小的資料庫架構海報中，包含的每一張表都只關係到一個抽象的層次，但還是不實用，因為它們只顧著要把情況呈現出來，而沒有強調出重點（第 21 章）。把海報縮小塞進一張投影片裡，看來就像抽象畫了（這東西最好放在博物館裡，不適合放在架構文件裡）。

因此，略過不重要的細節，聚焦在最相關的事情上！就系統設計而言，這種作法也適用：重要的是去瞭解你的系統是 "什麼東西"；用個系統類比（*system metaphor*）（第 24 章）能讓你更瞭解系統。

找到平衡與和諧

限制抽象與範圍的層次，尚未能保證做出的圖表是有用的。好的圖表會呈現出經過合理分組且關係明確的重要項目，如此，整體就能呈現出平衡與和諧。若圖表沒能呈現出這種平衡，那應該就是你的系統也沒能有這種平衡。

我曾經審查過一個不怎麼大的程式碼模組，裡頭滿是糾纏不清的類別與關係。開發者與我試著為這個模組寫文件時，就是找不到怎麼把它畫出來的方法。畫畫刪刪了一陣子，畫出了一張有點像是資料處理管線的圖。我們繼續對糾結在一起的程式碼做重構，讓它符合新的系統類比。這樣做，程式碼的結構與可測試性都有顯著的改善，這都歸功於圖表驅動設計！

平衡良好的圖表會呈現出耦合、內聚與高階的結構與概念，這些都有助於讓我們做出好的系統設計。

表示不確性的程度

在看一段程式碼時，你總是能猜出它做的是什麼，但要瞭解它為何可以這樣被做好，就不太容易。要能瞭解哪些決策是刻意被做出來的，而哪些又是單純地順應地被做出來，就又更難。

繪製圖表時，你手邊會有更多的工具去表達出這些細微的差異，你應該善用這些工具。比方說，你可以用手繪的草圖去呈現你的設計，大家就可以基於此進行討論。在大家有共識且想要傳達每一個重要的細節時,你就可以運用覺工具將工程藍圖組合出來。許多書,包括 Eric Evans 的,都善用著這種技巧。這也是本書使用圖的原因:我們討論的是架構與思考的方法,而不是具體的工具或流程。

繪製圖表時,要考慮到精確度與準確度(*precision versus accuracy*)的二難:"下週氣溫差不多是 15.235 度"這樣的陳述沒什麼意義,因為它雖精確但不準確。若不準確,那就別弄出看來精確的投影片。

圖表是藝術

圖表可以(也應該)美觀,但它就是個小藝術作品。我堅信系統設計與藝術及(非技術性的)設計之間有密切關係。視覺與技術設計都由一個空白板子與無限的可能性啟始的。決策通常受到許多,通常是有衝突,的力量所影響。好的設計能運用這些力量去創造出有用的解決方案,取得好的平衡並兼顧到美感。這也許可以說明為何我的許多朋友,不但是很棒的(軟體)設計師與架構師,也都很有藝術天份,或至少對藝術感興趣。

沒有銀子彈(重點)

不是所有圖表都像設計技術般實用。一張裡頭畫了一大堆東西的圖,不會讓你的差勁設計變得更好。跟正在打造的實際系統不太有關係的漂亮廣告架構(*marchitecture*)圖表[7],價值有限。在技術性討論會中,我看過許多,畫出好的圖表能大大改善對話交流與設計決策的品質。若你沒辦法畫出張好圖表(並不是因為缺乏技術而不會畫),可能只是因為實際的系統架構不是它原來該有的樣子。

7　廣告架構圖指的是偽裝成架構圖的行銷用圖片。

23

把線畫出來

缺了線成不了架構

汽車的功能性架構

上面放置的這張圖,描繪出汽車的架構。所有重要的元件都在裡頭,包括了它們之間的關係:引擎置放在引擎蓋裡;乘客座位妥善地被安排在客艙靠近方向盤的地方;輪子則穩當地被放在車廂的底盤上。這張圖似乎滿足了架構的大部分定義(除了沒有我喜歡的那一個之外,因為我找的是決策,見第 8 章)。

不過,它不太能幫你瞭解一輛車是如何運作的:你能因為油箱離引擎太遠而把油箱拿掉嗎?引擎蓋裡的引擎與變速箱併排在一起是因為巧合,還是它們之間存在某種特殊的關係?一輛汽車就是得要有 4 個輪子嗎?只有 3 個輪子行不行?若你必須分階段來做一輛汽車,要先組裝哪個部分比較合理?先做裡頭有座位的車廂好?你怎麼區分一輛好車跟一輛不好的車?哪些功能是所有汽車應該都要有的(如,車輪一定得放在底下),而哪些特徵會依據每款不同的汽車而有所不同

（保時捷 911、福斯金龜車或迪拉倫（Delorean）的車主可能馬上就
會說，他們車子的引擎不在前艙蓋下）？

上圖無法真正地回答這些問題。它只呈現了各組件的位置，並沒有表
達出各組件間的關係與整個 "汽車" 系統的功能。即便這張圖畫得並
沒有錯，也適度地表達出某種程度的細節，但它還是沒辦法讓我們對
它所描繪的系統做推理，特別是其行為。不巧的是，它可能也不是一
個好的圖表驅動設計實例（第 22 章）。

注意線！

前圖缺少的關鍵要素是連接各組件的線。沒有線，就不容易表達出
其間存在的眾多關係。線很重要，有了框、標籤與線，才足以構成
Kent Beck 唯一半開玩笑所說的銀河系建模語言（Galactic Modeling
Language）[1]。沒有了線，大概沒辦法有太多建模語言存留下來。而
且，如人們常說的 "線比框有趣多了"。事情常會在哪些地方出問
題？就在兩經過充份測試之組件的整合過程上。我需要檢查哪邊才能
達到緊密或鬆散耦合？就在那些盒框之間。我如何才能從大泥球[2]中找
出結構完善的架構？沿著線找。

用一個簡單的例子就可以輕易瞭解線的重要性，請看圖 23-1。

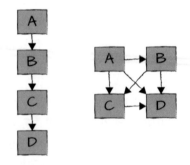

圖 23-1　沒有了線，架構圖就不太有意義

1　"Galactic Modeling Language," Wikiwikiweb, *https://oreil.ly/XT4lF*.

2　Neal Harrison, Brian Foote, and Hans Rohnert, *Pattern Languages of Program Design 4* (Boston: Addison-Wesley, 1999).

圖左邊與右邊的系統由相同的組件 A、B、C 與 D 所構成。二系統會有不同的性質與行為嗎？左邊的系統有個整齊的分層架構，可看出其有清楚的依賴關係，可以容易地將其中的一個組件置換成不同的組件。但它可能會有較長的延遲，因為訊息或指令必須依序傳過每一個組件。此外，每一個組件也可能會造成單點錯誤：若 C 壞了，整條鏈路就斷了，系統也因此無法正常工作。

右邊的系統幾乎帶著完全相反的性質：依賴關係有點亂，不利組件的更換。不過，系統的通訊路徑較短，也因此而更且彈性；C 壞了，A 還是能跟 D 連絡上。

現在試想若這張圖中沒有了線的情況。你會沒辦法知道做出來的系統會是像左邊的還是右邊的，看到的圖就是一張沒有太多意義的架構圖。因此，若我看到一張其中沒有任何連接線的架構圖，我會懷疑它是否能是一張有意義架構圖。遺憾的是，許多圖表都沒辦法通過這個基本測試。

若看見一張其中沒有線的架構圖，我會傾向拒絕它，因為它沒辦法傳達出系統的行為。

元模型

說這張汽車架構圖沒有呈現出任何關係並不很正確。這張圖確實含有組件間的二個主要的關係：

涵蓋性

　　任一個框都被另一個框包住。

鄰近性

　　某些框彼此靠近，而其他的框則離得較遠。

涵蓋性對應的是圖中所呈現出之真實世界的語義：座位確實被包藏在乘客艙之中，而引擎蓋（更精準的說應是引擎室）中則擺著引擎與變速箱。引擎與變速箱併排在一起，它們就具備了鄰近性，這強調出了它們之間有著強的關係存在：少了一個，另一個就沒辦法發揮作用。
不過，圖中的鄰近性語義相對顯得較弱：油箱與備胎也緊挨在一起，
但對汽車的功能而言，並沒有任何意義。圖中與功能無關之鄰近性與
現實生活中對鄰近性的對應模糊，因而產生出一個交雜著邏輯與物理
表現的怪異混合物。

我經常質疑只為了容納組件而不呈現組件間關係的圖表。如我們在前
述的汽車範例中所看到的那樣，這類圖表讓人不容易理解系統。讓人
理解系統是畫一張（架構）圖表的主要目的，我們要做得更好才行。

只基於容納與鄰近性的圖表，通常可以簡單地以有縮排的重點列表來
表現：子重點被外圍的重點所容納，而相鄰的重點則表現出鄰近性。
在我們所舉的例子中，最後你可能會列出像底下的列表來呈現（只呈
現出一部分，避免被重點子彈符號打死）：

- 引擎蓋
  — 引擎
  — 變速箱

- 客艙
  — 速度表
  — 方向盤
  — 四個座位

在這個例子中，畫裡並沒有看到應該看到的 1,000 個字。這個列表跟
這張圖只是同一個樹狀結構的不同投射（*projections*）。有人還說意
圖編程（intentional programming）困難[3]哩！比起列表來，你應該會
比較喜歡圖，但你要小心，這二種表示法在表現上的豐富與貧乏是一
樣。圖中多出的框框大小與形狀，在文字列表中看不到，但大小與形
狀有何意義，在這個例子中並不明確：所有的組件都是方框，只有輪

---

3 "Intentional Programming," Wikiwikiweb, *https://oreil.ly/5bGf-*.

胎是圓的。這是一種現實的粗略趨近，但要能對系統進行推理，用這圖並沒有比較好。

語義的語義

我第一次聽到"UML 序列圖（UML sequence diagrams）的語義很弱"時，我懷疑這相當學術的說法跟我這個普通的程式設計人員會有什麼關係。答案是"沒錯，確實如此"。在 UML 2 之前，雖然允許並發（concurrency），但序列圖還是只描繪出物件間一種可能的互動序列。它們沒辦法表現出整套合法的互動序列，如迴圈（重複互動）或分支（任一／或的決定）。因為迴圈與分支是最基本的控制流結構，就規格的角度來看，序列圖的弱語義，讓它連基本需求都無法滿足。UML 2 改良了這種語義，但卻大大犧牲了可讀性。

為什麼要操心圖表的語義？設計圖表或工程圖的目的是要讀者瞭解系統，特別是系統的行為。一張圖代表一個模型，這在定義上就錯了（第 6 章）。不過，它可以是實用的；比方說，讓讀者可以就系統進行推理。視覺元素，如框與線，巧妙地對應到抽象模型中的概念，如此，讀者就可以在腦中建構出模型。就想要理解圖之意義的讀者而言，視覺元素需要有語義：語義是意義的研究。

元素 - 關係 - 行為

沒有了線，不可能弄清楚系統的行為，這就像要在沒有食譜的情況下，列出餐點的配料那樣。東西好不好吃主要看其如何製備：馬鈴薯可以料理成薯條、焗烤馬鈴薯、水煮馬鈴薯、馬鈴薯泥、烤馬鈴薯、炸馬鈴薯與馬鈴薯煎餅等等。因此，有義意的架構圖，需要能描繪出組件間的關係，並表示出這些關係的語義。

電路圖就是系統行為主要取決於組件間之連結的經典範例。類比電路中，最被普遍使用的運算放大器，簡稱 *op-amp*。配上一些電阻跟一兩個電容，這個元件就可以變成比較器（comparator）、放大器、反向放大器、差分器、濾波器、振盪器、波型生成器等等。這個系統饒富變

化的行為，並不是取決於有用了哪些元素，而完全取決於元素間如何
連接。在 IT 的世界裡，資料庫可以扮演快取、分類帳本、檔案儲存、
資料儲存、內容儲存、佇列、組態輸入等等。資料庫連接到其周遭的
元素方式決定了它的功能，就像運算放大器那樣。

架構圖

如果你覺得這些所講的，不過是圍繞在刻意繪出來的汽車結構圖上的
老生常談，接下來，我就來談談許多裡頭沒有線的架構圖表。這些圖
表確實描繪出了鄰近性，但這只是因為某些框框必須彼此相鄰，但這
種情況所代表的語義仍不明確。運氣好的時候，你看到的鄰近性代表
由上到下的"分層"形式，因此隱含了在"上面"的東西，依賴著
"之下"的東西。在最差的情況下，鄰近性只代表了作者畫出框的順
序。

所謂的"功能圖（capability diagrams）"或"功能架構（functional
architectures）"裡可能特別不會有線。這些圖表傾向列出（雙關語）
執行特定業務操作的功能。比方說，要管理客戶關係，你需要客戶聯
絡管道、營銷活動管理（campaign management）、通報儀表板等等。
這組功能形成了所需事物的"冗長清單"，但並不比列出窗戶、門、
屋頂更接近架構。因此，我比較傾向將這些輸入用文字列表的形式來
表達，如此，項目之間的區別會變得清晰。只將文字放在框裡並不能
構成架構。

UML

談到線，UML 有一組漂亮的線條樣式可用：在一個類別圖中，類別
（classes）（方框）可以透過聯合（association，一條簡單的線）、聚
合（aggregation，一頭帶有空心菱型的線）、組成（composition，實
心菱型）、概括（generalization，三角形）。導覽性（navigability）可
由一個開放箭頭表示，而依賴性（dependncy）則可由虛線來代表。
在這些之上，還有多樣性（multiplicities）（比方說，一輛卡車可能

有四到八個輪子，但只會有一個引擎）可以被連上關係線。實際上，UML 類別圖支援許多不同種類的關係，Martin Fowler 在他知名的著作 *UML Distilled*[4] 中，將這些討論分成二章。有趣的是，UML 允許用一條線或涵蓋（*containment*）來表達組成，也就是說把一個框畫在另一個框裡頭。

藉由這樣豐富的視覺語彙，你為什麼還要自己發明一套？UML 表示法的挑戰在於，只有在你實際讀過 *UML Distilled* 或 UML 的規格書之後，才能理解類別之間關係語義的細微差異。這就是為什麼這類的圖表對於廣大受眾而言，並不那麼實用的原因：實心菱型對空心菱型與實線對虛線所代表的視覺意義，並不是那麼直覺。這就是涵蓋能發揮作用的地方：一框放在另一框中，不需要加上說明，就很容易可以理解。

小心極端

經常可以看到，不好的反面也很麻煩。我看過一些圖表，其中的元素有不同的形狀、大小、顏色與邊框寬；連結線上有實心箭頭、開放箭頭，也有無箭頭的，有點線、虛線，顏色也不同。這些情況要麼是便宜行事，不同的視覺表現不具意義，變成是 "雜訊"；要麼是因為元模型（metamodel）太過豐富（或複雜），以致於找不到正確的方式來將圖表呈現出來。我採用的規則是，任何圖表中的任何視覺變化都應該有其意義——也就是說，要有語義。如果沒辦法做到這樣，變化應該要被剔除，以降低那些輕則分散讀者注意力，重則讓讀者誤將其解讀成語義的視覺雜訊。因為你沒辦法瞭解讀者是怎麼想的，很不容易發覺這類的誤解或會錯意。簡單說：讓所有的框框都有同樣的大小無損你的藝術天份，但卻能清楚地傳達圖背後所代表的，所有框框都有相同性質的模型給讀者。這種方式也有助於讓人將注意力放在線上。

4　Martin Fowler, *UML Distilled: A Brief Guide to the Standard Object Modeling Language, 3rd ed.* (Boston: Addison-Wesley Professional, 2003).

Tufte 的量化訊息的視覺表示 [5] 加上他後續出版的書，是圖表繪制的標準教科書。雖然這些書的初衷是聚焦在數值訊息的表示上，在後續出版的書中，內容涵蓋了較廣的面向，包括許多將複雜概念包裝成簡潔並容易理解之圖表的範例。

5　Edward R. Tufte, *The Visual Display of Quantitative Information* (Cheshire, CT: Graphics Press, 2001).

24

銀行搶匪速寫

架構師就像警局裡的人像速寫師

他長得就像這樣！

對像大型 IT 組織中的架構師這種高要求標準的工作而言，多做一些自己喜歡做的，少做一些自己不喜歡的事，是有益健康的做法。當然，這取決於一開始你就知道什麼是你真正喜歡的（與真正蔑視的）。一件工作可能看來簡單，做起來卻不是那麼容易做好，對左腦發達的 IT 架構師而言，更是如此。後面這種情況通常比較容易處理：我碰到的情況是，早上 8 點漫無目標的晨會，變成薪水最高之人的獨角戲。前者則通常需要更多的反思。經過這麼些年，我意識到我喜歡的一種工作活動是聽系統負責人或方案架構師說明他們的系統，通常是片斷的，並為其畫出一幅連貫的圖。最令我滿足的是在他們還未能畫出圖來的時候，就聽到他們說出 "這就是它看起來的樣子"。這種訓練也是學習沒有文件紀錄之系統細節的最佳時機。

讓別人跟你說明他的系統，然後你再把他的系統畫出來。這會讓你想起描寫顧問（*consultants*）（第 38 章）的老笑話，就像有人借你的手錶，然後再告訴你現在幾點（然後收你一點顧問費用）那樣。雖然，畫出清楚的架構圖表，比看手錶上的時間來得複雜許多。它需要萃取出人們的知識，並將之以他們自己無法產生的方式呈現出來。

能建造出系統並不代表這個人也具有能以直覺方式將之呈現出來的天賦。因此，協助這樣的人將他們的系統畫出來，可能是相當有價值的。我把這類的工作類比成警局裡的人犯速寫師。

大家都看到犯人了

若銀行被搶了，而你請那些看到搶匪的人，把搶匪的長像畫出來，最後你大概只能拿到棒線圖（stick figure）或是非常粗略的素描。不管是那種情況，即使是透過第一手目擊整個過程的人，你也沒辦法得到能派得上用場的東西。瞭解一件事，能把它表達出來，跟能把它畫出來，是三種不同的技能。

這就是為什麼通常要另外聘請專業的警局速寫師的原因，特別是在監視錄影機沒有拍到清楚畫面的時候。速寫師會跟目擊者碰面，詢問一些他們很容易就能回答的問題，如 "這人高不高？"，速寫師就會根據目擊者的回答，把嫌犯的素描畫出來。在初步的概略回答如 "他長得高" 之後，人們最後通常會確認 "他看來就像那樣！"

警局速寫師

警局速寫師是一種相當專業的工作，要受過藝術與人體解剖學訓練的人才能勝任。比方說，因為要能準確描繪嫌犯的外貌，警局速寫師要經過牙科與骨科結構方面的訓練。結構藝術師也一樣：他們至少需要一點藝術技巧，也許不用到罪犯速寫師的程度，但也必須具備類似的心智模型與視覺語彙的運用技巧，才能表達好架構概念。

有趣的是，素描師會將問題拆解，然後以所謂的 "模式" 來做事：一開始會詢問如 "這個長什麼樣" 這類粗略的問題，接著素描師就會用一些典型的模式來引導目擊者，比方說種族或其鼻子、眼睛與頭髮的特徵。為了突顯出特徵，他們不會提到嫌犯有二隻耳朵、二個眼睛還有一個鼻子（若嫌犯沒有這些，那才真的需要說！），但他們確實會傾向辨別與說出特徵，就像我們試著分辨出什麼是架構那樣（第 8 章）。在 IT 的世界中，我們也會做這些類似的事。比方說，在找資料庫時，我們會問它是一個 RDBMS 或是 NoSQL 資料庫，是不是二者的混合，是否用快取、備份等機制。

描繪架構

在思考 "架構描繪師" 的角色時，我傾向結合二種不同的方向：

系統隱喻

首先，我會找值得注意或明顯的特徵；比方說，找關鍵決策（第 8 章）。它是一個客戶用來查找資訊，像客戶資訊入口的普通網站嗎？或者，它比較像是一個新的銷售管道，甚或是一個橫跨不多種管道的策略？它需要處理大量資料嗎？或者，它只是一個讓我們瞭解流量不大但必須快速發展之技術的實驗？又或者，它是一個新技術的試鍊場，使用案例僅是次要的？在我建立了這個框架之後，就會開始補入細節。

我是 Kent Beck 系統隱喻表示法的粉絲，這種表示法說明了系統是哪一類的 "東西"。如 Kent 在 *Extreme Programming Explained*[1] 中的睿智陳述：

> 我們需要將架構的目標強調出來，給每個人一個連貫的故事，讓他們可在其中工作。這個故事要能讓業務或技術人員容易共用。透過找出隱喻的方式，我們就能找出容易在其中溝通與工作的架構。

在這本書中，Kent 也提到 "架構對 XP [極致編程（Extreme Programming）] 專案而言很重要，跟在其他的軟體專案中一樣"，傾向強調敏捷而迴避架構的人（第 31 章），應該要時時注意。

如同圖表驅動設計那樣，架構素描可以是一種有用的設計技術。若圖看來不合理（架構描繪師都很有天份），架構中就會存在一些不一致或錯誤。

觀點

一旦對系統的本質有概略的想法之後，我就會讓隱喻驅動要檢查的面向與觀點，就是做架構素描與架構分析的不同。分析通常是透過一些固定的、組織好的一組面向，如由 C4（*https://c4model.com/*），或 arc42（*http://arc42.org/*）這類的方法來進行。如同 "核檢表（checklist）"，這對找出遺漏的面向或斷層是有用的。相對的，嫌犯速寫師並不會畫出一個人褲子裝飾的細節（褲腳是鑲邊？翻折？），要畫的是能強調出其獨特或值得注意的特徵。架構素描師也是如此。

跟著固定的一套觀點總是帶有跟著模版的每個部分填色，而忘記強調出重點（第 21 章）或遺漏流程關鍵點的風險。因此，我覺得 Nick

---

1 Kent Beck, *Extreme Programming Explained: Embrace Change* (Boston: Addison-Wesley, 1999).

Rozanski 與 Eoin Woods 的 *Software Systems Architecture*[2] 書中所提的觀點很有用，因為他們沒有規範固定的標示法，但強調該關注的是什麼，哪裡可能會有陷阱。Nick 與 Eion 也將取向（perspectives）與觀點（views）作出區隔。在描繪架構時，你感興趣的可能是某個特定面向，如效能與安全，而這個面向則牽涉到了幾個不同的觀點，如佈署或功能性上的觀點。

視覺

每位藝術家都有自己的風格，而架構素描也會有某些程度上的不同。我並不很喜歡透過單一的表示法來為所有的系統文件建模。因為我們不是在寫系統規格（那是寫在程式碼裡頭的），而素描提供了一種更好的方法，讓人們更容易對系統進行推理。對我而言，重要的是，表示法的每一種視覺特徵，在分析中的脈絡裡，都應有其意義或是取向。否則，它就只是雜訊。當然，圖並不能只呈現出組件，也要呈現出其間的關係（第 23 章）。

最好的圖表表現手法豐富，也不需要有圖例（legend），因為表示法從一開始就很直覺，或者，因為觀眾能從簡單的範例中學到這種表示法，並將學到的套用到圖表中更複雜的面向上。這很像是使用者介面在做的事：使用者不想讀一大本操作手冊，但他們會透過所見到的，去建立出心智模型，然後透過它去推敲更複雜功能是怎麼回事。為什麼不把圖表想成是使用者介面呢？你可能會說它缺乏互動性，沒錯，但觀眾瀏覽複雜圖表時，很像使用者在瀏覽使用者介面。

2　Nick Rozanski and Eoin Woods, *Software Systems Architecture: Working With Stakeholders Using Viewpoints and Perspectives, 2nd ed.* (Upper Saddle River, NJ: Addison-Wesley, 2011).

架構療法

Grady Booch 讓工作團隊描繪出他們的架構與家庭療法（family therapy）[3] 來作類比，這是要孩子們透過一種被稱為動態家系圖（Kinetic Family Drawings，KFD）的方法，將自己家庭結構畫出來的方法。畫出來的圖可讓治療師瞭解該家庭的動態，如鄰近性、層次，或行為模式。我在幾個開發團隊中也體驗過，所以你不應該覺得他們畫出來的東西沒有意義或不完整而忽略它們，反而應該從中去推敲出該團隊的思維與層次結構：資料庫是擺在其他東西的中間嗎？也許是架構（schema）設計者在團隊中發號施令（我知道會有這種情況發生）所造成的。這裡有好多框框，但沒有畫上任何的線？也許這個團隊的思維聚焦在結構，而忽略了系統行為。這通常是架構師離程式碼或運作面向太遠所造成的。

錯了！就再做一次！

在為其他人畫架構時，經常會碰到他們喊著"這裡錯了！"這是好事：這表示你找到你與他們對系統理解的不同之處。若你沒把它畫出來，你就永遠沒辦法瞭解。還有，若你覺得自己還是此圖表後續觀眾的合理代理人，就應該要讓他們免於產生同樣的誤解。因此，勾勒出架構幾乎總是一種迭代的過程，記得帶上一塊橡皮擦。

3　Grady Booch, "Draw Me a Picture," *IEEE Software 28, no. 1* (Jan./Feb. 2011).

25

軟體就是協作

用 Git 了嗎？

嗨，彼得，怎麼了？

IT 架構與傳統建築結構間的不同,已被人(正確地)討論得夠多了,我們也常常用它來作隱喻。比方說,雖然建築確實能隨著時間而發生變化(只是非常慢)[1],由磚瓦 - 混凝土所構成的東西,要以低成本來達到高的變化率,幾乎不可能。但有許多其他東西卻辦得到,也不只限於軟體開發。

誰說軟體只是給電腦用?

企業用了大量的精力在創建、修訂與共用如策略性計畫、期程、設計文件或狀況報告(第 30 章)這些文件上。通常,這些文件需要從幾個來源輸入參考,也需要不斷地進行迭代與品質檢核,直到釋出為止。這樣的一種東西其實就是軟體的一種形式 —— 即使有時可以被印在實體的紙張上(在數位轉型的過程中,看到有人印了 25 份一大疊投影片的複本,會讓我終身銘記),但它們一定不會是硬體。

所以,若文件實際上是軟體,而我們要優化並加速彼此協作與溝通的話,我們就得要觀察軟體交付團隊,特別是分佈廣泛的開源團隊,的運作方式,並從中學習。

版本控制

有種工具是你無法從開發者冰冷的手中拿開的,那就是版本控制(第 14 章)。版本控制是賦予開發者自信而快速往前走的安全網,因為他們知道,出錯時,可以很快地恢復回來。現下最流行的版本控制工具就是 Git。這種軟體背後的模型,需要花點時間適應,不過,一旦你適應了之後,你就不會想要改用其他的了。

---

1 Stewart Brand, *How Buildings Learn: What Happens After They're Built* (New York: Penguin Books, 1995).

我用 Markdown[2] 寫這本書的第一個版本，這是一種簡單的文本格式。我用 Git 來做版本控制，用 Dropbox 來跟出版引擎同步檔案。在這本書出版之後，我將新增的章節（像這一章）放在積存區（backlog）中。因為這些章節還沒寫完，也不會很快要出版，沒有考慮太多，我就轉用微軟的 Word 來繼續寫放在積存區中的文本。

我很快就注意到，寫作的速度慢了下來：我該將這段移除或重寫？若之後我又改變主意，要保留這段的話，怎麼辦？我最好做個複本，將它"停"在某個地方，以利後續的更動。還有，我要將最新的版本放在哪裡？我應該改用追蹤修訂（Track Changes）功能嗎？透過版本控制來管理文本檔案時，我不用花時間去考慮這些問題，因為我很確定隨時都能返回到之前的任一個版本上。我也可以看到所有文件修改的歷程，所以可以很容易地追蹤整個編修過程。

當然，我也可以把 Word 文件簽入到 Git 或如微軟的 SharePoint 這種文件管理系統上。不過，如此就會有二個主要的功能不見了：首先，Word 檔案間的版本比較，比純文本檔案要來得費事。Word 的檢視模式可以追溯修訂的歷史，但比較適用於小的版本更動，較不適用於不斷創建文件的用途。更重要的是，寫書的建構工具鏈跟 Markdown 檔案搭配得較好，所以我選擇不去發揮持續整合（Continuous Integration）的優勢，也就是說，我隨時都可以在有修改時，產生本書的預覽版本。

任何看過共用檔案伺服器的人都會注意到，不是只有我推崇版本控制。你很容易可以找到同一份文件的20幾種複本，其檔名之後會加上版本號碼，檔名之前會加上日期（方便排序），再加上最後修改者的首字縮寫，標示出分支等。這些都是正確的想法，但做起來卻不那麼流暢。

---

2 一種簡單文本型語言，原本是想用來替代 HTML 編寫網頁用的。

真相的單一來源

若所有團隊成員看的是同一個版本，那版本控制是一種強有力的工具。寄來寄去然後存在本地端的電郵文件，雖能讓每一個人都有自己的真相來源。在最好的情況下，這還是會產生一些摩擦，在最壞的情況下，則造成資訊的流失。因此，團隊成員間必須協調出怎麼做版本控制。

我看過之協作模式最具變革性的改變是在 2006 年左右出現的 Google Docs（那時稱為 "Writely"），這不是因為我喝了 7 年的 Google 迷魂藥（Kool-Aid）。Google Docs 推出了一種瀏覽器式的文件編輯模型，允許好幾個使用者同時編輯同一個文件。有趣的是，Google Docs 首次在 Google 內部讓吃狗糧（第 37 章）時，其功能的成熟度只相當於 1989 年時的 Word 5.0。很難把二個重點記號的大小弄一致。

不過，能即時地在共用文件上協作，從根本上改變了人們一同工作的方式。不會有時間被浪費在維護、郵寄、搜尋或合併幾個不同版本的文件之上。幾乎所有關於 "我的版本跟你的版本" 的討論都省了，顯然，團隊已朝一個共同的結果而工作著。加入新的協作者變得既容易又自然。若不得已要回到透過電郵來傳遞共用的 Word 跟 PowerPoint 文件，將會是令人感到沮喪的工作。

主幹式開發

大多數的版本控制工具都支援分支（*branching*）。分支是碼庫（codebase）的個別版本，通常用來開發尚未能釋出的特殊功能。分支的主要優點在於，處理一個分支的人，可以依需要做修改，不用擔心其他人在做什麼。不過，這種自由度的存活時間通常很短，這分支遲早要被 "合併（merged）" 到主要（authoritative）版本上，這版本也被稱為是主幹（*trunk*），對照版本 "樹" 的類比。

但麻煩的是，當一個人在分支上作業時，時間並不會暫停：對於文件或原始碼的許多其他調整，同時在進行著。因此，合併工作變得不是那麼暢快，常常耗費掉不少精神：也許某些人複製並修改了你剛重寫的段落。這就做了虛工了！此外，當你在你的分支上作業時，沒有人能把你做好的拿來用。若分支跟你存在本地端之文件的版本不同時，你可能遇到了一些問題。在版本控制系統中，若每個人都在自己的分支上作業，則對團隊協作並沒有產生太多的助益。

因此，有許多人提倡主幹式開發（*trunk-based development*）[3]，這是一種要求所有修改都要併入到碼庫或文件之單一主要版本的方法。很自然地，這樣子做就能避免不同作者版本間的不一致。

不過，你如何把還沒弄完的部分併入到文件的主版本中呢？底下列出一些建議：

- 最明顯也最常被採用的方法是，將大修改拆成一系列的小調整（第 30 章）。

- 軟體團隊使用功能切換（*feature toggles*）去開啟或關閉某個功能，讓程式碼可以被整合到系統裡去，但還不讓人使用。相當於簡報中的隱藏投影片：你可以很自在地在上頭編輯，因為你知道它們不會被呈現在觀眾面前。

- 把每個分支都弄小，只保留一天，這樣也可行，而且也不會破壞主幹式模型。如此，你可以在下班前於其上做完迭代修補與合併。

讓程式碼放在主幹上並不代表它馬上就要釋出成產品版。許多團隊採用不同的釋出分支，每個分支都要另行經過審查與測試。這相當於文件與簡報都做出一個狀態正常的版本供後續的發佈之用。

---

3 Paul Hammant et al., "Trunk Based Development," *https://trunkbaseddevelopment.com.*

總是能交貨

在一套投影片上協作時，通常每一位作者都會寫上一些東西，然後經過幾輪的檢查，直到夠好且滿足企業風格的規範為止。關鍵的問題是，要好到什麼程度才"夠好"？對我來說，簡報最重要的的元素是關鍵訊息（key messages）與其組成的故事線（第 20 章）。有趣的是，二者都可以透過將所有方框對齊，將圖形調整成企業的顏色來達成。有明確故事線與簡單圖形的簡報，比起擺進許多花俏圖庫照片的半成品，要更有衝擊力，所以，我們應該先把這些面向做好。

在製作投影片時，我們可以學學如敏捷開發與 DevOps 這類現代的軟體開發技術，著重在如何讓軟體在需要時就可釋出。

 我會常去問我的團隊：若一小時後我們就要簡報了，怎麼辦？我們有主要故事線與一些基本的投影片來做簡報嗎？當你處於這種狀況下的時候，你就能以比較輕鬆的心情來優化或改進投影片了。

總是能交貨強調出迭代式與漸進式工作法[4]間的不同。許多人用漸進式的方式來做投影片，一半的時間過去了，也只做好一半的投影片，還沒準備好能上場。依照 DevOps 思維來迭代式地做，意味著你總是有整個故事的粗略版本，若需要，馬上就可以分享出去（圖 25-1）。

---

4   Jeff Patton, "Don't Know What I Want, But I Know How to Get It," Jeff Patton and Associates website, *https://oreil.ly/biPNX*.

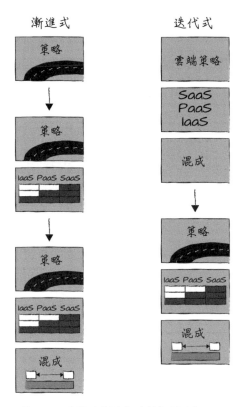

圖 25-1　漸進式對迭代式的投影片製作

風格對主旨

某些人也許會懷疑，即使有像樣的故事線，但透過粗略的包裝來呈現表示它"還尚未就緒"或甚至是"不專業"。我崇尚良好的設計，也花了相當的時間讓我的舞台展演有個乾淨與專業的呈現。不過，若要我在明確的訊息與好看的圖片之間作出選擇，我會選擇訊息，因為我是個架構師，不是藝術家——如敏捷宣言（Agile Manifesto）強調可運行軟體比文件來得重要那樣。文件很重要，但若你只能選一樣，你要選的是可運行軟體。

用像 Markdown 或簡單的協作工具來工作時，你會遇到同樣的質疑。因為這類的系統做不出全功能排版軟體或文本處理工具那樣的效果，注重視覺效果超過內容的團隊常因無法滿足需求而排斥它們，這反而是沒有瞭解他們真正需要的是什麼。

透明度

你可以在許多軟體專案中看到一個呈現專案目前建置進度的監視器或會逐漸變大的球體。只要走近一看，你就可以看見目前已建置了多少個版本，有幾個是綠色的（沒有錯的），還有幾個是紅色的。這樣的專案是完全透明的，對外可建立信任，對內則能產生動力。同樣程度的透明可以套用到任何專案上；比方說，顯示出在一段時間內，有多少伺服器被遷出舊數據中心之外，或者有多少系統已符合 IT 安全性的要求。

 在之前的團隊中任職時，我們安排了一個 LED 顯示器，它會顯示推送到原始碼儲存庫的版本總數。它不僅僅是一個很好的聊天話題，四位數不夠用時，我們還為此小小地慶祝了一番。

在企業的脈絡下，你大概會遭遇到二種對這種透明度的主要障礙。首先，專案經理人會傾向在進度會議中，小心地"傳達"專案進度的訊息，不喜歡在公開場合公開這類的消息。其次，許多團隊手頭上並沒有這類相關數據。前者會造成困擾，後者則令人擔憂：若手頭上沒有關鍵的衡量指標，要如何執行專案？

搭檔

現代軟體交付最受爭議的實務是搭檔編程（pair programming）。不過在製作投影片或文件時，你會發現一起工作會比來回地電郵標著紅線與注解的文件，要有效率得多。

我看過在審查會、指派任務、改投影片（常常誤解會議討論過的地方）與再召開會議間，不斷來回振盪幾週，甚至是幾個月的投影片審核循環。若每一個人都坐在會議室裡，一起做投影片，幾個小時就能搞定。

"搭檔"著做投影片（我將之稱為 "搭檔做 PowerPoint"）可以省下冗長的審查與編輯循環，而且通常可以做得更好。

阻力

當然，總是會遇到阻力。星際大戰若沒有了反抗軍（*The Resistance*），可能就沒辦法拍到九集。除了對透明度的純粹政治性反對之外，你可能也會發現，有些人覺得用如 Markdown 的文本格式來工作，會太 "技術化"。

 有一次，我被一家大型公司的數位創新分公司嚇到，他們覺得 "Markdown 太技術化" 了。我第一個反應是，問他們搞不懂的是井字符號還是星號…

認真地來說，你會發現，並不是所有人都喜歡用像 Git 這類的版本控制系統來工作，何況它也需要學習一段時間。

 剛開始使用 Git 的時候，我忘了暫存（staging）一個新的檔案。當我簽出（checked out）一個舊分支時，這個檔還留在我的工作目錄（它不在 Git 的管轄範圍中）裡頭，所以我就把它刪了。當我轉回到原始分支後，我驚訝地發現，那個檔案並沒有回復回來。還好我的硬碟上還有備份。

要求人們接受版本控制時，重要的是要先教他們版本控制的概念；也就是，在真實的工作情境的脈絡中，什麼是提交（commit）、分支（branch）等等。如此，他們就比較容易習慣 Git 略為奇特的模型。他們越過了這個障礙之後就會覺得，沒有搭配版本控制來工作，就像開車沒繫上安全帶那樣不自然。

第四部

組織

企業中的架構師生活在技術與業務的交叉地帶。實際上,讓這二部分能合作得天衣無縫,是架構師的主要貢獻之一(第 4 章)。因此,一位好的架構師不僅需要瞭解系統組件間的交互作用,也要清楚大型動態系統,即我們所知的組織,中所存在的交互作用。

組織性架構:靜態觀點

對一個組織最常見的描述方式是組織圖("org chart")。這些圖指出了誰該對誰負責,也可以從某些人跟 CEO 在圖上的距離,判斷出他們的重要性。假設你照著電腦科學的傳統從 0 算起,我常常待在離 CEO、分部的 CEO 或者二者間的 COO 低 2 到 3 層的位置。對一位大型組織中的架構師來說,這不算太差(許多人還待在 6 或 7 層的位置)。

幸運的是,組織圖裡有線,可通過我們對架構圖(第 23 章)的測試。具電腦科學背景的人也許會將組織圖看成是樹狀圖,一種只有一個根的非循環有向連結圖(學數學的會將樹看成是無向的,不過這沒關係)。哎,這只展現出圖的一部分:我們從畫出來的靜態結構中,看不太出來人們之間為了做好業務而進行的互動。

組織架構：動態觀點

一張組織圖將工程、製造、行銷與財務部門描繪成組織金字塔中的幾根柱子。不過，實際上，工程部門必須設計出容易被穩定製造、行銷給客戶並販售獲利的產品。組織工作做得好或不好，很少是因為組織結構的關係（大多數的組織都有該有的職能部門）而是因為其間的互動情況：開發週期有多慢或多快；採用的是瀑布（Waterfall）或敏捷模式；誰負責跟客戶溝通，有誰，這很有趣，沒被畫在組織圖上？

同事之間彼此也會經常交流，不用照著組織金字塔上的線，就可以解決問題。這是好事，否則居中協調的經理們，很快就會變成溝通上的瓶頸。很多時候，組織圖所呈現的是組織的控制流，比方說，要通過預算，資料流就會更開放也更加動態。諷刺的是，人與其他人實際的工作方法，很少被畫在圖上。部分的原因也許是這樣的資料很難蒐集；也可能是因為它看來不像組織圖金字塔那麼簡潔。

當人們以電子方式進行合作與交流時，實際、動態的組織結構可能更容易被觀察得到。比方說，若開發者透過一套版本控制系統進行協作，我們可以分析程式碼審查（code reviews）或簽入核准（check-in approvals），來看到協作的實際情況。Google 有一種有趣的系統，可以讓你看到哪些人就坐在誰的附近。因為互動與協作通常還是以隨興交談為基礎，實體的鄰近度是一種比組織圖結構更好的協作模式預測器。

矩陣

在大型組織中，人們可以有好幾條向上回報的管道："點線" 連到他們的專案或計畫經理，"實線" 連到他們的部門或 "管線經理"。這樣的安排通常是被稱為矩陣型組織（*matrix organization*）的一部分，在其中，人們在水平方向對專案負責，在垂直方向則對他們的經理負責。還有其他的方式嗎？不是只有你對此感到疑惑。高效能組織通常會避免所有人都只被指派，或只負責一個專案。我通常會開玩笑地說，這樣子做好像是我要求一個專案中的所有工作人員，都坐在同一條船上，沒有給救生衣，也沒有通往組織其他部門的逃生路線那樣。團隊要一起成功，或者不幸的話，一起失敗。別擔心，他們會游泳。

組織如系統

作為架構師，我們很清楚如何設計系統；比方說，何時運用水平擴展、鬆散耦合與快取。我們也經常被訓練要系統化思考（第 9 章），教我們如何推理系統元素與系統整體行為間的關係，由，比方說，正或負回饋循環來驅動。不過，我們經常猶豫著要不要將這類的理性思維套用到組織上，因為組織有非常人性化的一面，把我們的好同事跟不那麼好的同事化約成框跟線（第 23 章），會讓我們覺得不舒服。

不過，即便它們是由個體組成，大型組織的行為很像是複雜系統，技術型組織也是。因此，作為架構師，我們可以將我們的架構思維與理性系統化思考運用在大型組織上，去瞭解並影響它們。這有點像逆向工程、除錯與重構的工作。

組織如人

把理性推理先放在一邊，組織是由個體所組成。我們也不該忘記，對許多人來說，工作只是生活的一小部分：他們要照顧家人、得付帳單、要看醫生、要修房子，昨晚開派對喝過頭了，今天還是得上班。要瞭解組織，先要瞭解人的情感與動機。這可能是左腦型架構師要去調適的，也應該要做這樣的調適，把這調適當成給腦袋練瑜伽。

遊覽大型組織

對架構師來說，處理組織問題，可能很有挑戰性。不過，為能更瞭解組織，可以運用一些我們所熟知的架構系統概念：

第 26 章 對組織進行逆向工程

為了帶來持久的改變，你需要協助組織放棄固有的信念。

第 27 章 掌控感是種幻覺

命令與控制結構並不是單行道。

第 28 章 不再依樣畫葫蘆

金字塔在 4,500 年前就不再流行了，現在還廣泛地被用於 IT 界中。

第 29 章 黑市無效率

充滿摩擦的組織會形成黑市，這很危險。

第 30 章 調控組織

分散式系統的設計經驗可以套用到組織上。

第 31 章 緩慢變亂並非秩序

移動緩慢的事物看起來似乎很協調，其實它們只是慢動作的混亂。

第 32 章 開創而治理

透過規章來治理不容易，最好將思想深植於人心。

26

對組織進行逆向工程

學習是困難的；不學則更困難

將一些探針接到組織上

要改變一套系統的外顯行為，你需要去改變系統本身（第10章）。就組織系統而言，系統性的行為主要由其文化所主導。組織成員的共同信念會衍生出文化的重點。因此，要永久地改變一個組織的外顯行為，你必須找到並改變這些信念。

麻煩的是，這些共同的信念不會被寫下來；也不會有任何為了共同信念而製作之提振人心的海報。此外，大多數的人甚至都沒有意識到自己有什麼信念。因此，你需要運用一件已磨鍊很久的工程技術：逆向工程。

剖析 IT 口號

對組織藏於深處之信念進行逆向工程，可以從其內部流行的口號下手。有在 IT 公司任職過的人可能都聽過 "別碰運行中的系統"（第 12 章）這個說法。為什麼大家都不想去碰正運行中的系統？顯然是因為他們相信改變會有風險的：若你碰了它，可能會把它弄壞。更深入一點，他們可能也相信修理壞掉的東西很麻煩，所以最好一開始就別把它們弄壞掉。

 廣為流傳的 IT 口號 "別碰運行中的系統" 反映出改變會有風險這種根深蒂固的信念。而且，更糟的是，它也暗示著不改變就不會有風險。

不過，重要的是，在這個簡單的口號背後，卻暗示了：不去碰這個系統，那就不會出問題。這個信念 —— 不改變就不會帶來風險，是很令人憂心的。首先，從操作的角度來看，不去維護系統，它就會爛掉，還有，比方說，使用舊的程式庫與作業系統，會有安全性的風險。而且，在不斷演進的數位世界中，不進則退：競爭者會透過經常更新與快速的功能進化而進步。最後，不隨著時代而改變，將導致滅亡 —— 想想科達、百視達跟黑莓公司。

其次，你會注意到，簡單的口號可以成為自我實現的預言。當你長時間迴避去改變一套系統時，實際上就會增加改變的風險：重要的細節早就被忘記，而沒有把操作步驟記錄下來，也會增加出錯的風險。這類的經驗證實並助長了信念。

不為人知的信念

然而，不是所有的組織信念都建立在口號之上。常見的情況是，人們甚至在自己以為對的事受到挑戰時，都還不知道自己有某種信念。我曾在慕尼黑啤酒節時，經歷過這樣的情況。

在春季，有個類似慕尼黑啤酒節的節慶，*Starkbier Fest*（"濃啤酒節"）。如其名，這個節慶提供比慕尼黑啤酒節所供應的啤酒多了約

50% 的酒精，用相同的 1 公升瓶子裝著。不用說，"來一、二瓶啤酒"就能讓回家的路充滿挑戰。讓我更驚訝的是，我的年輕同事們說，他們開敞篷車去參加這個節日，以便享受陽光普照的天氣。我當下的反應是："開車去參加啤酒節，你瘋了嗎？"他鎮定地回答道"我把車留在那兒了"。

我不只覺得自己老了，我也瞭解到自己對汽車帶有基本的信念：若你開車到某個地方，你（希望是如此）會開同一部車回來；否則，明天就沒辦法去其他地方了。是什麼打破了這種向來都很實用的認知？汽車共享——能讓你在家附近挑部車，馬上就可以租下來，開到目的地，然後把車還了。在還沒有到處都有的智慧型手機、GPS、網路與其他好用科技的時候，我的想法不但方便而且也沒遇上過麻煩；但現在它限制了我的思考。

> 你不能只問人有什麼信念，因為大部分的人都不清楚自己有什麼信念。

因為大部分的人都沒意識到自己固有的想法，你沒辦法直接問出他們有什麼信念。若你問我對汽車有什麼信念，我也許會說你得要買責任保險跟把油箱加滿。

驗證過的才是信念

信念之所以固著，是因為人們通常對其有鮮活的證據或第一手經驗，然而，當環境發生變化時，這信念就不再適用，之前的經驗讓他們抗拒變革。

想想已學會不去觸摸爐子加熱面板的孩子。他們有的是用艱難且痛苦方式才學會這事的，有些則是被警告過許多次才學會。因此，他們接受了有用的信念而避免發生意外。不過，感應式烹飪用具的發明，讓這個信念成了過去：感應式烹飪用具可透過電磁場直接加熱鍋具，讓爐子表面的溫度相對低很多。然而你會發現，很難再讓小孩去觸摸新爐具的表面，因為他們把課學得很好。最好的方法可能是你去摸新爐子，讓他們看到這種變革。

因為大部分的人都有鮮活的證據，支持他們的信念。只是跟他們說情況已經不一樣了，似乎不會有什麼效果。

對 IT 而言，情況相同：大部分的 IT 人都能講個故事給你聽，其中會提到，就是有人去碰了那套運行中的系統，它才會故障，還讓維運團隊忙了 48 個小時，才讓它回復運行。直接跟人們說，他們錯了，或奇蹟般地所有的事都變得不一樣了，他們應該也不太會接受。用一些像 TDD、IaC、Git 與 Spinnaker 這類的行話或縮寫詞，試著去說服他們說變革並不危險，就如同引用法拉第定律（Faraday's law）去跟孩子們說明為什麼可以摸電磁爐一樣。其實，你可以從說明如自動佈署、版本控制與自動測試這類的 DevOps 原則開始。此外，讓變革的幅度小一點，也可以減少因變革而帶來的風險。更好的方法是，展示一些真實的軟體交付案例之效果給他們看。

摒棄舊習

將變革導入組織時，很容易為固有的、堅定的信念所阻礙，這些信念是現有文化的一部分。比方說，向一個將變革視為風險的人，推銷持續交付（Continuous Delivery），並不容易。因此，我們需要在持續變革展開之前，協助組織去摒棄這些舊習慣。學習新事物並不容易，但摒棄舊習慣，特別是一向順利妥當的，會更加困難[1]。要將舊習慣替換掉，在能重新編程之前，你似乎要先將腦中的一個記憶槽空出來才行。

常見的 IT 信念

在嘗試對現有信念進行逆向工程時，你可以看到一線生機：許多 IT 組織固守著類似的信念，因為他們所學所接受的訓練都一樣（第 6 章）。因此，底下列出這些信念，幫你起個頭：

1　Barry O'Reilly, *Unlearn: Let Go of Past Success to Achieve Extraordinary Results* (New York: McGraw-Hill, 2018).

速度與品質是對立的（"快就髒"）

IT 管理界裡所謂的專案管理三角形是最流行但最危險的工具，因為它標榜範圍、時間與資源三者間存在著一種單純的關係。比方說，投入二倍的人力，同樣的工作只需要一半的時間就能完成。更糟的是，它認為犧牲一點品質，可以加快速度。

雖然這個三角形對單純的物理性質任務可能行得通，但它一定不適用於軟體交付工作，通常這類工作的情況剛好相反。舉例來說，若一個開發者要暗中破壞一個軟體專案，有一種適合的方法就是，引入微妙且不容易發現的臭蟲。如此，降低品質可以加快速度嗎？

現代的軟體開發者已經瞭解到，在軟體開發的過程中，會產生一些相反的效果：我們透過自動化來加快速度，但同時也能提高品質與複用性。

品質可後來才加上

傳統軟體專案會在經過 "QA"，即品質保障，階段後結束，在這個階段中，會有由測試者組成的團隊，來檢測可交付的版本是不是能滿足高品質的要求。這種常見方法背後隱含著一種基本的信念，即品質是某種可以加進現有產品的東西：某些品質低劣的東西若加進 QA 後，就能搖身一變成高品質的東西。

偵測臭蟲並重新再做，可以在某些面向上改善軟體，但卻沒辦法修正軟體系統內部品質，如其結構或可測試性，上的基本缺陷。這些面向必須從一開始就要考慮到。像左移測試（shift-left testing）[2] 這類的方法，是依循這種方法來做的。

這信念跟上一個是有關係的。若你抱著品質可以到最後再加上去的想法來做事，時程大概會壓縮到（手動）QA 作業，導致品質的低落。

2　維基百科，"Shift-Left Testing," *https://oreil.ly/iotex*.

更多的人力或經費可解決所有問題

也是因為範圍 - 資源 - 時間三角形的引導，某些組織認為在特定範圍下，找更多人來做，就可以節省時間。

 常常可以聽到一個小故事，大意是，有一位專案經理在一家傳統銀行裡跟業務說，沒辦法在三個月內把這個專案交付出去，這個業務就回應他說 "你需要多少錢？"

Fred Brooks 在四十年前就已經寫了[3]，加派人手不但需要職前培訓，也會增加溝通的成本，二者都會把專案拖慢下來。此外，大型專案常因太過於複雜而陷入停頓，加入更多資源大概會增加複雜度，問題會更形惡化。

因此，若你要讓專案加速，要設法減少摩擦，而不能一味地加入更多的資源。若你車子（或組織）的手剎車被拉上了，你是要把剎車放開，而不是更用力去踩油門。

照著規範流程走就能得到預期的好結果

許多組織的工作方法被包裝成定義完善的流程，這流程主要針對的是降低風險、控制開銷並確保能有高品質的可交付品。許多大型組織甚至還設立了專責部門，負責構建與更新流程。

即使大部分的流程，如核准或預算審查，都是出於善意，照著這些流程走，只確定了一件事：有按照流程辦事。在檢核框中打勾或完成一項任務，與實際得到預期結果，如減少開銷或確定架構的合規性間有很大的差別。特別是在流程較為繁瑣時，人們傾向只檢查必要的流程任務，而未顧及之所以要跑這流程的原因。這可能造成黑市（第 29 章）的泛濫。某些組織因此會透過調查專案與其實作的方式，去巡查並稽核流程的合規性，結果就變成了一場來抓我啊這類的遊戲。

---

3 Fredrick P. Brooks, *The Mythical Man-Month: Essays on Software Engineering, Anniversary Edition* (Boston: Addison-Wesley Professional, 1995).

要透過流程與檢核清單而達成預期目標的企圖，通常源于透明度的缺乏。若你不知道某專案做的是什麼，或者開發出是哪一類的程式碼，那你能做之最好的下一步，就是確保有照著某特定的流程來做。現代開發與佈署的作法，如集中程序碼儲存庫、自動程式碼品質檢查、自動政策檢查器與雲端執行期，提供了更高階的透明度，也允許更有效率的合規性檢查。

後期的更動要不是相當昂貴就是做不到

你是否有想過為何一個典型的 IT 專案會有這麼多的要求，似乎把未來 5 年所有可能發生的使用案例或情境都考慮進去了？它基於一個簡單的信念：業務已經體悟到，後期的更動要不相當昂貴就是根本做不到。

 有個老笑話說，IT 傾向只交付已承諾的一半結果，所以業務會要求比實際需求多二倍的東西，這樣就能拿到滿足需求的那一半。

這種信念源自於 IT 服務供應商在實務上會對後期更動收取高額費用的作法。因為當初在標案時，為了競標而壓低價格，所以當客戶沒有太多備案可採行時，他們就會對專案執行期間的更動，收取高額的費用以為補償。即使在為了要爭取經費或架構不良的內部專案上，也會看到這種信念的影子，因為這些專案到了後期就不容易作更動了。

允許後期更動是敏捷開發的主要信條，消除了這個常見的信念。Mary Poppendieck 說的 "能在後期作出更動是一種競爭的優勢" 就是最佳的寫照。

敏捷與紀律背道而馳

因為敏捷開發允許在專案開發期間不斷地進行調整，它通常被視為是不利於穩定流程發展的。畢竟，變動與穩定本身就是對立的。照這個邏輯，某些組織甚至相信，沒有了硬性的轉向與控制機制，一切都會陷入混亂。

不過,反過來才是真的:敏捷開發實際上是非常有紀律的流程,因為速度與缺乏紀律並不相容(第 31 章)。敏捷方法以儘早交付價值為優先,透過嚴格的定期(再)規劃與對進度及品質的追蹤,來維持速度,這些通常是傳統專案所欠缺的。

預期之外的就是不想要的

在花了許多時間創建出計畫之後,傳統組織會預期事情都會照著他們的計畫來發展。偏離計畫或非預期的產出,都是不想要的結果,被視為是失敗。

不過,大部分的經驗學習,就發生在某些預期外的事發生之時。這是因為預期外的事代表之前設想得不好,或者系統有錯。因此,成功的企業會做些實驗去確認或否認一個假設。不管是確認還是否認,結果都可以讓我們學到經驗,而這也不是失敗。這意味著,傳統企業不重學習,這在一直變動的世界中,很危險。

與其去避免這些偏差,企業應該找出能快速且便宜地進行測試的有價值假設。因此,比起將偏差減到最小,把實驗的代價降到最低是更好的目標。

重新規劃組織

如果有一些很固著的信念阻礙著組織,讓它沒辦法轉型,你要怎麼做才能把它們找出來並將之改變?這裡有個三步驟的實用方法,可讓你組合幾種作法去處理:

小心觀察

你不能直接問別人他們的信念是什麼,因為在大部分的時間裡,他們甚至沒意識到什麼信念。你要觀察人們的行為,並找到不尋常或預期外的決策。接著再思考是什麼信念讓決策顯得合理。

提問

不斷地問別人（第 7 章），為何會選擇這種方法來做，以瞭解其行為由什麼所驅動。

小心說明

認同他們的信念在過去發揮了作用，但要說明現在產生了什麼變化。

定義新信念

因為很難讓人們放棄他們學會的，創造出清晰的新信念來替代舊的信念。

要有耐心

改變需要時間（第五部）。

你的目標並不是顛覆每個人的信念，而是去找到並排除阻礙你試圖導入之變革的那些信念。顛覆太多信念，會讓人感到不安與困惑。

傳承的信念

大部分的信念源自於實際的經驗，有一些則是一代代傳下來的。有個關於信念的經典（未經證實）故事，描寫猴子、水與香蕉的故事：有幾隻猴子被關在籠子裡，中間掛著香蕉。每當有猴子要伸手拿誘人的香蕉時，所有猴子都被潑冷水，猴子們都討厭被潑冷水。每隔一段時間，會有一隻新猴子被換進來。若這隻新來的猴子要伸手拿香蕉，其他猴子就會很快地把牠拉回來，因為牠們知道這新來的拿了香蕉之後，會發生什麼事。即使原本的猴子都被換出去，而且後來的猴子也沒被潑過冷水，"別碰香蕉"這個最佳實踐就留傳下來了。

雖然這個故事並不是基於科學實驗，但有時，我們確實會看到，儘管技術一日千里，我們的基本行為跟伸手去拿香蕉差不了太多。

27

掌控感是種幻覺

聽到的完全是你想聽到的

是誰在控制？

在亞洲工作時，我已習慣在向一群人展演前，先介紹我個人的背景。我喜歡這樣做，因為這樣不會讓人有我在吹噓自己專業成就的感覺；這反而能讓觀眾對講者的背景有個印象，讓他們更容易理解，講者的經驗背景如何形塑出其思維。在對一群 CEEMA（中東歐、中東與非洲區域）的 COO 與 CIO 們展演時，有一次我用一張投影片總結我的核心信念，用 1980 年代人們習慣用的別針扣形式來呈現。

其中有個很快引起注意的口號是 "掌控感是種幻覺"。我的說明引起了更多的注意："當別人跟你說的就是你確切想聽到的,會讓你有掌握了控制權的感覺。" 也許這並不是資深主管想要掌握的,關於業務的那種控制。

幻覺

掌控感怎麼會是幻覺? "一切在控制之中" 是基於由上而下的指令已確實被遵守了的假設,而且已產生了預期的效果。這可能就是一個很大的幻覺。若你只是就坐在上面按(控制)按鈕,而不是跟員工們一起併肩作戰,你怎能知道事情就會這樣子發展?你可以仰賴管理方面的狀態報告,但之後你就會覺得呈現給你的資訊反映了真實情況。這也許又是一個很大的幻覺。

Steven Denning 用對比實際控制之控制的假象[1] 來說明大型組織裡的這種現象。有一種更憤世嫉俗的說法是,囚犯管理著收容所。不管是哪一種情況,這都不是你想要的組織狀態。

控制電路

概略地看一下控制理論,就可以對這種幻覺的起源有一點瞭解。控制電路,如房間裡的恆溫系統,會讓一套系統維持在一個穩定的狀態 —— 在這個例子裡,就是讓房間有個固定的溫度。它們藉由傳感器與回饋迴路來達成任務:溫度傳感器會感應到房間裡的溫度,然後在房間溫度下降時,開啟加熱器。到達設定的溫度時,就將加熱器關閉。

回饋迴路能補償因外部因素造成的溫度變化,如室外溫度或有人開了窗戶。這種方法與許多試著事先預測所有因素,然後根據計畫來執行的專案規劃方法背道而馳。它就像只打開加熱器二個小時,然後抱怨

---

1 Steve Denning, "Ten Agile Axioms That Make Managers Anxious," *Forbes*, June 17, 2018, *https://oreil.ly/Dn1es*.

天氣太冷，讓房間不夠暖和那樣。讓人尷尬的是，一個便宜的恆溫控制器，就能比某些專案經理們，能讓我們把房間溫度控制得更好。

雙向道

Jeff Sussna 在他的著作設計交付[2]中，借鑑神經機械學（*cybernetics*）的概念，說明了回饋迴路的重要性。大多數人聽到這個詞時，會想到電子人與終結者，神經機械學其實是一個處理 "動物與機器之控制與通訊" 的研究領域。這類的控制與通訊幾乎是在一個封閉的訊號處理迴路中進行的。

將大型組織視為 "命令與控制" 結構時，我們通常只聚焦在由上而下的命令部分，而較少注意到從 "傳感器" 傳來的回饋。不運用傳感器意味著是在盲目地飛行，雖還是能透過感覺來操控，但一定會與現實脫節。就像在晚上開車不開頭燈，轉方向盤而不知轉往何處那樣──是非常愚蠢的作法。看到這類的荒誕的作法，竟可以在大型組織中立足，實在令人震驚。

問題向上漫延

即使組織用了傳感器（比方說，透過聲名狼藉的狀態報告）並不見就一定沒問題。任何聽過西瓜狀態（*watermelon status*）的人都能瞭解：有些專案的狀態，外面亮著 "綠" 燈，裡頭卻透著 "紅" 光，代表被呈現出來的專案狀態都沒問題，但實際上卻遭遇到棘手的麻煩。企業專案經理與狀態報告人並不是大說謊家，但他們也許過於樂觀或把專案的現況美化過頭了。"鐵達尼號首航後，有 700 位快樂的旅客抵達紐約"，就事實面來看是正確的，但這並不是你想要的狀態報告。

2　Jeff Sussna, *Designing Delivery: Rethinking IT in the Digital Service Economy* (Sebastopol, CA: O'Reilly, 2015).

觀察某些資深主管放在 PowerPoint 投影片中的內容有多真實，也許可以讓你相信，它不但內建了拼字檢查，還有個謊言偵測器。數位公司通常對捏造的演示或 "被篡改" 的信息持懷疑的態度，但卻相信硬資料，最好是即時由監測儀表板上讀取來的資料。

 Google 在日本的行動廣告團隊會檢查所有廣告實驗的效能，每週以 A/B 測試的方式來進行，然後再決定要將哪一個實驗變成產品，哪一個要剔除掉，以及哪一個要測試久一點才能得出結論。這個決策基於實際的使用者資料，沒有任何的推測或保證。

根據硬資料來工作可能會令人感到挫折，因為執行一個解決方案並不能讓你贏得讚揚：雖然總是希望能這樣。讚揚來自於你的解決方案得到實際使用者的關注與流量 —— 這數據是比較難偽造的。

聰明地控制

某些控制迴路需要更多的回饋信號，然後才能改善它們驅動系統的方式。比方說，某些暖氣系統會測量戶外的溫度以預測窗戶與牆壁的能量損失。Google 的 Nest 恆溫器的功能則更為進步：它會取得更多的資訊，如天氣預報（太陽會讓房子升溫），以及你是在家或外出。它也會學習暖氣系統的慣性，即關閉加熱器之後，恆溫器中的殘餘熱能，會讓房子過熱。Nest 因此被稱為是一種 "學習型" 或 "聰明" 的恆溫器；它會偵測更多的信號並根據回饋來進行最佳化。若能把這種標籤掛在更多的專案經理人身上，那就太好了。

豬玀沒那麼笨

當人們談論到命令與控制結構時，會很快地想到軍隊，畢竟它是由指揮官來管的。軍事組織大都會被與呆板劃上等號，與普魯士的 "鐵的紀律" 一樣。對住在德國南部巴伐利亞地區的人而言，普魯士是豬玀

（Preiß）概念的外顯形象，是一個不怎麼友善的代名詞，代表在聯邦北方出生的人。

諷刺的是，普魯士軍隊非常瞭解單向控制只是幻覺。Carl von Calusewitz 在 19 世紀初寫了一部有 1,000 頁的巨著，戰爭論（On War），其中指出，摩擦的來源：是組織的期望與實際結果（不確定性）的外在差距，及計畫與行動的內在差距。

在他的行動的藝術[3]一書中，Stephen Bungay 把這個概念擴展成三個差距，如圖 27-1：在想瞭解與實際知道的之間所存在的知識差距（knowledge gap）、在計畫與行動之間所存在的協調差距（alignment gap），以及在預期行動可達成的與實際發生的之間所存在的成效差距（effects gap）。

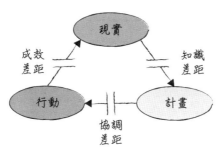

圖 27-1　三個能讓控制變成幻覺的差距（摘自 Bungay）

你可以看到相信他們能運用方法填補這些差距的組織。他們會產生一疊厚厚的需求文件來填補知識差距，但這些文件在寫好的時候就過時了。他們會搞出大量的專案計畫與微管理作為，試著解決協調差距。最後，成效差距就變得愈難以填補。儘管如此，這類的組織還是透過前述的西瓜狀態報告或運用代理指標（proxy metrics）（第 40 章）來試著解決問題，但容易衡量的，不見得能很好地反映出現實。基本上，這些組織創建出的，是他們自己的現實，或幻覺。

3　Stephen Bungay, *The Art of Action: How Leaders Close the Gaps between Plans, Actions and Results* (London: Nicholas Brealey Publishing, 2010).

許多 IT 組織相信他們能填補知識、協調與成效上的差距，這大約在 200 年前就被證實是無效的。

不像某些 IT 組織，普魯士人早就知道這些差距是沒辦法被消除的。相反的，他們接受這些差距，也適時地調整他們的管理風格，用隨機應變（*Auftragstaktik*）的概念，可被翻譯成 "任務分派" 或 "指示"，來取代具體的命令。瞭解任務的目的，能讓軍隊調整去因應未知的狀況（知識或成效差距），而不需要向中央指揮部回報。這可省下寶貴的時間，產生因應當地狀況之更好的決策。

用一個簡單的例子就可以將命令與任務分派之間的區別清楚地呈現出來。假設有個排被下達了打下一個小山頭的命令，當他們爬著小山丘時，士兵們發現，根本就沒有遭遇到抵抗，過程很輕鬆。他們要攻上山頂嗎？若下達給他們的是一個簡單的命令，那他們就會打上去。若意圖或任務（*Auftrag*）是要將這個山頭當作戰略據點，打上山頭也許才是正確的作法。不過若任務是要攻擊在山頭上的軍隊，那打上山頂就不是那麼理所當然。

任務分派（*Auftragstaktik*）並不表示就讓人去隨便地做些事。它以紀律為基礎，但這是靈活的紀律。遵守指揮官的意圖，與要人盲目去執行的被動服從相反。還有，決定要行動時，團隊會從一套明確的戰術中汲取經驗，這些戰術都是大家所熟知且經過充份訓練的。

所以豬玀們並不那麼呆板，而且還有可能勝過許多現代的 IT 部門。

實質控制：自主權

諷刺的是，事實證明，賦予團隊決策自主權實際上會加強了控制，因為它接受了差距並避免在幻覺中運作。不過要小心：許多組織把自主權當成是 "每個人做其認為是最好的事"。此時，遺憾的是，那不叫自主權，那是各行其是狀態（*anarchy*）：不管我們是不是喜歡，無政府主義者的所做所為是那些他們認為對的事。

每個人做其認為是最好的事並不是自主權,而是各行其是。

大型 IT 組織如何在不陷入各行其是的狀態下,建立自主權?就我的經驗來說,這需要藉由三個元素間的交互作用來達成(圖 27-2):

賦能(*Enablement*)

這聽來有點瑣碎,但你就是先要讓人能夠去做他們的工作。遺憾的是,企業 IT 知道許多讓人無法施展(*disable*)的機制:限制招聘的 HR 流程,需要花幾週時間的伺服器供應核准流程,還有新進人員無法在其中交易的黑市(第 29 章)。就如同恆溫器連接到瓦斯管被阻塞住了的爐子,沒辦法發揮什麼作用那樣,到處充斥著的障礙,否定了自主性。在 IT 界,如雲端計算這樣的平台可以賦能給員工,同時也能確保"戰術"的一致性,因為它們提供了一些通用的工具可供選擇。

回饋(*feedback*)

自治團隊可做出更好的決策,因為他們有最短的回饋循環(*feedback cycles*)(第 36 章)。如此,他們可以學得又快又好。只有在團隊看見其決策所造成的結果時,這才行得通。若恆溫器被掛在加熱器外的另一個房間中,那豈不就沒了控制電路。

策略(*Strategy*)

要做出好的決策,團隊需要能辨別出哪些決策是好的。因此,他們需要有些特定的目標;比方說,所產生的收益或可量化的使用者參與度。這些目標並不是特定的命令,而是要達到的整體目標。恆溫器只有在某人設定了想要的溫度之後,才能發揮功用。

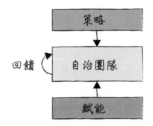

圖 27-2　策略、回饋與賦能區隔出自主性與各行其是。

若你忽略了一個或更多的元素，系統就行不通了：沒有了賦能的策略，沒辦法有任何進度，帶來的是許多挫折。沒有策略或回饋的自主性，與各行其是（anarchy）無異，因為團隊沒辦法判斷其決策的適切性。而沒有策略的賦能，則只會更加劇各行其是的狀況。比方說，Spotify Squad Model[4] 發現，提高對共同策略支援的一致性，能增加自主性。

 許多企業架構團隊（第 4 章）只管設定方向，卻不為結果負責。套用缺少策略與回饋會導致各行其是的邏輯來說，這意味著一個相當令人憂心的結果。

另一個洞察可能會讓尋求賦予團隊更多自主權的傳統組織感到訝異：自治團隊需要更好的管理。管理不自治團隊相對容易：他們大都是要他們做什麼就做什麼。相對的，自治團隊需要領導力（leadership）：他們需要被告知整體的意向與目標。所以，諷刺的是，尋求增加其團隊自主性的組織，或許先要強化其管理。

 自治團隊需要更好的管理。

4　Henrik Kniberg, "Spotify Engineering Culture (part 1)," Spotify Labs, March 27, 2014, *https://oreil.ly/d3MAI*.

管控控制循環

即使一個控制電路的工作是讓系統在無人監控的情況下，維持在一個穩定狀態中，在較大的環境下觀察電路的行為還是有用的，這意味著我們不應該盲目地相信自動駕駛。比方說，若加熱器的空氣濾清器堵塞，或爐腔積灰，則在其他條件相同的情況下，房子要變暖就需要較長的時間。一部"笨"恆溫器會直接讓加熱器運行長一點的時間，來解決這個問題。對比之下，智慧型的控制系統，能測量加熱器工作週期的時間；比方說，爐子要運行多長時間才能達到或維持特定的房間溫度。若工作週期拉長了，控制器會顯示出系統不再像之前那樣有效率運行的訊息。因此，一個控制循環不應該是一個黑盒子；反之，它應該根據"已學習"到的，顯示出健康指標。

 先進的雲端功能，如伺服器自動調控（autoscaling），能在沒有人類干預的情況下，吸收突發的負載峰，這非常方便。但它們也可以將嚴重的問題給掩蔽掉。比方說，若一套新版軟體的運行情況不良，基建可能會試著藉由佈署更多伺服器的方式來自動補償這個問題。你可能會在月帳單裡看到一些這類情況所產生的費用。

在控制理論中，觀察一個控制循環的行為被視為是觀察內部控制循環行為且能觸發系統調整流程的"外部循環"。

28

不再依樣畫葫蘆

沒人住在地基裡

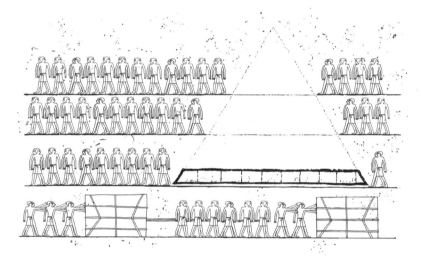

完成 **30%** 的大金字塔：那是最費力的部分

大金字塔是令人讚嘆的建築，即使已建好數千年，至今仍吸引大批遊客參觀。這種吸引力不僅來自於工程上的奇蹟，如完美的排列與平衡，也來自於金字塔非常罕見的事實。除了可以在美金一塊錢紙鈔上看到之外，你可以在埃及、中美洲與 IT 組織中找到它！

為何 IT 架構師鍾愛金字塔

金字塔在 IT 架構圖中是一種相當常見的景像，並且往往會給架構師，特別是愈靠近頂層閣樓的，一種明顯的滿足感。在大部分情況下，金字塔圖代表由基層（base layer）一層層疊上來的概念，基層帶有上層經常需要的功能。比方說，基層可以有通用功能，而上一層可以有業界特定的功能，再上去則是業務功能，最上層則是客戶特定的配置（第 11 章）。

分層在系統架構中是一種非常普遍且有用的概念，因為它將系統組件間的依賴性流向限制在單一方向，與大泥球（第 8 章）相反。用金字塔來描繪分層，呈現出上層比提供最通用之功能的基層，要小許多而且也特定化許多。

IT 迷戀這個模型，它意味著大部分基層中的程式碼可被共用或取得，因為在許多業務與應用程式中，都需要相同的功能。比方說，一套更好的物件關係對映圖（Object-Relational Mapping，ORM）框架，或一個通用業務組件，如帳單系統，並不是要展現出競爭優勢，而且應該要直接就能用。同時，必要的與產生價值的客制化，則可用相對少的氣力或技術能力較低的人力，在 "塔頂" 上來處理。這個類比與吉札區的金字塔一致，塔建金字塔頂端三分之一高度的材料，僅佔全部材料的 4%。

組織金字塔

另一個堆滿金字塔的地方是描繪組織結構的投影片檔，它們指出的是階層式結構（hierarchical structures）。幾乎所有組織都是階層式的：較低層（tier）的一些人對上一層中的一個人負責，形成一個有向樹（tree）圖，其中，根是被倒過來放在上面，形成一個金字塔的形狀。即使是 "扁平" 組織，也會有某些階層，因為總是會有一個人扮演主席或 CEO 的角色。這樣的設定是合理的，因為指導工作比實際執行工作要少花一些力氣，意味著一個組織需要的經理或主管比工作人員少（除非他們想要購買愛情；見第 38 章）。領導者較少也能讓決策更一致，設定出單一的策略方向。

沒有法老就沒有金字塔

不過，約 4,500 年前的埃及人還是有好的理由讓他們放棄去蓋金字塔的：一個金字塔的基層需要非常多的石材。座落在吉札區的大金字塔，約需要二百萬個，每個都有幾噸重的石塊。假設工人每天日夜勞作地持續工作了十年，他們每一分鐘就得要鋪設好三塊大石灰石。四分之三的材料都用在前 50 公尺高的位置上。雖然這種工作產生了無與倫比與能長久持續的結果，它卻一點也稱不上有效率。

只有假設有用不完之便宜或被強迫的工人（歷史學家們仍在爭論金字塔是由奴隸或工人建造出來的），或是法老已累積了驚人的財富，建造金字塔的經濟學才講得通。除了資源之外，也需要很有耐心。打造金字塔無法與速度經濟（第 35 章）結合得很好。某些埃及金字塔也沒能在法老的有生之年完工。

沒人住在地基裡

如我們在 IT 系統設計中所見的功能金字塔，其面對著另一種挑戰：建造底層的人不僅要搬移大量的材料，還要能預測負責打造上層之團隊的需要。對事情往往隨著時間演化（第 3 章）的 IT 金字塔來說，事情就更難做了。

純粹從底層往上建造 IT 金字塔會遭遇到幾個問題：

- 首先，只有較底下的那些層，沒辦法在業務上帶來多少價值——它們主要是作為其上要搭建更多東西上去的基礎。形成一種價值回收緩慢的巨大投資，這不是典型的業務所需要的。

- 它也否定了“在重複使用前使用”的敏捷原則。打造一個基礎層意味著將功能設計成日後能重複使用，而一開始並不需要實際去使用。充其量，這只能是個猜謎遊戲。

- 最後，它忽略了需要觀察實際使用情況的建造 - 衡量 - 學習循環（第 36 章），這很危險。若業務想要的是一個不一樣的金字塔呢？

 沒有人喜歡待在地基裡。因此，只交付基底層所能產生的商業價值有限。

要能不受限於金字塔，且可以套用到任何分層系統的挑戰在於，要如何定義各層之間的接縫。做的好，這些接縫就形成能將下層的複雜性隱藏在底下，讓上層有足夠彈性的抽象層（第 11 章）。要找到做得好的例子並不容易 —— 如在資料流（插槽（*sockets*））後將封包型網路（packet-based network）路由抽象化 —— 不過，若實作得好，這就能產生如網際網路這類重要的轉變。一般的 IT 團隊不會這麼幸運。

從頂端開始建造金字塔

如果你決定要建造一個 IT 金字塔，最好的方法是從上面蓋下來。就真正金字塔而言，你沒辦法這麼做，但軟體卻能讓我們不受地心引力的影響。當我提到“由上而下”時，我指的是金字塔的建造方式，並不是專案的管理方式。諷刺的是，“由上而下管理”會讓金字塔從底層建上來。

要從頂層打造 IT 金字塔，你要從能為客戶帶來價值的特定應用或服務開始。也就是在考慮複用（*reuse*）前要先確定能用（*use*）並避開“可複用（reusable）”的危險概念。當一個特色或功能可為一些應用程式所運用時，你可以把相關的組件“下移”到金字塔的下一層去，讓更多的應用能調用它們。用這種方式來建造金字塔，可確保底層含有上層實際需要的功能，而不是那些與實際軟體開發工作離很遠的企業架構師（第四章），覺得可能會在哪時候派得上用場的功能。

 “可複用”可能是個危險的詞。它指的是組件被設計成可廣泛地被運用，其實並不是如此。

提前預測到某些需求，如常被提到的 ORM 框架，是好事。建造如作業系統的一些金字塔地基層，也是好事。從許多方面看來，雲端計算是個帶有好接縫的巨大的地基層。

從頂端開始建造金字塔可能會產生不少重複；比方說，二個獨立的開發團隊打造出尚未成為基層一部分的類似功能。跨團隊的透明度（比方說，透過運用通用的源碼庫或通用的服務註冊）有助於更早發現這類的重複。雖然過多重複是不必要的，但我們要瞭解到避免重複並不是免費的（第 35 章）。

我曾看過一些基礎服務層，要求服務使用者要透過遠端呼叫來調用該服務，即使執行的只是一個簡單的功能。基層架構師會選用這樣的方法，因為從表面上看來，它更有彈性。第一個運用這個介面編寫客戶端的開發者，用不太友善的話來述說他的經驗，旁徵博引了諸如定序（sequencing）、部分故障（partial failure）與維護狀態（maintaining state）之廣為人知的問題。基層團隊反駁說，在其服務層頂端有個新的發派器（*dispatcher*）層，可以用來 "增強互動"。這個團隊是從下而上地打造金字塔。

由上而下地建造金字塔也通常會在較低的層中，產生更多可用的 API（編程介面，programming interfaces）。因為在分層模型中，下層的消費者在上頭，由上而下打造 API，等同於以客戶為中心：與其去猜客戶要的可能是什麼（這裡指的是其他的開發團隊），你可以從實際的需要中去接近它。

喜迎基層

IT 界流行建造金字塔還有另一個原因：金字塔地基層的完工，成了實際產品成功的一種替代指標（*proxy metric*）。在還沒有驗證能為業務帶來好處之前，團隊就已取得了重要的進展。

這類似於開發者熱衷於打造框架：你必須設想出自己的需求，交付出這些需求的同時，你已宣告了你的成功，不需要有任何使用者實際去驗證需求，不需要將之實作出來。換句話說，設計金字塔的地基層能讓閣樓架構師（第 1 章），宣稱他們已連結到引擎室，而不需面對實際產品團隊，或更糟糕的是，實際客戶的檢驗。

 在組織最高層上的人喜歡設計 IT 系統金字塔的底層，離真正的使用者很遠。

諷刺的是，高居於組織金字塔上的人喜歡設計 IT 系統金字塔的底層。理由很清楚：建造出成功的應用程式遠比通用且未經驗證的基層要困難許多。遺憾的是，在閣樓架構師之虛張聲勢愈趨明顯的同時，幾乎可確認他們已轉到另一個專案上了。

金字塔裡的生活

雖然 IT 建造金字塔可能還有爭議，但組織金字塔大都是既定的：我們對老闆負責，他又對某人負責等等。在大型的組織中，我們通常透過在企業階層中有多少人在我們之上的方式，來定義自己的位階。組織的主要考量是他們是否真正地生活在金字塔中；換句話說，溝通管道與決策是否照著階層的路線來走。若是如此，在講究速度經濟的時代（第 35 章），組織將遭遇到極大的困難，因為金字塔結構可以有效率，但他們既不快也不夠彈性：決策在階層中上上下下地傳，通常因協調層的瓶頸（第 30 章）而受阻。

幸運的是，許多組織實際上並不會按照組織圖上所畫的模式來運作，而是依循功能團隊、聚落或小隊的概念來運作。這些組織元素通常對個別產品或服務有完整的所有權：決策會往下推到實際上最熟悉問題之人的那一層。這會加速決策，也會有更短的回饋循環。

某些組織透過將結構階層交疊在實務社群上的方式來加速，將有共同興趣或專長領域人聚在一起。社群只有在被授權或有清楚目標（第 27 章）的時候，才可能會是有用的變革媒介。否則，社群就會有變成閑聊社群的風險，一個人可隱密地躲在裡頭辯論與社交，沒辦法產出任何可觀測的結果。

我們必須想想，組織為何如此鍾情於組織圖，幾乎所有公司專案演示的第二張投影片上，都畫著組織圖。我的假設是，靜態結構比動態結構所承載的語義負擔要低一些：在展示圖裡頭有二個方框，A 與 B，由一條線連著，觀看者就能很容易地導出模型：A 與 B 之間存在關係。有人幾乎可以聯想到實體上由一條繩子連著的二個硬紙板盒。動態模型更不容易內化（internalize）：若 A 與 B 之間連著好幾條線，描繪著其間的互動過程，也許還包含條件（conditions）、平行（parallelism）與重複（repetition）。要想像這個模型試著描繪的真實情況就更加困難。通常，只要有段動畫就可以讓它變得直覺些。也就是說，即使瞭解系統行為（第 10 章）通常比只看其結構更有意義，我們更滿足于靜態結構。

事情總是能變得更糟

像金字塔那樣來運行組織可能變得太慢，也會抑制驅動創新所必須的回饋循環。不過，某些組織有的金字塔模型則更糟：倒過來的金字塔。在這個模型中，多數的人管理並指揮著少數實際做事的人。除了明顯的不平衡之外，不可避免地，經理們需要從工作人員身上獲取最新訊息或狀態報告，這保證會讓工作的進度停滯。這種可憐的情況會發生在之前完全仰賴外部供應商（第 38 章）來負責 IT 實作的工作，而現在開始想要把 IT 人才帶回公司的組織。也可能發生在爆發危機時，如嚴重的系統停機，因為管理層更加重視這些事，團隊也因此要花更多的時間準備狀況報告，解決問題的時間就變得更少了。

諷刺地，當組織試著修正從其階層金字塔中衍生而來的問題時，會發生第二種反模式。他們會用一個新的專案組織來支持現有由上而下的回報組織（通常被稱為線型組織）。這種組合通常被稱為矩陣型組織（*matrix organization*）（不是指那部電影），因為其中的人有條水平的回報線連到他們所屬的專案，有一條垂直回報線連結到階層中。此

外，還沒那麼有彈性與足夠自信賦予專案團隊必要之自主權（第 27
章）的組織，傾向於創建第二個金字塔，專案金字塔。現在，員工不
只有一個金字塔要照顧，而是要照顧二個金字塔。

創建現代化結構

若金字塔不是該走的路，你要如何建造系統？我將系統與組織設計視
為是直覺的、動態的過程，由交付業務價值所驅動著。在建造 IT 系統
時，你應該只加入那些能提供可測價值的新組件。一旦觀察到可調整
的一組通用功能，最好將它們移進通用基礎層。若你找不到這類的元
素，那也 OK。它就是只是意味著某個金字塔模型並不適用於你所遭
遇到的情況而已。

29

黑市無效率

但卻揭示了事情實際上如何被完成的方式

老兄,我這有你需要的東西

對大型組織的一種普遍的抱怨是它們行動緩慢,而且常陷入用來進行控制(第27章)的流程當中,而不是支援工作人員,讓他們能儘快地把工作做完。比方說,過去我被賦予做出牽涉到幾千萬經費之技術決策的權力,但卻必須得有管理層的批准,才能去買一張 200 元的飛機票。申請被核准的時候,通常已經漲價了。

大部分的組織把這類的流程，視為是讓組織維持順暢運行的關鍵。
"若每個人都做他們想做的事，不就亂了套嗎？"則是之所以如此的
常見理由。大多數的組織從來不敢真正地去找出問題的成因，不是因
為他們害怕混亂和騷動，是因為他們擔心每件事情都好好的，而不再
需要會創造與管理流程的員工。

拯救黑市

諷刺的是，在法律與秩序的掩護下，這類組織根本早就意識到組織
中的流程阻礙了進步。這就是為什麼這些組織容許"黑市（black
market）"存在的原因。在黑市中，事情可以快速地在檯面下完成，
不需要遵守一些自己強加上的規則。在這樣的黑市中，通常需要"知
道找誰談"，才能把事情快速而無害地完成。你急需一部伺服器嗎？
與其遵守標準流程，倒不如找個能幫忙"拉上幾條線"的人。設定好
一個官方"優先處理"流程，通常代價更高，但也行得通。而略過這
個流程讓關係良好的人拿到特殊待遇就是黑市。

若回答"拿到一部伺服器要多久？"的答案是"這要看問
問題的人是誰"的話，你已經有個黑市了。

另一種類型的黑市可能源自於"高層"。雖然提供不同等級的服務，
包括"VIP 級支援"，並非少見，但一開始就能為資深主管提供能忽
略制式化的或與安全相關限制支援的，就是黑市。這樣的黑市會以，
比方說，提供給主管最新之行動裝置的形式出現。這些裝置對一般員
工而言太不安全了，何況主管的裝置裡頭裝的通常是最敏感的資料。

黑市很少是有效率的

這些例子的共同的點是，它們都以未成文規則與未載明的，有時是秘
密的，關係為基礎。這就是為什麼黑市很少是有效率的，正如同你看
到在一些國家中，黑市佔了主要經濟活動之大部分的情況：黑市不容
易控制，政府也不容易課徵到必需的稅收。它們往往傾向規避資源的

平衡分配：可以透過黑市交易的人，能取得其他人拿不到的貨物或協助。因此，黑市扼殺了經濟發展，因為它不提供廣泛且平等的資源獲取管道。對國家與大型企業來說，情況都一樣。

 黑市也會扼殺創新，因為它們不提供平等的資源獲取管道。數位世界則讓資源取得民主化，剛好與之相反。

在組織中，黑市通常會助長緩慢混亂（第 31 章），在其中，組織表面上似乎是有紀律且結構化的，但實際上則完全不同。它們也會讓組織的新成員不容易得到協助，因為他們缺乏能連進黑市的連結，這是系統抗拒變革（第 10 章）的一種方式。

黑市藉由強迫員工順應其制度，導致效率不彰。組織裡找不到任何有關如何在黑市工作的知識，這也是該組織所特有的知識。員工學習黑市所花的時間，並未為組織帶來好處，卻帶來了真實但卻從未被估算過的成本。一旦學到了，這種知識也不會給員工帶來好處，因為一離開了這個組織，它沒有任何市場價值。諷刺的是，這個效應卻會讓大型組織容許有黑市的存在：它有助於留住員工，因為他們有的許多知識，都未見於紀錄，與流程有關的、特殊語彙及黑市結構等，都會將他們綁在組織裡頭。

更糟的是，黑市打斷了必要的回饋循環：若取得伺服器的速度太慢，則無法在數位世界中競爭，組織必須解決這個問題，加快這個流程。以黑市的方式來規避問題，管理層暫時可取得安全的假象，這種安全感則往往伴隨著虛構的英雄主義："我們二天內就可以把它搞定"。Amazon 可以在幾分鐘內就可滿足幾十萬個顧客的需求。數位轉型由民主化（*democratization*）所驅動；那就是，賦予每個人快速取用資源的權力。恰恰跟黑市的作為相反。

你不能將黑市外包出去

黑市還有一種成本相當高的限制，即它們不能被外包。大型組織傾向把如人力資源或 IT 運營這類的價值流程外包出去，這些領域正好就是黑市經濟的對象。特殊化的外包商能有更大的經濟規模，更低的成本結構，部分是因為他們依循著官方建立起來的流程。因為服務現在由第三方供應商來執行，流程由合約議定，非官方的黑市管道已經行不通。本質上，業務會受到自身"照章辦事"的拖累。因此，仰賴內部黑市的組織，在把其部分的服務外包出去之時，將在生產力上面臨到巨大的損失。

打擊黑市

如何避免透過黑市來管理組織？更多的控制與治理可能是一種方式：就像 DEA 把藥品黑市擊垮那樣，你可以找出黑市商並將之關閉。不過，IT 組織的黑市並不涉入非法商品的交易，它是員工在迴避阻撓他們完成工作的流程。若瞭解到過度嚴格的控制流程會滋長黑市，那更多的控制與治理可能就不會是打擊黑市的好辦法。雖然如此，某些組織還是會試著這樣做，這就是只做那些與預期效果相反之事（第 10 章）的絕佳範例。

 你沒辦法透過更多的控制與治理來消除黑市。畢竟，那就是打從一開始讓黑市滋生的機制。

避免黑市的唯一方法是建造一個有效率的"白市"，不會阻礙流程，而是促進流程的白市。一個有效率的白市能降低人們再去搞個黑市系統的需求，畢竟它還是得耗費不少工夫。不提供能發揮作用的白市就試著關閉黑市，大概會招來抗拒與生產力的大幅下降。

自助系統（self-service systems）是打擊黑市的絕佳工具，因為它透過賦予每種資源同等的取用權，消弭了人跟人之間的關聯與摩擦，讓流程民主化。若你能透過易學（self-explanatory）工具快速獲得所需的供應，則就更沒有動機去"進黑門"了。然而，將未載明的流程自動化是件麻煩事，通常也不怎麼受歡迎，因為它把緩慢混亂（第 31 章）搬上檯面了。

回饋與透明度

黑市通常源自於要應付麻煩的流程，這種流程常因設計者把回報與控制視為要優先處理的工作：在每一個步驟中，加入檢核點或品質關卡，讓進度能被精確地追蹤，也提供了價值指標。不過，它會讓進行這個流程的員工設法跳過一系列無止盡的障礙，去把事情搞定。這就是我從未見過任何容易操作之 HR 或報帳系統的原因。強迫設計流程的員工在自己的日常工作上去使用這些系統，可以強調出因該流程產生出多少摩擦，進而提供了一個有價值的回饋循環（第 27 章）。這意味著不再會有 VIP 級的支援，只會有讓每個人都能使用之足夠好的支援。難道沒有人想被當成 VIP 嗎？同樣的，HR 團隊應該將之套用在自己的徵才啟事上，率先體驗整個招聘流程。

 在招聘時，我常常試著應徵自己提出的工作職缺，如此，我就能看到整個流程中會有什麼障礙。

透明度是對付黑市的解藥。黑市本質上是不透明的，只提供利益給少部分人。當官方流程，如訂購伺服器，變得透明時，員工也許就比較不願意從黑市上購買，因為在黑市買東西，總是得付出額外的代價，而且也有許多不確定因素。比方說，在下次倉庫盤點時，從黑市買的伺服器還能有支援或者會不會被重新分派出去呢？因此，組織的制度應該將完全透明訂為是一個主要的原則。

用一個有效率且民主的白市來取代黑市也能讓控制少些幻覺（第 27 章）：若員工都透過官方、文件詳實且自動化的流程來做事，組織可觀察到真實的行為並發揮治理權；比方說，透過核准需求或指定使用配額。黑市中不存在這類的機制。

讓黑市消失的主要障礙是改進流程有個可評估的前期成本（up-front cost），因為黑市的成本通常沒辦法評估。這段差距會讓人覺得無變革成本（*cost of no change*）（第 33 章）是低的，反而又讓進行變革的動機降低。

30

調控組織

如何調控組織？與調控系統的方式相同！

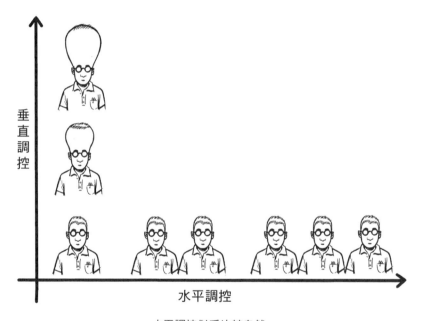

水平調控似乎比較自然

數位世界講究的就是調控性（scalability）：數百萬的網站、每月數十億次的點擊、數千萬億位元組的資料、更多的推文以及更多的上傳影像。要讓這些都能正常運行，架構師要學一大堆如何調控系統的方法：讓服務變成是無狀態式（stateless）與水平可調控的、同步點最小化使吞吐量（throughput）最大化、交易範圍本地化、避免同步遠端通訊、使用靈巧的快取策略，以及縮短變數名稱（開玩笑的！）

隨著周遭的一切都被調控到前所未見的吞吐量時，我們，人類使用者
與身在其中工作的組織，就成了限制因素。你可能會想知道，很瞭解
調控的 IT 架構師，如何應用其專業去調控與優化組織的吞吐量。我可
能已成為架構師太空人[1]，因高度的抽象化而飽受缺氧之苦，但我還是
忍不住會覺得，經驗豐富之架構師所知的許多調控與效能方法，同樣
能夠被運用在組織的調控上。若一家咖啡廳（第 17 章）能教我們有
關系統吞吐量最大化的方法，也許我們對 IT 系統設計的知識，也能有
助於改善組織的性能？

組件設計 ── 個人生產力

增加產出要從個人開始做起。有些人的生產力就是別人的十倍。對我
而言，有時候是這樣，但有時候不是：當我 "進入狀況" 時，我有絕
佳的生產力，但若常常被一些事情干擾或打斷，很快地，做事就沒效
率了。因此，我不會給你任何好的個人建議，而是建議你去參考許多
資源，如 GTD（Get Things Done）[2]，這些資源會建議你如何去減少
未完成工作的數量（讓精實的傢伙開心），以及如何將大型任務拆解
成立即可處理的較小任務。比方說，把 "我實在該把那輛舊車換掉"
轉化成 "這個週末去找三家車商"。把要開始做的事分類，然後要麼
馬上處理，要麼先放著，等到可以為它做些什麼的時候就做。如此一
來，就減少了要同時進行之工作的數量。這個建議非常有用，但能成
功地執行，還是需要一些信任與多一點的紀律。

避開同步點 ── 開會無法調控

假設每個人都各自盡最大的努力發揮生產力，有高的產出，這意味著
我們有效率跟有用的系統組件。現在，我們需要看的是整合架構，它
定義了組件間的互動；換句話說，指的是參與其中的人。最常見的互

1　Joel Spolsky, "Don't Let Architecture Astronauts Scare You," April 21, 2001, Joel on Software (blog), *https://oreil.ly/MafCn*.

2　維基百科, "Getting Things Done," *https://oreil.ly/PRfdu*.

動點(除電子郵件外,這之後再討論)當然是開會。光是這個字就會讓某些人起雞皮疙瘩,因為它好像是指人們聚在一起,跟其他人"會面",但並沒有提到任何特定的議程、目標或產出。

 開會是同步點 —— 眾人皆知的吞吐量殺手。

從系統設計的角度來看,開會還有另一個麻煩的屬性:它們要一些人(大部分)在同一時間在同一地點集合。在軟體架構中,我們把這件事稱為同步點(synchronization point),很多人都知道,這是吞吐量最大的殺手之一。"同步的(synchronous)"這個字源自於希臘,原本是指同時發生的事情。在分散式系統中,若要讓事情在同一時間點發生,某些組件就必須等其他組件,這明顯就無法讓吞吐量最大化。

等同步點的時間愈長,對性能的負面衝擊就愈大。在某些組織中,高階人員可能要花一個月或更長的時間,才可找到能開會的時間。在人員時間資源上的這種不一致,明顯地耽誤了決策與專案進度(也影響到了速度經濟;第 35 章)。這種效應跟資料庫更新鎖定類似:若許多程序(processes)正試著更新同一筆資料表紀錄,吞吐量會受到嚴重的影響,因為大部分的程序就只是在等其他程序做完,最後則陷入可怕的死結(deadlock)。大型組織中扮演交易監視器角色的管理團隊,瞭解到將開會視為是主要互動模式會產生負擔(overhead)。更糟的是,排得滿滿的時間表會讓員工開始用"以防萬一"的方式來框住時間,這是一種悲觀資源分配(pessimistic resource allocation)的形式,與系統行為(第 10 章)的預期效果剛好相反。

聚在一起對腦力激盪、批判性討論或決策可能有用,但最糟糕的是用來開進度會議。若某些人要知道專案目前的進度,為何還要等一、二個禮拜開下次的進度會議?最糟的是,許多我參加過的進度會議,要求與人員讀未事先在開會前發送出來的文件,避免有人讀完文件前就走掉了。

干擾中斷 —— 電話

遇到沒辦法等到下次會議再談的事情，你會想打電話找那個人談。我很清楚，因為一天大概都會有半打以上的電話沒接，我通常不接電話（然後就會接到以 "我沒辦法用電話聯絡上你" 開頭的電郵，我總是不太瞭解他的目的是什麼）。與開會比起來，打電話的等待時間短，但還是同步的，也就需要在同一時間點備好所有資源。你回電話時，有多少次被我沒辦法接電話的 "電話標籤" 給耍了，體驗過被以其人之道還治其人之身的感覺？我不確定在系統通訊中有沒有類似的狀況（我應該要知道；畢竟，我正在記錄著對話模式）[3]，但很難把這種情況視為是有效的溝通。

電話是 "中斷（interrupts）"（用靜音就可以把它們阻絕掉），在開放的環境中，它們不只會中斷你，也會中斷掉你的同事。這就是為什麼 Google 日本分公司的工程桌上不預先裝上電話的原因（要特別申請一個來用，你還會被看成有點過時）。在開放辦公室裡，響著的電話會造成的傷害，在 Tom DeMarco 與 Tim Lister 經典的 "人才（Peopleware）"[4] 已清楚地闡明。"衛生紙把戲（tissue trick）" 不再適用於數位電話上，但幸運的是，它們大概都有音量調整的設定項。我最討厭與電話有關的事是，當我用擴音模式在講電話時，有人闖進我的辦公室。所以，我還想要弄個迷你專案，來開發一個會在我講電話時，會亮出 "廣播中（on air）" 的牌子。

往前走而不是向後退

重試一個不成功的操作是一種典型的對話模式。它也是一種危險的操作，因為它能將系統中的小擾動提升成一直重試的攻擊，讓所有東西

3　Hohpe, "Conversation Patterns," Enterprise Integration Patterns, *https://oreil.ly/qHzFw*.

4　Tom DeMarco and Timothy Lister, *Peopleware: Productive Projects and Teams, 3rd ed.* (Upper Saddle River, NJ: Addison-Wesley, 2013).

都陷入癱瘓。那就是為什麼指數型退避（*Exponential Backoff*）[5]是一種廣為人知的，形成許多低階網路協定之基礎模式的原因。指數型退避算法運用在如載波監聽，具碰撞偵測之多重存取（CSMA/CD）等乙太網路協定的核心元素上。

諷刺的是，電話打不通時，人們傾向不退避，反而有一直往上堆的趨勢：若你不接電話，他們傾向每隔一小段時間就再打來，表示有急事。最後，他們就會放棄，但只有在系統挺過這波激烈的重試攻擊之後，他們才會放棄。這類的行為助長了不平等的資源運用。似乎每個人要不是在叩你，就是非常安靜。相較之下，帶有佇列（queue）的非同步通訊能做到流量塑形（*traffic shaping*）——尖峰被佇列吸收，讓處理要求的"服務"維持在一個最佳的速率上，而不會負荷過載（overloaded）。這就是為什麼比較喜歡收到首句寫著"我沒辦法用電話聯絡上你"之電郵的原因：我將一個同步操作轉成非同步操作。

非同步通訊 —— 電郵、聊天軟體與其他

在企業環境中，電郵和會議一樣都容易令人氣惱。然而，它有個很大的優點：它是非同步的（*asynchronous*）。與其被打擾，你寧可在有幾分鐘可用的空檔，處理電郵。要得到回應可能要等稍久一點，但它就是典型的"延遲吞吐量"架構，Clemens Vaster 的類比把這事形容得最貼切，不是造更快的車子，而是要把橋建寬一點，才能解決華盛頓州 520 號公路在西雅圖與雷德蒙間，雙車道浮橋長年來經常擁塞的問題。

電郵也有缺點，主要是人們會把其他人的郵箱灌暴，因為大家覺得電郵的發送成本是 0。遺憾的是，閱讀郵件的成本並不是 0。因此，若你想倖免於難的話，必須要找個好的郵件過濾程式。還有，電郵沒辦法進行集體搜尋——每一個人都有自己的歷史紀錄。我猜你會把它做某種始終一致的架構，然後與它和平相處，但它還是非常沒有效

5　維基百科，"Exponential Backoff," *https://oreil.ly/A4QbL*.

率。我想知道在典型的 Exchange 伺服器裡，不知道還存放著多少份相同的 10MB 大小之 PowerPoint 簡報檔跟其之前的版本哩。

將文字聊天與電郵整合起來，可以打破某些限制：若你沒收到回郵，或對方在回郵中說要跟你進行即時討論，"用文字聊天來回覆" 按鈕，能將對話轉成准同步模式：它還是允許收件者依照自己的意願來回覆（所以是非同步），但也允許進行比電郵快很多的迭代。像 Slack 這類的產品，支持聊天 / 頻道模式，也能進行無電郵的非同步通訊。系統架構師會把這類方法類比成元組空間（*tuple spaces*），其基於黑板（*blackboard*）的架構風格，具有鬆散耦合與避免重複的特性，很適合於可調控、分散式系統中。

提問沒辦法調控 —— 建個快取！

企業溝通的大部分內容都是提問，通常是透過同步溝通。因為同樣的問題被一再地重複，所以這沒法調控。架構師應該要在系統中導入個快取，解除訊息來源組件的負擔，特別是那些會一再重複地收到如團隊新成員的照片這種基本訊息要求的組件。在這樣的情況下，我會直接把這個人的名字打到 Google 裡去，然後用查到的線上照片之超連結來回覆，問 Google 就好，不用問其他人。

搜尋可以調控，但只有在可搜尋之媒體中存有答案的時候才行。因此，若你收到一個問題，這樣的回覆可以讓每一個人都能看（並搜尋）到答案；比方說，在一個內部論壇上（這就是你載入快取的方法）。花點時間用短文件或論壇上的貼文來解釋某些事情，這是能調控的：有 1,000 人可搜尋或閱讀你分享出來的內容。開 1,000 場一對一的會議來解釋同樣的事情，可能要用掉一整年工作時間的一半。

我曾經體驗過一種快取殺手，就是使用不同的樣版。不同的樣版雖然都可增加效率，但卻傷害了資料的再運用。比方說，我用我的首頁連結或 LinkedIn 回覆向我要履歷的人，我發現有人把線上找到的資料轉成了 Word 的樣版。數位世界中會有一些錯事發生。

領域邊界設定不當 —— 過度協調

即使比起其他的來，某些溝通風格可被調控得更好，但最終，在流量繁重的情況下，所有的方式都將崩潰，因為不管是透過線上聊天或非同步溝通方式，人類能處理的就那些吞吐量。因此，目標不只是調整溝通方式，也要減少需要溝通的量。大型企業飽受非必要之溝通的苦，而這是由，比方說，需要去 "協調（to align）" 所造成的。我常開玩笑說，當我的車沒辦法開在一直線上，或輪胎磨損情況不平均時，我要做的就是 "協調（aligning）"。為什麼在工作時，我需要一直做這件事，這讓我很困擾，特別是當要達成 "共識（alignment）" 總是得要開個沒有目標的會時。

就公司而言，協調意味著要在某個問題上進行溝通，以達成某種共識或協議。共識是具生產力之團隊不可或缺的一部分，但 "協調" 的行動可能會自行其是。我懷疑這是專案與組織結構間不一致（misalignment，刻意的雙關語）的跡象：對專案成功與否有重大影響的人或重要的決策者，都沒有參與專案，但卻常常要求開一些 "管控（steering）" 與 "協調（alignment）" 會。用系統設計來類比這種情況，就是領域邊界設定不當，如同 Eric Evan 提出的，在受限情境[6]中的領域驅動設計[7]概念。沿著橫跨分散式系統之設定不良的領域邊界線將之切開，幾乎可保證，該系統的延遲與其開發者的負擔一定會增加。這些開發者必須與日益增加的複雜度奮戰。Sam Newman 一定會同義這點的。[8]

---

6   Eric Evans, "About Domain Language," Domain Language（網站）, *https://oreil.ly/m71x1*.

7   Martin Fowler, "Bounded Context," MartinFowler.com, *https://oreil.ly/AtY88*.

8   Sam Newman, *Building Microservices: Designing Fine-Grained Systems* (O'Reilly, 2015).

自助服務是更好的服務

自助服務通常有不好的意涵：若價錢都一樣，你喜歡在麥當勞吃飯還是在鋪著白桌布而且有服務人員的餐廳用餐？若你是條食物供應鏈，正在尋找吞吐量的最佳化方法，你會喜歡經營麥當勞還是有 5 張桌子的典雅義大利餐廳？自助服務才能調控。

透過電話或電郵試算表附件，要人手動輸入資料的方式，來要求服務或訂購商品，則沒辦法調控。即使透過近距離或境外的外包，把人工成本降低了，也是不行。要能調控，要把每件事都自動化（第 13章）：讓所有功能與流程都可在內聯網（intranet）線上取得，最好是也有網頁介面跟 API 服務（有存取防護的），如此使用者都可以在其上搭層新的服務或自定的使用界介面；比方說，把受歡迎的功能組合起來。

符合人性

用與調控電腦系統類似的方式來調控組織，是否意味著數位世界迴避著個人的互動，把我們變成必須讓吞吐量最大化之沒有臉的電郵與流程機器？我並不這麼認為。在腦力激盪、協商、尋找解決方案、彼此聯繫或只是一同開心地玩的時候，我非常看重人際間的互動。這就是我們應該經常碰面的原因。透過溝通模式的優化，能使讓別人大聲朗讀投影片，或為了同一個問題打電話問我三遍這類的事快上好幾倍。是我不耐煩嗎？可能是，但處於一個什麼事都變化得愈來愈快的世界裡，有耐性可能不是最好的策略。高吞吐量的系統可不喜歡有耐性。

31

緩慢變亂並非秩序

要變得更快？要靠紀律！

敏捷或只是快？下一個彎就能分曉

我們都會有惱怒或急躁的情緒，儘管它們微不足道，但卻常常發生，真的令人生氣。在私生活中，這些問題往往圍繞在像牙膏管這樣的東西上：要蓋上還是不蓋上，要從底下擠或從中間擠。這類的差異已被證實，的確會傷害到許多婚姻或共同生活中的關係（提示：再買管牙膏只消 1.99 元）。

在企業 IT 的世界裡，鬧脾氣往往跟更科技化的東西有關。我發的脾氣是，幾乎在敏捷宣言（Agile Manifesto，*http://agilemanifesto.org*）發表之後的 20 年，還有人不瞭解其意義就使用敏捷（*agile*）這個字。你一定聽過底下的對話：

- 下一個主要交付的是什麼？不知道——我們是敏捷的！

- 專案計畫是什麼？因為我們是敏捷，我們很快，所以沒辦法一直更新計畫！

- 我可以看看你們的文件嗎？不需要——我們是敏捷的！

- 你們能說明一下架構嗎？不——敏捷專案不需要這個！

以及，還有人敢問該團隊何以知道他們是敏捷的話，你一定會聽到底下的回應：

- 我們保證是敏捷的，因為我們有經過官方認證！

只有說因為敏捷方法太混亂了，不適合你們公司或部門這種結構化的環境，才能突顯出這種無知。諷刺的是，相反的那一面，才是實際的情況：企業環境通常缺乏實作敏捷流程所需的紀律。

快對敏捷

對於敏捷這詞被廣泛地濫用，我第一個煩惱的是，我得重複地提醒他們，這個方法叫“敏捷”而不是“快”，這是有充份理由的。敏捷方法是透過不斷地校正與適應變化來達到目標的，它不是要去預測環境排除不確定性。從遠處對著移動的目標開槍，是快但不是敏捷：你很有可能打不中。敏捷方法允許邊走邊修正方向，更像是一枚導彈（雖然我不喜歡用武器來類比）。敏捷很快地讓你到達你需要到達的地方。很快地往錯誤的方向跑，算不上是方法，而是愚蠢。

速度與紀律

在觀察快速移動的物體時，很容易有混亂的感覺：同時有太多事情發生，還要去判斷這些事是否能互相搭配。一級方程式賽車的維修站是個好例子：嘰依…、擎嗯…擎嗯…、擎嗯…擎嗯…、蹦嗯…之後，不超過 4 秒，賽車就有 4 個新輪胎（F1 賽車不再允許補充燃油了）。

觀察這整個過程在這麼高的速度下完成，令人頭昏眼花，不知道是看到的是奇蹟還是混亂。若你觀察這個程序幾次，最好用慢動作來看，你就可以理解到很少有團隊能比維修站人員還要有紀律：每一個動作都經過數百次的編排和訓練。畢竟，以 F1 賽車的這種速度，在維修站裡多花一秒鐘，幾乎就會落後 100 公尺。

在 IT 世界要能移動得快，同樣也需要紀律。自動化測試就是你的安全帶——在重要時刻，如發生嚴重問題時，還有什麼其他的方法能讓你立刻把程式碼佈署到生產環境中？對線上零售商佈署程式碼最有價值的時間，就在聖誕假期的中間，客戶流量最高峰的時候。這是一個關鍵修復或新功能對最低銷售水平線，能發揮最大之正面影響力的時刻。諷刺的是，這也正是大部分企業 IT 商店強制推行的 "凍結區"，在其中，佈署變動過的程式碼是被禁止的。在流量尖峰推送程式碼要有相當的自信。有嚴明的紀律與許多實務操作能讓你更快更有自信。恐懼會把你拖慢下來。有自信但沒有紀律，則會讓你徹底失敗。

又快又好

敏捷開發透過一個新維度（第 40 章）的加入，顛覆了事情只能求快或求高品質的既成印象。不可否認的，沒看過它實際運作的人，很難真正地理解這個概念。我常主張 "敏捷沒辦法教，它只能被演示出來"，意思是你應該在敏捷團隊裡學習敏捷方法，而不是看書來學。

底下列的是快速軟體開發與佈署必須具備的特質：

速度

開發速度確保你可以很靈巧地更改程式碼。若碼庫滿是技術債，如有太多重複的程式碼，你就會因此而失去速度。

自信

一旦改了你的程式碼，你必須對這些程式碼的正確性有自信，如透過程式碼審查、嚴格的自動化測試以及釋出小的、漸進改良版本來強化自信。若你缺乏自信，你就會猶豫，而且也快不起來。

可重複

佈署必須是可重複的，通常是 100% 的自動化。你所有的創造力應該用在為使用者寫出好的功能，而不是讓每次的佈署都成功。一旦你決定要佈署了，你應該仰仗的是佈署作業就像前 100 次做過的那樣正確運行。

彈性

你的執行期（runtime）必須有彈性，因為萬一使用者喜歡你做的東西，你就必須要能管控流量的問題。

回饋

你需要從監看機制中取得回饋，以確保能儘早發現產品的問題，並瞭解用戶的需求。若你不清楚要往那邊跑，跑得更快並沒有任何幫助。

安全

以及，最後但也重要的是，你需要維護執行期環境的安全，避免意外或惡意的攻擊，特別是在頻繁佈署新功能的時候，這些功能可能本身就存在有，或其所依賴的程式庫中存在有安全漏洞。

這些品質要求一致地劃出一個有紀律、快速與敏捷的開發流程。沒有實際看過這種流程的人，通常不怎麼能相信有自信地工作是多麼自由自在。即使我的企業整合模式網站（*https://oreil.ly/hV3NG*）用的建構系統已經有 15 年歷史了，若要我把所有版本都刪了重新再建構跟佈署，我也絲毫不用猶豫。

緩慢混亂

若高速需要高度紀律（或以某種災難告終），速度慢下來就能允許我們草率嗎？雖然在邏輯上兩者並不相同，但實際上觀察到的，通常就是如此。以傳統流程角度來觀察的時候，你就會發現有許多混亂、修改與不受控制的黑市（第 29 章）。比方說，1980 年代美國汽車製造工廠的樓地板，有差不多四分之一的空間用來做修改的工作[1]，難怪日本的汽車公司用紀律與零缺陷（zero-defect）方法，可以打進市場來，搶食大餅。這種方法讓人瞭解到，與其生產出一大堆有瑕疵的車子，倒不如把產線停下來，把問題解決掉來得有效率。現在的數位公司被緩慢與混亂的服務業務打亂的情形，很類似於那些製造業公司在 30 年前被打亂的情況。希望你能從他們的錯誤中學到一些東西！

值得警覺的是，在企業 IT 裡能看到同樣程度的混亂：為什麼要弄一部虛擬伺服器要用二週的時間？第一個原因是，因為大部分的時間都用來排隊（spent in queues）（第 35 章），就等在那裡，第二個原因是，因為 "全面測試（thorough testing）"。等等，為什麼需要對應該以 100% 自動化與可重複方式供應的虛擬伺服器進行測試呢？為什麼這得花二週的時間呢？通常是因為這個流程並不是真正 100% 自動化與可重複的：這裡加了一個補丁，那裡弄了一點優化，改了支小腳本，還有某人忘了把儲存空間掛載上來。天啊。這就是為什麼別派人去做機器的事（第 13 章）的原因。

一旦你戴著 "已驗證流程" 的面紗來看，就能很快發現混亂，即困惑與失序的狀態。它變化得很慢，你要花一些時間才能認出來。有個好辦法可以檢測混亂，即要求精準記錄上述的已驗證流程：很多時候並不存在這種東西，要麼過期了，要麼沒打算分享出來。是啊，沒錯…

ITIL 是種救贖？

若你質疑 IT 作業慢慢變亂，大家會用懷疑的目光看著你，並要你去看 ITIL[2]，被廣泛採用的一套適用於 IT 服務管理的實務。ITIL 提供了通用的字彙與結構，在提供服務或與服務提供商介接時，這些字彙與結構具有很高的價值。ITIL 也有點嚇人，內容有 5 冊，每冊約有 500 頁。

1　John Roberts, *The Modern Firm: Organizational Design for Performance and Growth* (Oxford: Oxford University Press, 2007).

2　"ITIL—IT service management," Axelos（網站）, *https://oreil.ly/PN_Mj*.

當 IT 組織參照著 ITIL 來做事時，我通常會懷疑在看法與現實之間是否存在著差異；也就是說，組織真的會照著 ITIL 來做嗎？或者這只是一個阻止對緩慢混亂做進一步調查的擋箭牌？只要很快地做一些測試就能得到有價值的提示：問一位系統管理員，他們主要參照的是哪個 ITIL 流程。或者，讓一位 IT 經理根據服務策略那一冊第 4.1.5.4 節的說明，拿客戶檔案的策略分析給我看。大部分時間裡，我們會看到 ITIL 的理想和現實間，實在有著不小的差距。

> 我在辦公室顯眼的地方，擺上一套 ITIL 手冊，阻止任何人想用比手劃腳的方式來跟我溝通。

ITIL 本身是一套非常有用的服務管理實務集，不過，就像把數學書放在枕頭下不會讓你拿到 "A" 一樣，只是參考 ITIL 並不能消弭緩慢混亂的狀況。

目標需要紀律

許多組織透過目標來管理，授與團隊自主權去達成那些目標。雖然，通常這是一種有用的方法，但在缺乏紀律的組織中，可能會徹底地失敗。因為其中的團隊會不擇手段地去達成目標，犧牲了如品質這種基本價值。若不擇手段以求達成目標是被鼓勵的，則結果導向的目標實際上可能就會導致紀律的渙散。

> 有個供應商的大型數據中心遷移專案，其明確的目標是遷移特定數量的應用程式到新的數據中心去（相當合理的目標）。遺憾的是，供應商沒辦法穩定地在數據中心配置伺服器，產生許多遷移問題。為了先把這個問題解決，我建議建個自動化測試，不斷地訂購不同配置的服務器，然後驗證所有伺服器都能符合規格要求。一旦可靠的資源配置得到確認，我們就會開始遷移應用程式。專案經理驚訝地說，若真的這麼做了，十年內他們不就連一支程式也沒辦法遷移！這個團隊只想遷移應用程式，但沒有考慮到潛在的問題，能完成專案的目標就好。

因此，設定輸出導向的目標需要一個約定遵守的紀律，來作為達到這些目標的基準。這就是為什麼普魯士的理想委派（第27章）有賴於嚴明之紀律的原因：提高組織的紀律性，有助於設定出更宏遠更有意義的目標。

出口

你也許會問自己：為什麼沒有人能清除這種緩慢混亂的狀況？許多傳統但成功的組織就是有太多錢（第38章）了，以致於沒有真正地去注意到或擔心這些。他們必須先瞭解到這個世界已經從追求規模經濟轉變成追求速度經濟（第35章）了。對自動化與紀律來說，速度是一種很好的強制功能。除了動態調控（dynamic scaling）之外，大部分的情況下，花一天的時間來配置一部伺服器還可接受。但若這項工作可以用超過10分鐘以上的時間來完成，就會讓你想用一部分手動的方式來做。而那就是緩慢混亂危險的開始。與其如此，不如讓軟體吞噬了這世界（第14章），也別派人去做機器的事（第13章）。你就會又快又有紀律。

32

開創而治理

我從總部來，我是來幫你的

1984 年時的公司治理

企業 IT 往往有自己的詞彙，排在最常使用短語榜第一名的，一定是協調（*to align*），它可被模糊地解釋成把大家找來開會，除了對某個主題仔細考慮後產生某種未經官方核可的協議之外，沒有特定的目標。大型 IT 組織往往會因為要開的協調會太多而被拖慢（第 30 章）。在達成共識（*alignment*）之後，第二名大概就是治理（*governance*）。

和睦相處

治理通常指的是透過規則、指導方針與標準，協調組織裡的事，把事情標準化的行為。IT 的協調工作做得好，會因為規模經濟而增加購買力，也會拜作業複雜度變小之賜，減少停機時間，而透過消除不必要的多樣性，也提高了 IT 的安全性。

雖然和諧（harmonization）是一個相當值得追求的目標，但治理也可能造成傷害；比方說，用收斂到一個大家都至少能接受之方案的方式來處理事情，到最後就沒辦法滿足業務的要求。此外，許多企業以一個包羅萬象的解決方案來做標準化，最終，就許多使用案例來說，會變太昂貴。最後，若標準化弄錯了對象，創造力就會被扼殺掉。

和諧可以降低成本與複雜度、增加正常運作時間，並強化網路安全性。但是，若做得太抽象，它也可能會抑制創新，進而把結果導向大家能接受的最差解決方案，或是提出過度工程與太昂貴的通用解決方案上。

造成採用次優標準的一個常見原因是，設定標準的人沒有足夠的技能，也不瞭解狀況的全部背景。更糟的是，這些團隊在其設定標準所產生的效應上，通常欠缺回饋。從上面看下來，事情可能井然有序——如，每個人都使用同一型的筆電，但開發者缺乏管理權限與記憶體，而經常需要出差的人，必須背著一部差不多跟桌機一樣的巨型筆電出去辦事。

在許多大型 IT 組織中，高層決策者並不使用他們規定員工使用的工具。比方說，因為他們有權採用特殊的解決方案或者指派人員來替他們把工作做好，他們很少使用標準的工作場地或 HR 工具（第 29 章）。因此，他們不但不瞭解狀況的背景，也沒有關鍵的回饋循環。

在現有或因採購而擴大的組織中實施治理，牽涉到從"錯的"系統實作到"標準"的遷移。這樣的遷移會帶來成本與風險，對在地的實體卻沒有明顯的好處，從而讓執行更加困難。治理的敵人是"影子IT（shadow IT）"，就是那些中央治理權管不到的地方發展。

標準的價值

標準化有極大的價值，1904年馬里蘭州的巴爾的摩市發生的一場毀滅性的大火，就是明證。當巴爾的摩市區不少地方都閃起火光後，鄰近城市的消防隊都趕過來幫忙滅火。可悲的是，許多消防員與消防裝備都沒辦法派上用場，因為其他城市所使用的消防水管連接環，都沒辦法接上巴爾的摩市的消防栓。國家消防協會吸取了這次的教訓，很快地在1905年建立了消防水管連接環的標準，至今仍被稱為"巴爾的摩標準"。

企業治理通常由制定出一組成員必須遵守的標準開始。標準組織會為現行許多類型的產品，定義並管理這些標準。比方說，他們可以規定把軟體 ABC 用作網路瀏覽器，而供應商產品 XYZ 則採用為資料庫。但若我觀察真實世界，最成功的標準會有不同的本質。

帶有最大之經濟衝擊的標準，會成為相容性（compatibility）或介面（interface）標準：允許零件互換性的規格。消防水管與消防栓就是很好的例子，HTTP 也是。在 IT 的環境中，介面標準會被轉化成標準化的介面而不是產品；比方說，在 HTTP 或一個 HTML 特定最小版本上進行標準化，而不是將 Internet Explorer 設定成瀏覽器。

　過去這半世紀來，最成功的 IT 標準就是 TCP/IP 與 HTTP——到處通用的連網能力與網際網路，就是它們帶來給我們的。不過它們都不是產品的標準，而是介面標準，此外，也都是開放的標準。

介面標準

介面標準帶來彈性與網路效應（*network effects*）：當許多元素可以相互連結時，所有連結在其中的元素都能得到更多的好處。網際網路因HTML 內容標準與 HTTP 連結標準而興起，就是最佳範例。拜這些標準之賜，不管是用什麼技術來實作的，任何瀏覽器可以連接到任何的網頁伺服器上。這樣的效應也再次強調出為什麼線比方框更有趣的原因（第 23 章）。

因此，企業必須明確表達出設定標準背後的主要驅動力：標準化供應商的產品目的在透過規模經濟來降低成本與複雜度，而相容性或連結性標準則能促進彈性與創新。二者都很有用，但需要不同類型的標準。

並不是所有介面標準看來都像介面。比方說，在企業、元素或"方框"裡進行標準化時，可以像連結其中的元素那樣來行動。監看（Monitoring）與版本控制系統就是很好的例子：當它們被當成組件時，它們的目的是連結到許多應用程式上，如此一來，我們就得到關於軟體開發或操作狀態的一個統一的觀點。這就是為什麼，在我看來，將版本控制標準化比將開發者使用的整合式開發環境（integrated development environment，IDE）標準化要來得有效益：前者是一個連結元素，而後者則是一個結點。將所有原始碼都放在一個儲存庫，能方便再利用或大家一同編輯，共享原始碼的所有權，這是共用 IDE做不到的事。

 標準化連結元素，如監看或原始碼控制，就比標準化端點，如筆記型電腦或 IDE 要來得更有效益。Google 將（幾乎）所有的原始碼，存放在一個版本控制系統中。

對應標準

不過，設定標準，即使是為介面而設定標準，並不那麼簡單。比方說，將所有的水管連接器都做成同樣大小，就不是個好主意。要讓標準發揮功效,它需要被安排在一個為標準劃定範圍之通用世界觀與語彙(第16章)的基礎上。比方說,若沒考慮到資料庫或伺服器類型間的區別,則 IT 的資料庫標準、應用程式伺服器或整合,就可能沒有意義。

 巴爾的摩消防栓標準分為二類,一是幫浦連結器標準,另一個是水管連結器標準。幫浦連接器負責將水從消防栓送到幫浦水車上,口徑比較大。而水管連結器則是將水送到個別的水管裡,口徑較小。

比方說,若組織要將資料庫產品標準化,你需要先定義是否將關聯式資料庫與 NoSQL 資料庫分開進行標準化,接著,若是如此,你是否要將文件式(document)與圖式(graph)資料庫區隔開來(第16章)。此時,你應該要再看看產品:在去車商店裡看車前,你應該先要知道,要買的是一輛小房車,還是一輛雙人座的跑車。或者,直接去保時捷店裡,他們那邊似乎什麼類型的車都有。

就資料存儲而言,你需要能區分 SAN 跟 NAS,也要瞭解異地備份儲存與直接掛載儲存(direct-attached storage, DAS)間的差別。還有,你也可能要去看看 HDFS 與匯聚或所謂的"超匯聚(hyperconverged)"儲存(由本地磁碟搭建出來的虛擬儲存層)。

法令治理

即使執行標準化的經濟價值非常明顯,但其過程可能會有點像在趕貓。比方說,巴爾的摩標準在推出將近 100 年時,要撲滅像 1991 年發生的奧克蘭山大火(Oakland Hills Fire),也會受到一些沒有採用標準之城市的影響[1]。通常,標準不同有其歷史因素,或者是供應商為了綁住客戶,而刻意造成的。

---

1 Momar Seck and David Evans, "Major U.S. Cities Using National Standard Fire Hydrants, One Century After the Great Baltimore Fire," NISTIR 7158, National Institute of Standards and Technology.

在許多組織裡，會有診斷 "警察" 到不同的實體去檢查，以確保他們的標準合規性，這種情況形成了企業環境中最大謊言的笑話："我從總部來；我是來幫你的"。網路安全性可能是推動標準化的有用載體：相較於維護完善與運行流暢的環境，使用非標準或過時的軟體，通常會帶來更多漏洞的風險。

除了自己的解決方案外，也使用標準的使用者，會造成一種特別的問題。也就是，明明停車場裡停著的是賓士、勞斯萊斯與予果（Yugo），他們還是會一本正經地說 "沒錯，我們開 BMW"，以表明他們支持企業的標準。還有另一種現象是，使用者運用了標準，但用錯方向了。比方說，他們把標準的 BMW 拿來當成四個人的會議室，而不把它當車子開（他們喜歡開賓士車）。聽來很荒謬吧？我在企業 IT 裡看過許多類似的荒謬情況！

用基建治理

有趣的是，我在 Google 七年的工作生涯裡，沒有人提到過治理（或為治理而採用 *SOA*、大數據之類的）這個字。Google 不只是擁有絕佳的服務架構與世界一流的大數據分析能力，你可能也會猜到，它也有很強的治理能力。實際上，Google 在最重要的地方，擁有極強的治理能力，如執行期基建。員工可以自由選用如 Emacs、vi、Notepad、IntelliJ、Eclipse 或其他編輯器來寫程式，但基本上只有一種方法能將在一類作業系統（之前，你可以選要 32 位元或是 64 位元的）與一類硬體上執行的軟體，佈署到生產基建上。

雖然有時候會令人感到痛苦，但這種嚴格的做法奏效了，因為大多數的軟體開發者，為了要讓他們的軟體能在 Google 規模的基建上運行，幾乎可以忍受任何事情：以前是，現在大概還是，比其他公司在使用的要早約十年。治理並不需要採法令的形式來進行，因為該體系遠遠優於其他的，不照著該體系來做，肯定是浪費時間。若公司的車是法拉利或有磁通量電容器（flux capacitor）的時光跑車[2]，員工是

2　參考 80 年代的電影，回到未來。

不會跑到福斯車的零售商那去的。在 Google 的例子中，磁通量電容器就是已發表在 Google 研究論文 [3] 中之神奇的 "Borg" 佈署與機器管理系統。因為 Google 的系統規模經濟運作地這麼好，最終，很合理地，它將可以讓每一個人都開著法拉利享受能快速移動的樂趣。

執行期治理

Netflix 透過執行其以嚴苛出名的 *chaos monkey*（*https://oreil.ly/Xgm7_*）來檢查已佈署軟體，從檢驗該軟體是否夠彈性的方式，來治理應用程式的設計與架構。不合規的軟體會在進入生產版時，被自動合規性檢測器剔除。幾乎沒有一家會吹噓其治理團隊的公司，敢這麼做。

全面啟動

在大型 IT 組織中，動機通常不太被明顯地呈現出來，而其基建也不怎麼先進。若你這幾年有在看電影，你應該看過全面啟動（*Inception*），這是鬼才大導演 Christopher Nolan 的作品，描繪企業罪犯從受害者的潛意識中，竊取商業機密的故事。劇情描述這個作案團隊通常以 "唯讀" 模式來操作，把機密從受害者的記憶裡抽取出來。但為了挖掘出埋藏在受害者腦海深處的秘密以達到目的，他們必須主動地把一個想法植入到受害者的意識裡，讓他採取一些特定的作為——這個過程被稱為 "全面啟動"，即片名。在這部電影中，棘手的部分是要讓受害者相信，那真的是自己的想法。

若我們也可以玩全面啟動，企業治理會容易許多：各 IT 單位可獨立得出使用同一套軟體的這個結論。這不像聽起來那麼荒謬，因為今日的 IT 世界有個能使之成真的神奇成份：改變。更新系統的需求改變了（還有人在用 Lotus Notes ？），而不需任何額外的遷移成本就能設定好新標準的機會也改變了。你 "只需" 同意要採用體現出新技術的東西，如軟體定義網路、大數據叢集或是預先設置好的平台如服務

3　A. Verma et al., "Large-Scale Cluster Management at Google with Borg."

（platform-as-a-service）就可以，這就是全面啟動之前你必須要做的
事。

只有在治理群走在其他人前面時，全面啟動在企業 IT 中才行得通，如
此，在廣泛的需求出現之前，他們就能設定好方向。如教育工作者那
樣，他們提出新的想法給聽眾，使其能夠被注入或接收，如對特定產
品或標準之需求這樣的想法。從某種意義上來說，這就是行銷行業幾
個世紀以來一直在做的事：為製造出來的產品創造需求。

在變動的時代裡，"新" 終究會取代 "舊"，透過不斷地全面啟動，
景觀會更標準化。關鍵的條件是 "中央" 必須比業務單位更快速地創
新，如此，當一個部門要求一套大數據分析叢集時，企業 IT 已經備妥
明確指引與實作參考了。要能如此，需要遠見與資金，但比起處理業
務單位的不合規性與遷移成本來，這要好得多。

國王的新衣

傳統 IT 治理也可能造成尷尬的場面，用 "國王的新衣" 來形容很貼
切：中心團隊開發出了一個只在投影片堆裡看到過的產品，即所謂的
"空氣軟體（vaporware）"。這樣的產品被定成一個是標準，基本上
是沒有意義的。客戶可能會很快樂地接受它，因為這是一個能賺取到
"布朗尼分數（brownie point）" 或甚至是資金的簡單方法，不需要太
多實作就能得到標準的合規性。最後，除了股東之外，每個人似乎都
很快樂：這是一種巨大且無意義的精力浪費。

以必要性來治理

有一本書很有趣，寫的是關於西撒哈拉[4]難民營的故事，從中我瞭解
到這些難民營中，幾乎每一個擁有汽車的人都開著同一型的舊車，要
麼是路虎的越野車（all-terrain vehicle），要麼就是 1990 年代早期的

4　Manuel Herz, *From Camp to City: Refugee Camps of the Western Sahara* (Lars
　　Muller, 2012).

賓士轎車。算在一起的話，這二款車的數量佔了超過當地汽車總數的 90%，其中 85% 的轎車是賓士車——一個管理者的夢想！為什麼？當地居民選擇了一種便宜又可靠的車，能在崎嶇又酷熱的環境下奔馳的汽車。這是由必要性所形成的標準化，不過：買部其他型號的車，可能意味著沒辦法善用現有技術與可用備品庫的優勢。在一個受經濟條件約束的環境中，這些是主要的顧慮。企業 IT 有相同的能力，特別是在 IT 技能是否可適用於新技術方面。存在企業環境中的多元性，就變成是一個富公司問題（第 38 章）：技術或資源的稀缺性不足強到推動聯合決策——它們可以簡單地用更多的錢來解決。即使這詞對被安置在沙漠中的人們而言，似乎非常不合適，但你也可以把它說成是難民營擁有所謂的綠地設施優勢。

第五部

轉型

在大型 IT 組織中配置現代化技術時，你總是會發現阻抗失配
（impedance mismatch）的現象。如果你必須得做年度預算預測的
話，採用雲端服務供應商的彈性付費方式是行不通的。還有，若批准
流程需要跑二個月，那能用一個 API 調用就可供應基建，也就不那麼
令人感到興奮了。因此，架構師旅程的最後一步是要能改變組織運作
的方式。

改變有風險

將變革帶進大型組織中是有益的，但也具有挑戰性，你要運用到目前
為止所學的一切：你必須先運用你的架構思維去瞭解複雜組織的運作
方式，與你可能會有的 "槓桿"。卓越的溝通技巧有助於讓你獲得支
持，而領導技能則是實現沿續變革所必須的。為了讓組織能夠以不同
的方式運作，你要能發揮 IT 架構師的技能，規劃並實踐必要的技術
變革。作為一名架構師，你最有資格瞭解技術與組織變革如何彼此
依賴，如此，你就能解決相互依賴錯綜複雜的難題（Gordian knot of
interdependencies）。

再次引用駭客任務電影（畢竟，在那麼艱困的環境中，尼歐是一位相當稱職的變革推動者！），架構師與先知間的交談，描繪出恰當的情境：

> 架構師：你玩的是一場危險的遊戲。

> 先知：情勢總是在變。

有趣的是，在駭客任務中，架構師是試著避免變革的主要實體，但你應該站在尼歐這一邊，也要確保有個先知在後頭支援你。

不是所有變革都是轉型

並不是所有變革都能被稱為 "轉型（transformation）"。你調整（change）了客廳家俱的擺放位置，但你是把房子轉型（*transform*）成俱樂部、零售商店或做禮拜的場所。轉型（*trans-form*）這個字源自於拉丁文，字面上的意思是 "改變外形或結構"。因此，當我們講到 IT 轉型時，我們指的並不是漸進的演進，而是技術環境、組織架構與文化的根本性重組。基本上，我們需要把房子翻過來、切成碎片，然後再組裝成一個新的形狀。

鍋爐炸裂

在企業轉型的議題中普遍存在的一種風險是，高層管理者認識到變革的需要，並隨後施加壓力，要求組織要變得更快，更敏捷，更以客戶為中心等等。不過，在組織中，特別是中階管理層，通常還沒準備好要轉型，只能用舊的工作方式，試著達成高層所設定的目標。這會給組織帶來巨大的壓力，而且這種抱負也不會實現。我拿被電車超越的蒸氣引擎來作比喻。想要加速的時候，蒸氣引擎的操作員會把更多的煤丟進火堆裡頭，增加鍋爐的壓力。雖然一開始可以讓蒸氣引擎提升速度，但很快地，鍋爐就會爆裂。你沒辦法藉由加壓鍋爐而跟電車競爭。相反地，你需要設計出一個可以趕上電車的新引擎。這就是架構師要做的事。

為何是我？

身為一名架構師，你可能會想：為何是我？這不是高薪的顧問要做的事嗎？他們確實能幫得上忙，但你就是沒辦法從外部用個投影片堆就能注入變革。持續變革必須透過角色模型、快速回饋循環、獎勵以及更多的東西，從內部展開。要讓組織能持續地變革，你需要瞭解底下所列的事：

第 33 章 沒有痛苦就沒有變革！

沒有遭遇到痛苦，組織不太會有變革。

第 34 章 引領變革

你必須指出一種更好的做事方法。

第 35 章 速度經濟

組織要用速度經濟，而不是規模經濟的方式來思考。

第 36 章 無限循環

繞著圈跑是數位組織重要的一部分。

第 37 章 IT 假裝不來

你必須有數位的內在，才能展現出數位的外在。

第 38 章 錢買不到愛

沒有轉型用的 SKU[1]。

第 39 章 誰喜歡排隊？

你可以透過少等一些而不是多做一些來讓組織加速。

第 40 章 四維度思考

要轉型，組織需要用新的維度來思考。

1　SKU = 庫存單位（Stock Keeping Unit），用於訂單與庫存管理上。

33

沒有痛苦就沒有變革！

看深夜電視節目沒辦法讓你…

衝…衝…衝…

我的一位同事有一回參加了公司舉行的"數位櫥窗"活動,裡頭展示了許多內部的創新專案與外部的駭客松(hackathons)。回到自己工作桌後,他發現,自己還是處在相同的老舊企業 IT 世界中,還是被迫要注意時程,沒有三個禮拜,弄不來一部伺服器,也沒辦法在自己的筆電上安裝軟體。他懷疑自己是否被卡在具有二種速度的扭曲 IT 中,但這不太合理;畢竟,他的專案正是快速移動之"數位"速度的一部分。

轉型階段

我有一個不同的答案：轉型是困難且耗費時間的過程，不會過了一晚就轉型成功。人不會睡了一晚，早上起床後，行為就變得完全不同，不管之前他們聽了多少 TED 演講（我參加過一場，內容談到早晨洗完澡後會用毛巾先擦乾身體哪個部位的習慣，有多難改。我覺得講者是對的──我從沒改過）。

為了要描繪一個人或組織在改變習慣時會怎麼改，我就舉一個改變原本吃垃圾食物的習慣，從而轉變成健康生活方式的例子。在沒有科學證據的情況下，我很快地列出了這個轉變過程的 10 個階段：

1. 因為好吃，所以吃垃圾食物。

2. 認識到吃垃圾食物對身體不好，但還是繼續吃，因為好吃。

3. 開始在深夜一邊看電視上的減重節目，一邊吃著垃圾食物，因為好吃。

4. 在深夜的電視節目裡，訂購了一部神奇的運動機器，因為看起來很輕鬆。

5. 使用這部機器幾次之後，認識到這是一項艱難的任務。更糟的是，用了二個禮拜之後，看不出來有什麼效果。為了減少挫折感，又吃了更多垃圾食物。

6. 雖然這是一項艱難的任務而且幾乎沒什麼效果，但還是強迫自己繼續做運動，也繼續吃著垃圾食物。

7. 強迫自己要吃得更健康些，但那些東西不好吃。

8. 開始喜歡蔬菜跟其他的健康食品。

9. 開始習慣做運動。動機從減重變成是做自己真正喜歡的事。

10.朋友會問你是怎麼做到的。你已成為激勵他人的泉源。

改變是逐漸發生的，它需要花不少時間，再加上你的投入。

數位轉型階段

舉一個把同事放到這個框架裡的例子，我總結出他們一定還處於轉型旅程的階段 3 與 4 之間，他處於數位版的在深夜看著神奇之解決方案的位置，也許公司甚至還投資或收購了一家年輕、時尚且使用 DevOps 的優秀新創公司。但當他回到自己的工作桌時，他瞭解到，組織還是繼續在吃著垃圾食物。

我建議不要將從階段 1 到 10 一路上來的轉型視為是線性的：關鍵步驟是在第 1 到第 2 階段（覺知，不可低估！）、第 5 到第 6 階段（熬過幻滅期），以及第 7 到第 8 階段（追求而不是強迫）。因此，我對他們公司開始的這趟旅程寄予厚望，但還要提醒他們，未來很可能出現幻滅。

一廂情願無濟於事

你會訝異於，聰明的個人與組織在有人向他們推銷能改善生活的神奇事物時，會有多麼容易上當受騙。一旦人們或組織進入第 3 階段，無論是超重的個人或是步調緩慢的企業 IT 部門，整個建立在賣 "假藥（snake oil）" 基礎上的業界，都在翹首盼望著這些：深夜播放的減重廣告與展現業務人員一下子就可以建造好雲端方案的亮麗示範。如 Russel Ackoff 曾經在 "系統思考的一生"[1] 中尖銳道出的：

> 經理們無可救藥地相信那些兜售靈丹妙藥的販子。即使是最複雜的問題也存在著簡單，若不是指頭腦簡單的話，之解決方案的這種信念，根植於他們的心中。

當你在尋求能快速變革的方法時，很難拒絕它，特別是在你沒有自己的世界地圖（第 16 章）時。

1　Russell Ackoff, "A Lifetime of Systems Thinking," The Systems Thinker（網站）, *https://oreil.ly/DP_Ea.*

數位原生代能輕鬆看待它，因為，如其名字所表示的，他們生於數位轉型的較上層，從來不需要經過這種痛苦的轉變過程。其他感受到這種痛苦的人，往往會尋求一個簡單的出口。問題在於這個方法沒辦法讓你到達第 5 階段以上的位置，在第 5 階段上，還看不到真正的變革。

調整引擎

然而，不是所有買假藥的人都那麼笨。許多組織會做一些值得去做的實務，但卻並不瞭解這些實務在特定情境之外，發揮不了作用。比方說，讓幾百位經理人都通過 Scrum 專家認證，也沒辦法讓你的公司變成敏捷。你得要改變人們思考與工作的方式，然後再建立新的價值。每天都開像現況報告電話的立會（standup meeting），回報目前 73% 的進度，也沒辦法讓你的組織轉型。並不是說開立會不好，正好相反，但除了立會本身之外，還有許多要關注的（*https://oreil.ly/Le5-n*）[2]。真正的轉型不僅要擦過表面，還要改變系統。

系統理論（第 10 章）教我們，要改變系統觀察得到的行為，你必須改變系統本身。其他的，就都是一廂情願。這就像把排氣管堵住，要去改善一部車子的排放品質那樣。若你想要讓車子跑的更乾淨，除了回頭去檢查引擎，把它調整好，或將之轉型成一部電動車外，別無他法。若你想要改變一家公司的行為，你需要去檢查它的引擎——其中的人跟將人組織起來的方法。這是一種負擔，但也是唯一有效的方法。

一路上的協助

某些企業 IT 供應商確實很像那些在深夜電視節目中販售高價運動器材的人：他們的產品能用，但跟在廣告裡說的不盡相同，而且售價都訂高了。每天到公園好好地散散步，就能免費產生同樣的效果。你只要夠聰明瞭解到這些，有紀律地持續做就行了。

2　Jason Yip, "It's Not Just Standing Up: Patterns for Daily Standup Meetings," MartinFowler.com, Feb. 21, 2016, *https://oreil.ly/Le5-n*.

許多企業 IT 供應商為客戶提供真正的創新服務，但價格高昂。企業供應商從"老學派"的到"販售新世界贗品給舊企業"的，以及"真正新世界"的都有。組織可調控的部分愈多，你就會付更多的錢。因此，我的目標是，培養出足夠的內部能力來使用產品，盡可能地往光譜的右邊走。如同我曾經用略為誇張的方式所說的那樣："企業 IT 往往因其愚蠢而付出代價。若自己笨，那你最好是有錢人！"一個未具備足夠技能的組織就得付"規費（tuition）"，如同在德國廣為人知的"學費"概念。若花了錢能夠讓他們下次做得更好，這是種好投資。一如往常，我會確保把這類決策記錄下來（第 8 章）。

圍繞在傳統企業的顧問與企業供應商並不會很想讓他們的客戶完全地數位化：數位公司往往會避開顧問，大量採用通常是由自己開發出來的開源技術。因為組織外部的人通常在轉型過程中獲利，在企業開始進行轉型時，他們能幫得上忙，因為這會帶來投資意願。不過，他們並不十分熱衷於將顧客帶到不再需要建議與產品的地步。這種又愛又恨的關係，可能會影響到架構師在轉型工作中所扮演的角色：若沒了外部支援，你就無法實現目標，但你必須要注意到，這是一種競合關係（co-opetition），而不是真正的協作（collaboration）。

不改變的痛苦

轉型旅程中的最大風險莫過於買了"假藥"之後，才知道沒辦法達到預期結果，或至少沒辦法如預期中那麼快，而不得不回到起點上。這個風險在我模型中的第 4 或第 5 階段時，會特別的高。

變革的這種不可避免的痛苦，強化了不改變或半途而廢這種相對容易之途徑的誘惑，這是一種明確而現實的危險。不作改變長期的效應很容易就被忽視，因為現在還感受不到這種痛苦。再加上，即便它不是最好的，你也已經接受了現況。因為變革會帶來大量的不確定性——誰會知道所有的專案利益是否都能實現呢？瞭解現況的確定性已被證實是一種抗拒變革的主要力量。據我們所瞭解的，情況可能會變得更糟。這就是讓我們偏離正軌，讓我們變成差勁決策者（第 6 章）的眾多方式之一。

IT 組織，特別是營運團隊，往往會將變革視為是風險（第 26 章）。當缺乏變革的成本變得明顯而痛苦時，人們往往在很久之後才意識到需要變革。可嘆的是，到了那時，可行選項表裡還是沒有很多選項可用，甚至還是空白。個人（"我希望年輕時就開始過著更健康的生活"）與組織（"我們希望在 IT 被打亂之前，就把它清理乾淨）都是這樣。人們在反省過去的生活時，常常會後悔沒有做那些跟他們已做之事相反的事。邏輯上的結論很簡單：要做更多的事，而且要一直做那些能行得通的事。

渡過難關

事件的線性鏈有個難纏的性質：做完所有步驟的機率被計算成，每個步驟與下一個步驟間，個別轉移之機率的乘積。假設你是個相當堅定的人，有 70% 的機會，讓作業由一個步驟進行到下一個。雖然你從深夜電視節目裡買的這部機器，不太能像廣告裡所推銷的那樣發揮預期的功效。若你把從第 1 階段到第 10 階段中，9 個步驟的機率都算在一起的話，那你只有 4% 的機率，25 分之 1，把事情做完，達成目標。若假設每個步驟的機會是一半一半，可能會更真實一些（看看 eBay 上的那些幾乎沒被用過的運動器材），最後得到 $1/2^9 = 0.2\%$，或 512 分之 1（！）。雖然這也許不是 Phil Collins 最棒的歌，但心裡還是浮現出要 "排除萬難（Against All Odds）"。

變革最大的敵人是自滿：若事情沒那麼糟，要進行的變革的動機就低。組織可以透過人為的方式，讓不改變的痛苦加劇，例如，在真正的危機發生之前，製造恐懼或變出一個（假）危機。這樣的策略也許行得通，但也充滿風險。它沒辦法被用太多次，因為人們會開始忽略不斷重複的 "消防演習"。然而危機演練總比經歷真正的危機強。許多組織只會在經歷過 "幾近滅亡" 的狀況後，才會真正開始改變。問題是，幾近滅亡的狀況，通常會導致真正的滅亡。

34

引領變革

絕望海中的理智島

別被丟到海裡！

在小團隊中呈現不同做事方法的正面結果，有助於克服自滿與對不確定性的恐懼，因此，是個啟動轉型的一個好方法。但是，我們不該忘記，這類團隊中的"開拓者"會面臨到倍加艱鉅的任務：他們需要去克服變革的痛苦，而且是在一個仍處於轉型旅程第 1 階段的環境中去做這些事。這就像在同一桌上，身邊的每個人都吃著美味的蛋糕，餐廳裡也沒有其他健康餐點可讓你點的時候。

要想成功，你需要有堅定的信念與毅力。當弄部伺服器也得花上四週的時間，或者因為會違反公司的安全標準，而無法使用新式的開發工具與硬體時，企業 IT 要試行敏捷就跟在蛋糕派對上要嘗試健康飲食一樣，你必須願意逆流而上，實行變革。

超越賽車的拖車頭

用不同的方法引領變革有個格外危險的情況，即現有的緩慢方法通常更適合於目前的環境。這是系統抗拒變革（第 10 章）的一種形式，也可能導致你的新軟／硬體／開發方法受到舊的現有方法之打擊。我把這種情況，類比成建造一部成熟的賽車，只是為了看看在公司環境中，每一部車是否能以合乎規章制度的方式來拉三噸重的行李。而且還不是在鋪得好好的賽車跑道上拖，是在腳踝都會陷進去的泥地裡拖。你會發現那部老舊公司拖車頭，正穩穩地慢慢地超越你這部光鮮亮麗的一級方程式賽車。它正摩著輪胎，把泥土都拋上空中。在這種情況下，很難去辯稱說你找到了一種更好的做事方法。

因此，在導入新技術的同時，改變流程與文化至關重要。開著賽車參加拉力賽顯得可笑。你需要先打造出合適的賽道，才能好好地試出一部賽車的能耐，這才合理。遇到挫折時，你也要好好地運用溝通技巧（第三部），獲取管理層的支持。

設定跑道

要激勵人們去改變，你可以晃著數位蘿蔔，在遠處的地平線上，描繪出幸福的數位生活。或者抓著數位棍棒，藉由混亂警示即將到來的厄運。最後，你可能會需要交互地運用這二種方法來推動變革，但拿著蘿蔔通常是更高尚的作法。為了讓蘿蔔發揮功效，你需要畫出一幅呈現著美好未來的有形圖畫，並根據公司的策略，設定可見的、可量測的目標。比方說，若公司的策略是基於加快速度，來縮短上市時間，則務實而可見的目標就是，每年將部門負責之軟體產品的發佈週期縮短一半（或更多）。若目標是復原能力（*resilience*），你就可以設定一個將停機的平均回復時間縮短成一半的目標（第 12 章）。有些目標甚至可以透過自動化來完成。

數位公司可透過佈署一隻隨機禁用組件的混亂猴子（chaos monkey，第 32 章），來提高復原能力。

設定目標可能是件棘手的事，因為組織可能在尚未完成預期變革的情況下完成任務。比方說，將減少停機次數當成目標時會面臨到二個主要的問題。首先，它會鼓勵隱瞞停機狀況，其次，它會讓團隊傾向採取更多的先期測試，拖慢組織。最後，停機次數雖不全然會對業務造成負面影響，但全部的停機次數則會。

冒險離開大陸

不過，你不能期待所有人都會馬上加入你的旅程，因為你正講著的神奇之島還在遠方等著他們。你一定會找到一些探險家或喜愛冒險的人，因為你的遠見或魅力而跳上船。某些人甚至不相信你的承諾，但覺得航行到未知的海岸比被困坐著要有趣。這些人是你的早期採用者（early adopters），可以成為任務之強有力的倍力器。把他們找出來，在社群裡跟他們聯絡，把他們帶上。

其他人會等著看你的船是不是真的能航行，善待他們，一旦他們準備好了，把他們帶上。這些人在克服了最初的障礙或恐懼時，可能會變得更加堅定。然而，還是有些人就是在原地等著，想看看你的船是不是能滿載著黃金歸來。那也好，有些人要眼見為憑。因此，你需要有耐心，在波浪中，為你的轉型之旅招募人才。

把船燒了

即使有人加入你的轉型之旅，但舊疾複發的可能性仍然很高：在旅程中，你會碰上暴風雨、海盜、鯊魚、沙洲、冰山與其他不利於旅程的狀況。數位轉型船長必須是一位熟練的水手，也要是一位堅強的領導者。有個故事描述有一位船長在靠上岸後，會把船燒掉，這樣就沒有人能說要撤退回家。"把船燒了" 這是很不容易的做法。我沒辦法確定這種方法是否真能增加成功的機率。你想要的團隊是有決心且相信必能成功的團隊，而不是一個心中充滿疑慮又找不到船回家的團隊。

離岸平台

某些公司的變革計畫遠離大陸，試圖擺脫舊世界強加的束縛。模仿他們觀察到的，成功的，所謂的 "數位" 公司，團隊移進色彩豐富的大樓，有開放的座位與咖啡師，穿著短褲與連帽衫，用著上面貼著開源貼紙的 Apple 筆記型電腦。這些類似離岸鑽油平台的機構，遠離大陸，（打著像 "創新中心"、"數位樞紐" 或 "數位工廠" 等花俏的旗號在運轉著）可能會帶來不少樂趣，但也會遇到一些重要的問題：

1. 這些小島通常沒有透過有意義的橋跟大陸接著，意味著他們基本上是獨立運作的。因此，他們沒辦法成為大陸的轉型工具。我對這種設定帶點酸味的建議是："若想要證明聰明人在理想的環境中就能創造出價值的話，只要買 Facebook 的股票就可以了。"

2. 這些小島通常沒有經濟壓力，因為他們母艦提供了經費。因此，最後他們會變成沒辦法提供具體業務價值之 "數位信任基金" 的遊戲場。這些設定對新聞發佈會或公司推銷而言或許很方便，但沒辦法有能快速提交價值的工作循環。

最後，模仿數位領導者們的工作環境，沒辦法讓你變得 "數位"。這種被稱為貨物崇拜[1]的謬誤，忽略了視覺表象背後的機制。咖啡攤不會神奇地讓你的發佈循環加快：文化沒辦法直接被複製貼上。

文化沒辦法直接被複製貼上。

因此，僅是在不同的海域裡建造出一座島嶼，無助於組織的轉型。你必須要在充分減少限制但仍與大陸保持關係間取得平衡。如何找到正確的平衡點？我認為持續地迭代是最好的方法（第 36 章）。

理智之島

儘管如此，至少為組織的一部分人打造出更好工作環境的這種使命感，仍然強烈。我照著在 2000 年時將之稱為 "絕望海中的理智島"

1　維基百科，"Cargo Cult," *https://oreil.ly/GpesJ.*

的這個方法來做。那時，就正處於網際網路泡沫破滅的前夕，我們這家有點傳統的顧問公司與像 WebVan 及 Pets.com 這類的網路新創公司在爭相網羅人才（一個塑膠袋跟一個襪子玩偶裝飾著我個人的網路泡沫檔案）。因此，我協助創建了一個能吸引這類人才的環境，也成功地組成了一支由一流技術專家所組成的團隊。

然而，你的小島遲早會讓島上的居民覺得太小，會讓他們覺得職涯規劃受到限制。若這個島已漂離大陸，再加上大陸沒什麼太大的變化，要重新整合會非常困難，增加了人們一起離開公司的風險。2001 年時，我的大部分團隊就發生了這種情況。其次，在其他位於大陸的公司也能提供同樣的理想（企業）生活方式時，人們會產生疑問，為什麼他們要生活在一個又小又遠的島上。或者正如一位朋友曾經問過的，這不是容易多了嗎？或者更確切地說，用非常尖銳的方式挑戰我："為什麼你不直接退出讓他們掛了就好？"雖然轉型是份艱難的工作，但你也得知道自己何時是做過頭了。

小團隊立大功

然而，在不同地點工作的人，也能做出重大的創新，讓母艦轉變的。最為人所知的範例也許就是 IBM 的個人電腦，它是在遠離 IBM 紐約總部很遠的佛羅里達波卡雷頓（Boca Raton）被開發出來的。開發過程繞過了許多公司的規則，如絕大部分的零件由外部製造商供應，建造了一套開放系統，以及透過經銷商販售。很難想像若 IBM（還有其他的電腦工業商）沒有造出個人電腦，現在會在什麼地方。

IBM 當然不是一家習於快速移動的公司，根據內部人士透露，"運送一個空盒子，至少要花 9 個月的時間。"不過，IBM 個人電腦的雛型只花一個月就組好了，而就在隔年，就開始賣電腦了，要能做到這樣，不僅需要開發，製造端也要有完善的準備才行。該研發團隊能夠成功的要素有下列幾項：

- 這個小團隊被賦予在市場上推出真正可持續之產品的任務。這裡可不是遊樂場。

- 這個團隊簡化了許多流程，但並沒有繞過公司所有的規範。如，它的產品通過了 IBM 標準的品保檢測，因而得以為大陸所接受。該團隊所交付不是玩具，而是一個成功的商業產品。

- 最後，留在大陸上的團隊可能並不會將這個專案視為是一種威脅。他們只是確信，IBM 不可能做出一部售價低於 15,000 元的電腦，而且也樂意被證明這種想法是錯的。

這些因素導致 IBM 個人電腦，變成是一個雄心勃勃之專案團隊，在現有管理層的領導下，質疑現有假設的正面案例。幾年前微軟 CEO Satya Nadella 選擇不航離大陸，而透過 "重新發現微軟靈魂" [2] 來引領轉型，這是另一個大規模轉型也可奏效的案例。

離開島嶼會弄溼腳

你還需注意，絕大多數的系統（第 10 章）都是在局部最優化的條件下運作的。雖然這種局部優化可能與數位組織更敏捷與快速的運作方式相去甚遠，但通常還是優於最後仍要以其來對系統做些小調整的 "環繞（surrounding）" 模式。

例如，一個組織也許只能每六個月把程式碼推成產品版一次，這在數位世界裡實在是一個笑話。不過，它卻成功地建立了讓這種節奏變得可行的流程。若你將發佈週期縮短成三個月，你會把大家的生活變糟，也可能傷害到產品的品質，甚至是公司的聲譽。因此，你應該先導入自動化建置與佈署工具，以形成快速發佈的基礎。遺憾的是，這樣子做也會讓運營人員的生活變糟，因為光是做產品支援服務，就已經忙得不可開交了，現在還要參與訓練與學習新工具的工作。這樣子做的同時，他們也有可能會犯錯。

2　Satya Nadella, *Hit Refresh: The Quest to Rediscover Microsoft's Soul and Imagine a Better Future for Everyone* (New York: HarperBusiness, 2017).

在你看來，這個組織可能運行在一座小山丘上，而你知道其他地方有座金山。不過在這鼴鼠丘和金山之間是一片泥濘的沼澤。因為你沒辦法直接跳到金山上，所以你要先說服大家走下這鼴鼠丘，在腳被浸溼，也沾滿泥巴之後，繼續前行。這就為什麼在抵達新的最優化高點前，你必須傳達出清楚的願景，並事先讓他們有過苦一點日子之準備的原因。

盲人的國度

我們不應該低估長期以來有著"照章辦事"心態之大型且成功的企業中抗拒變革與創新的阻力。我想起了 H. G. Wells 的短篇故事"盲人的國度（The Country of the Blind）"：一位探險家從陡峭的山坡上跌落下來，在與世隔絕的山谷中發現一個村莊。探險家沒想到，村莊裡的所有村民都因為一種遺傳疾病而看不見東西。瞭解這種奇特的狀況之後，探險家覺得，在這個村莊裡，"獨眼龍就能成為國王"，因為他可以教導並統治這些村民。然而，事實證明，他能看到東西的這種能力，並沒有什麼優勢，因為村裡所有的一切都是為盲人設計的，房子沒有窗戶，也沒有光。在掙扎著運用其天賦的優勢之後，探險家請村裡的醫生把他的眼睛摘除，以解除他這種奇怪的困擾。

奇怪的是，這個故事有二個版本，也有不同的結局：在原版本中，探險家最後掙扎著爬上山坡逃離了村莊。後來的版本則寫著，他看到有一塊鬆動的大岩石，即將滑下來搗毀村莊，他是唯一能帶著眼盲女友逃出去的人。不管是哪一個版本，村民的結局都不幸福快樂。要小心，避免掉入"在盲人的土地上，獨眼龍是王"的陷阱。隨著時間的推移，複雜的組織系統會適應特定的模式，並積極地抵制變化。若要改變他們的行為，你必須改變系統。

速度經濟

效率所造成的死緩慢而痛苦

規模經濟對速度經濟

尋求加快速度的大公司習慣於對其工作方式進行優化：他們可以讓生產效率提高幾個百分點，跟供應商要到稍微高一點的折扣，並減少彩色印刷以降低預算。然而，遺憾的是，他們的數位競爭對手的移動速度不只快了 10%，而是快了 10 倍，讓傳統 IT 部門有時會感到困惑，想不通這怎麼可能。

快 30,000 倍

舉個簡單的例子來說明，就設定好一套版本控制系統來說，把速度提高 10 倍可能還只是相當保守的估計。一家正尋求如何定義出原始碼控制標準的大型 IT 組織，投入 6 個月的群組工作（community work），以得出公司應該使用 *Git*（第 25 章）的結論。不過，大家卻認為，其他專案不容易從 Subversion 遷移出去，所以二種版本控制工具都建議使用。整體架構指導委員會的準備週期又耗了一個月，整個流程花了 7 個月的時間，差不多是 210 天。

 有些任務傳統組織需要花上好幾個月的準備與核准時間，數位公司可能只要幾分鐘就能搞定。

一家現代的 IT 組織或新創公司，可能會花幾分鐘的時間做出與產品相關的決策，接著再用差不多 10 分鐘的時間，就能設定好帳號，建好私有的儲存庫（repository），然後完成第一次的提交（commit）。二個例子的加速倍數就可以被算出來，210 天 *（24 小時 / 天）*（60 分鐘 / 小時）/10 分鐘≈ 30,000!

如果單單這個數字嚇不倒你的話，請記住有個組織發表了一篇論文（即使沒有選用或實作如 BitBucket、GitHub 或 GitLab 這類的產品），也能愉快地延續著它的傳統。因此，它的 "決定"，差不多與規定男人應該穿黑鞋，但因為歷史傳承的因素，也能穿棕色鞋的意義相當。同一時間，另一個組織已經將程式碼提交到線上的儲存庫中了。

誠然，大型組織有更多的合作伙伴，需要在現有原始碼儲存庫和其他許多因素間進行協調，這些因素會使得要在 10 分鐘內建立共享服務的工作變得困難。不過，若你將供應商選擇、授權協商、內部協調、文書工作與設立服務都納入時間線來考量的話，這個比例可能會達到數十萬倍。這些組織該害怕嗎？對！

舊的規模經濟

現代組織如何能以比傳統組織快幾個數量級的速度行事？傳統組織追求經濟規模，意味著他們希望從規模中獲益。規模確實是一項優勢，正如在城市裡可以看到：密度和規模提供了較短的交通與通訊路徑、多樣化的勞動力供應、更好的教育和更多元的文化產品。城市的成長是因為社會經濟因素，以超線性的方式擴展（規模大一倍的城市，能提供超過一倍的社會經濟效益），但基建成本以次線性的速度增長（面積加倍的城市，道路面積不需要跟著加倍）。不過，密度與規模也帶來了污染、傳染病風險與擁堵的問題，反過來限制了城市的規模。儘管如此，城市會比企業組織規模更大，壽命更長。有一個原因是，組織更加受到流程和控制結構所產生之開銷的影響，這些是維持大型組織所必需，或被視為是必需的。聖塔菲研究所的前任院長 Geoffrey West 在其精采的對話影片中，對這種動態做出了總結，"為何城市會持續成長，企業與個人總是會死，而生活會變得更快"[1]。

在企業中，規模經濟通常是為對效率的渴望所驅動的：機器與人員這類的資源必需儘可能有效率地來運用，避免因閒置和重新配置所造成的停機。這種效率通常透過大批量來達成：在一個生產週期中製造 10,000 個同樣的東西，比分成 10 批，每批生產 1,000 個的成本要小。規模愈大，每次的批量愈大，效率就愈高。不過，這種觀點過度簡化了，因為它忽略掉了儲存中間產品的成本。更糟糕的是，它沒有考慮到因正進行大規模生產，無法接緊急訂單的服務損失：這樣的組織看重資源效率更甚於客戶效率。

製造業約在半世紀前就意識到了這一點，讓現在的大多數產品都透過小批量的方式來生產，或以單一連續批量的方式來生產高度客制化的產品。想想今日的汽車：可訂購的選用配備多到讓人難以置信，使得傳統的"批量（batch）"思維完全崩潰。汽車基本上是一批批做出來

1　Geoffrey West, "Why Cities Keep Growing, Corporations and People Always Die, and Life Gets Faster," Edge, May 23, 2011, *https://oreil.ly/UAh5C*.

的。思考所有跟 "精實（Lean）" 與 "準時（Just-in-Time）" 製造有關的事，就會讓人感到訝異，IT 行業仍然在追求效率而不是速度。

 一位軟體供應商曾說過，"如果你購買更多的授權，每套軟體授權的成本顯然會降低。" 對我來說，這一點都不理所當然，因為除了坐在我面前的銷售人員之外，每套軟體並不會產生配銷成本（distribution cost）。無論是 10,000 個客戶下載一套授權，還是一個客戶購買了 10,000 套授權，只要軟體供應商不派人去做機器的事（第 13 章），上述二種情況應該是一樣的。雲端計算終於打破了舊模式。

看來，企業的軟體銷售與採購方式都有一些轉變。不過，在為他們開脫時，你必須知道，他們的行為是由企業客戶來決定的，他們仍然停留在舊的思維模式中：擴大規模才能搶到更好的生意！

在數位世界中，組織規模的限制因素變成是其變革的能力。雖然在靜態環境中，拜規模經濟之賜，大是一種優勢，但在快速變化的時代中，速度經濟會勝出，能讓新創或數位原生公司去顛覆比它更大的公司。也許正如 Jack Welch 的名言所闡述的："若外部變化率超過內部變化率，終點已近。"

關注流程

對效率的追求集中在個別生產步驟上，想著如何優化它們的利用率。完全被忽略掉的是對生產流程的認識，即，一件成品通過一系列生產步驟的流程。把它轉成組織來看，每個部門的個別任務優化，都需要在工作開始之前，填寫冗長的表格：有人跟我說過，某些組織甚至還要求要提前 10 天提出更改防火牆設定的申請。客戶之後被告知申請表中缺了某些東西，流程回到起點的情況也經常可見。畢竟，協助顧客填表會降低效率。若這讓你想起了政府機構，你應該已瞭解這樣的流程沒辦法達到最高的速度與敏捷性。

除了這些配置之不可避免的挫折感之外，他們還在拿捏流程效率與處理效率要怎麼權衡：工作站的效率很高，但客戶（或產品、半成品）在工作站間疲於奔命，填表格，定個數字，然後等待，再等待（第 39 章）。再多等一下，突然發現，他們排錯了線或需求沒辦法再繼續處理了。這是死亡時刻，除了客戶的血壓之外，其他地方都沒辦法量。仔細想想，大多數的地方，通過流程的，並不是真正意義上的客戶，流程不是他們選的，他們是被強迫用流程的。這就是你會在政府機關的辦公室裡，體驗到這種情況的原因。但在那裡，你至少還可以說，這是因為要保護納稅人的錢所採取的一些影響到效率的流程。不過，在實施強大治理（第 32 章）的 IT 部門裡，這種情況也很普遍。

拖延的代價

就創新與產品開發流程來說，這種效率是純粹的毒藥。雖然數位公司很關心資源利用率（Google 數據中心的利用率是 CEO 級的議題），但真正的驅動力還是速度：上市時間（time-to-market）。

傳統組織經常誤解或低估速度的價值。在一次業務 -IT 聯合工作坊上，一位業務負責人曾將其產品描述成是帶有巨大收益的機會。同時，該產品負責人要求一個需要耗費大量開發能量的一個特定功能，但只有在另一個國家推出，才能實現價值。把這項功能推遲一點能加速上市首發，如此也才能更快獲得潛在的獲利機會。

流程式思維將這種概念稱為延遲成本（請參考 *The Principles of Product Development Flow*[2] 這本好書），它必須要算進開發成本中。延遲推出好產品意味著在這段延遲期間，你將失去獲利的機會。對具有較大收益的產品來說，延遲的成本會高過於開發的成本，但通常會被忽略掉。除了避免延遲成本之，推遲一項功能並儘早啟動，能讓你從初始啟動中學習並相應地調整需求。初始啟動可能會徹底失敗，讓

2　Donald G. Reinertsen, *The Principles of Product Development Flow: Second Generation Lean Product Development* (Redondo Beach, CA: Celeritas Publishing, 2009).

產品永遠無法在第二個國家中發佈。透過把這個功能推遲，可以避免浪費時間在建構一些從未被使用過的東西上。蒐集更多的資訊能讓你做出更好的決策（第 6 章）。

時尚帝國 Inditex 旗下的時尚品牌 Zara，是非高科技公司擁抱速度經濟的一個好例子。當大多數時裝零售商為了追求效率而將生產外包給亞洲之低成本供應商時，Zara 推行了垂直整合模型，在歐洲生產了四分之三的服裝，這使得它能在幾週之內就能將新的設計擺進商店裡頭，這在該行業裡頭，平均要花三到六個月。在快速發展的時尚零售業中，速度是一項非常重要的優勢，這樣的戰略使 Inditex 的創始人成為全球前 10 名最富有的人之一。不過，時尚界持續地在變化，即使是 "快速時尚" 零售商也面臨著來自如 boohoo 這類線上零售商的挑戰，他們用小批量配合極短的產品週期來取得競爭力。

可預測性的價值與成本

為什麼聰明的人會忽略掉如計算延遲成本這種基本的要點？因為他們工作在看重可預測性超過速度的系統中。之後再加功能，或更糟一點，之後再決定要不要加功能，這都需要經過冗長的預算審核流程。這些流程之所以存在，是因為控制預算的人，看重可預測性超過靈活性。可預測性讓他們的生活過得更輕鬆，因為他們能計畫好未來 12 到 24 個月的預算，有時這種做法還可以有很好的理由：他們不想讓股東失望。無法控制成本，則公司的獲利就會意外地受到影響。因為這些團隊管理的是成本，而不是機會，因此他們無法從早期的產品發佈上獲利。

 可預測性的優化會忽略延遲的成本。

追求可預測性會帶來另一種眾所周知的現象：堆沙包（*sandbagging*）。專案與預算計畫透過高估時程或成本，讓目標以更容易達成的方式來堆沙包。要知道，估測要看的並不是一個數字，而是機率分佈：一個項目可能有 50% 的機會在 4 週內完成。若 "你很幸運，且一切順利" 的話，3 週就可以完成，但這樣的可能性只有 20%。堆沙包的人會選一個遠在概率光譜另一頭的數字，然後估計約 8 週完成專案，使得他們能有 95% 的機會去達成目標。更糟的是，若專案 4 週就做好了，堆沙包的人就停在那邊，在發佈之前還可以混 4 週，避免下次的時間或預算被削減。若一個可交付的成果取決於一系列的工作，沙包就可以一直堆上去，大大延長交付時間。

避免重複的價值與成本

在效率低下的名單上，重複（*duplication*）肯定排在第一位：有什麼比重複做同樣的事情更沒效率呢？這聽來合理，但你也必須考慮到，並不是不用花錢就能避免重複的：你需要主動地去消除重複，即檢測出重複，然後將它們合併起來。

消除重複牽涉到的主要成本是協調：為了避免重複，你先得要找到它。在大型碼庫中，這可以透過程式碼搜尋的方式，有效率地來完成。在大型組織中，它要靠許多 "共識（alignment）" 會議來達成 —— 同步點 —— 它處於電腦系統或組織層級較高的地方，這些是我們沒辦法去擴展的地方（第 30 章）。

 亞馬遜的 CEO，Jeff Bezos，說過一個關於重複的故事：有一位經理指出工作可能有重複時，資深主管就走到白板前，寫下 "2 > 0"。

開發可廣泛複用的資源也需要協調，因為任何調整都需要與現有的所有系統或使用者相容。這樣的協調會拖慢創新。另一方面，現代的開發工具，如自動化測試，能減少傳統的重複危險。某些數位公司甚至開始明確地支持重複，因為他們的業務環境鼓勵速度經濟。

如何轉變？

組織要從效率型思維轉變到速度型思維，可能並不容易：畢竟，它比較沒效率！在大多數人的心中，沒效率就相當於是浪費錢。最重要的是，人們無所事事所造成的損害比錯失市場機會的損失還要明顯。

通常，只有在 IT 被視為是驅動業務機會而不是成本中心時，心態上才會有改變。雖然企業 IT 被卡在削減經費與增加效率的循環裡面，但規模經濟會發揮作用，使得數位巨人比想著實現數位化但卻無法擺脫舊習的傳統公司，要來得有更大的領先優勢。

36

無限循環

有時兜圈子也會有生產力

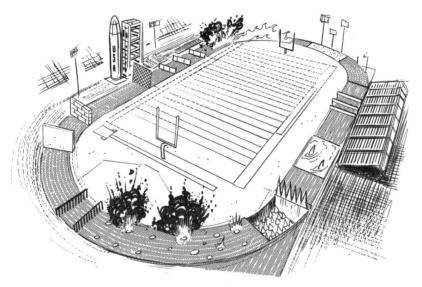

企業創新迴路。最佳單圈：未知

在進行程式設計時，無限循環（infinite loop）很少是件好事（除非你是 Apple 公司，你的地址是加利福尼亞州庫柏提諾無限循環 1 號），但即使是 Apple 總部，也似乎在脫離無限循環，這就是一個值得注意壯舉。在一家經營不善的公司（不是 Apple！）中，員工會經常懷疑他們跑在循環裡的方式，以及，當預期結果沒辦法達成時，管理層只會要他們再跑快一點。你一定不會想要成為無限循環的一部分！

建構 - 衡量 - 學習

然而，有一種循環是大多數數位公司的關鍵要素：持續學習循環。因為數位公司清楚地知道控制是一種幻覺（第 27 章），他們熱衷於快速回饋。Eric Ries 在他的書 "精實新創"[1] 中，將這個概念定為建構 - 衡量 - 學習（*Build-Measure-Learn*）循環：公司把建造出一個最小可行產品（minimum viable product），並將其啟動成產品，以衡量使用者的採用情況與行為。公司就可以從由觀察產品使用情況所形成的洞察，來學習並改良產品。Jeff Sussna 恰當地將循環中 "學習" 這個部分描述成 "運營而學習（operate to learn）" —— 運營的目標不是去維持現狀，而是去傳遞重要的見解，以做出更好的產品。

數位轉速

大多數數位公司的重要關鍵績效指標（KPI）是每花一塊錢或一個時間單位，他們可以學到多少東西，即，他們可透過建構 - 衡量 - 學習循環做出多少革新。因此數位世界徹底改變了遊戲的本質，忽視這個變革只能說是愚蠢（最慘的情況是會沒命的）。

以書籍創作為例：出版企業集成模式的寫作時間需要一年，然後是六個月的編輯與三個月的製作。雖然我們覺得這本書可能會成功，但要再等一年之後，我們才能用實際的銷售量來衡量成功與否。所以，從建構到衡量，只做了一半的革新，就大約用了四年時間。完成這個循環，即出版第二版，得再花 6 到 12 個月的時間。相較之下，我以電子書的形式來寫這本書的初版，寫作還在進行，書已經出版了。在還沒全部寫完之前，這本書就已經賣了幾百本了，而且我也收到讀者用電郵寄來與寫在 Twitter 上的回饋，幾乎跟寫書同時。

---

1 Eric Ries, *The Lean Startup: How Today's Entrepreneurs Use Continuous Innovation to Create Radically Successful Businesses* (New York: Crown Business, 2011).

許多其他的產業也是如此：數位科技讓客戶可即時回饋。這是一個很好的機會，但同時也是個巨大的挑戰，因為客戶已經瞭解到，產品會根據他們的反饋而快速變化。如果在 2 到 3 週內我的書都沒有更新，讀者可能就會擔心，我是不是不寫了。幸運的是，我發現即時的回饋（建議與銷量）給了我很大的激勵，我寫這本書的生產力比任何時候都要來得高。

將學習作為組織的關鍵指標是好辦法的另一個原因是，雖然許多任務都已被機器接手去做了，學習如何建造出讓使用者感到興奮的產品的能力，仍牢牢地掌握在人類的手中。

舊世界障礙

可嘆的是，傳統公司沒有建造出快速的回饋循環。他們通常仍然將運營與變革拆開（第 12 章），並認為專案到達產品階段時就做完了。啟動一項產品約是處於財富創新之輪 120 度的位置，所以，完成一次革新的三分之一跟已完成 100 輪改良的對手比起來，根本就沒有意義。

是什麼阻止了傳統組織完成快速學習循環？它們的結構是分層的：在一個相當靜態、移動緩慢的世界中，分層來組織具有明顯的優勢；它能讓一小群人在不涉入所有細節的情況下，領導一個大型的組織。向上傳遞的資訊經過聚合與轉譯，便於高層人員消化。這樣的設定可以在大型組織中運作的很好，但也會有一個基本缺陷：它對環境變化與工作層面洞察的反應相當緩慢。由於組織中的每一“層”都會有溝通與轉譯的成本，資訊一路往上傳到能做出決策，會花掉太多時間。即使架構師能搭著升降梯（第 1 章），決策還是要耗上一些時間，才能穿越由預算與管控流程所織出的網而繼續往下傳。我們又再一次看到，我們談論的不是 10% 的差異，而是幾百倍幾千倍的差距：通常，傳統組織需要用 18 個月的時間，才能把回饋循環弄好，但數位公司只需要幾天或幾週的時間。

分層組織受益於關注點的分離。不過，這就成了速度經濟的負擔。

在每一個組織都要變得更 "數位" 的時候，在技術平台能便捷地像開源或雲端服務這樣被容易取用的時候，打造出快速學習組織就是能否成功的關鍵因素。

在外部循環

隨著每一次變革，組織不僅瞭解了哪個功能對使用者最有用，而且專案團隊也學到了如何打造誘人的使用者體驗，如何加快開發循環，以及如何擴展系統以滿足不斷成長之需求的方法。學習循環對組織的數位轉型工作至關重要，因為它使得內部創新與快速迭代成為可能。

數位轉型從改變 HR 與招聘實務開始。

相反地，若企業 IT 在很大程度上仰賴外部供應商提供的服務，這很普遍，則從這種學習中受益的是外部顧問。因此，組織應該將其內部的員工納入學習循環當中，然後運用外部的支援來指導或教導這些員工。將這個邏輯進一步推演，數位轉型要從 HR 與招聘實務的轉型開始做起，雇用合格員工並教育現有的員工，如此他們就能成為學習循環的一部分。

軸轉分層蛋糕

要加快回饋引擎，你需要透過組成全權負責產品概念、技術實作、運營與改良的團隊，讓它從旁去轉動組織的分層蛋糕。通常這種方法帶有 "部落（tribes）"、"功能團隊" 或 "DevOps" 的標籤，也與 "你建構它，你執行它" 的態度有關。這麼做不但為開發者提供了關於產品品質的直接回饋迴路（半夜把嗶嗶叩關掉是一種非常直接的回饋形式），同時也透過移除不必要的同步點而擴展了組織（第 30 章）：所有相關的決策都可以在專案團隊中決定。

在專注於快速回饋的獨立團隊中執行，還有另一種基本上的優勢：它讓客戶重新獲得重視。在分層指揮和控制的傳統金字塔中，根本就找不到客戶的所在——連在最適合與客戶互動的，離做決策與設定策略最遠之地的組織最底層也找不到。對比之下，"垂直" 型團隊可直接從客戶那邊獲得回饋與能量。

組建這類團隊的主要挑戰是將一整套技能帶進一個緊湊的團隊，理想規模是不超過 "二塊比薩團隊" 的大小；一個人可以吃到二塊大比薩。這需要合格的員工，跨技能專長協作的意願以及低摩擦的環境。這部分可參考 Spotify 團隊中分部（chapters）與行會（guilds）的概念[2]。

保持凝聚力

若所有控制權都在垂直整合團隊的手上，如何確保這些團隊仍是一家公司的一部分，以及，比方說，使用一樣的品牌與一樣的基建？在垂直分層蛋糕上包上一些派皮是可以的：例如，一些用在頂層負責品牌，一些用在底層負責不派人去做機器的事（第 13 章）之基建。

當你有了完善的快速建構 - 衡量 - 學習回饋循環之後，你可能會想知道需要進行多少次變革。在數位公司中，回饋引擎只有在產品消失後才會停止運轉。這就是，只有這樣，處於無限循環之中才會是件好事的原因。

2　Henrik Kniberg, "Spotify Engineering Culture (Part 1)."

37

IT 假裝不來

面子要數位，裡子要先數位

誰能認出恐龍程式設計師？

快速回饋循環（第36章）有助讓數位公司瞭解客戶需求並改善產品
或其所提供的服務。當然，在產品或服務直接接觸到終端客戶或消費
者時，這種回饋迴路的效果最好。相較之下，企業 IT 與終端客戶的距
離相對較遠，因為它提供 IT 服務給業務，業務則與客戶接觸。這是否
意味著企業 IT 不該成為數位轉型的焦點，因為它離數位客戶太遠？許
多 "從上層" 開始推動的數位轉型計畫都支持這個理念：他們有特別
的團隊負責在將規格交給 IT 實作之前，透過焦點團體與客戶接觸。

打基礎

不過，就像你沒辦法在老舊而又脆弱的地基上，蓋出一幢漂亮的房子那樣，IT 引擎室不轉型，你沒辦法有個數位的外貌：IT 必須把變得敏捷以及能夠以之在數位市場上競爭的這些能力傳給業務。若依據電郵傳來的請求採購虛擬服務器需要花八週的時間，除非公司裡有大量閒置的伺服器，否則業務就沒辦法跟著需求往上擴展，而這正與雲計算的承諾相反。更糟的是，若這些伺服器安裝的是舊版作業系統，則新版的應用程式可能沒辦法在其上運行。最重要的是，需要手動去調整網路設定一定會讓工作中斷或變慢。

回饋循環

透過私有雲技術可實現伺服器的快速佈署，但只做到這樣並不能讓 IT 變得 "數位"。為了讓企業 IT 能夠可靠地為在數位世界中競爭的企業提供服務，它本身要先準備好能在 IT 服務提供者的數位世界中競爭，不但要從成本與品質角度來競爭，也要從參與模式的角度來競爭：企業 IT 必須以客戶為中心，並在無限循環（第 36 章）中，向使用其產品的客戶學習。

若所配置的服務器不是客戶所需要的服務器，那更快配置好伺服器並沒有意義。此外，客戶可能根本就不想訂購伺服器，更想要在所謂的 " 無伺服器 " 架構上佈署他們的應用程式。要瞭解這些趨勢，IT 必須與內部客戶（業務單位）在快速回饋循環中結合，如業務單位跟其終端客戶那樣。

兌現承諾

只有在能滿足客戶需求時，與客戶接觸才有用。在提供服務給客戶與業務部門時，IT 必須具備快速提供高品質數位服務的能力與態度。MIT 的一項研究 [1] 發現，那些沒有先提高 IT 交付能力之前，就將業務

---

1 David Shpilberg et al., "Avoiding the Alignment Trap in IT," MIT Sloan Management Review, October 1, 2007, *https://oreil.ly/nK9ph*.

與 IT 結合起來的公司，實際上雖花了更多錢在 IT 上，但收益的成長還是低於平均值。數位是假裝不來的。

以客戶為中心

以客戶為中心是許多公司的座右銘或 "價值宣言" 中常見的一個短語。有公司不想以客戶為中心嗎？即使是公家機關，如國稅局，近年來也表現出其具備有良好之客戶意識的樣子。但，就許多組織而言，很難超越口號，真正做到以客戶為中心，這需要對組織文化與配置進行根本性的改革：階層式組織以 CEO 為中心，不是以客戶為中心。遵守 ITIL 流程的運營團隊，以流程為中心，也不是以客戶為中心。作為成本中心的 IT，大概會以成本為中心，不會反過來以客戶為中心。要以流程或 CEO 為中心的 IT 去執行一個以客戶為中心的業務，必然會產生巨大的摩擦。

共創 IT 服務

為了支援數位轉型中的業務，只靠 IT 透過治理（第 32 章）來開發並推送商品服務給客戶已不再足夠。IT 必須開始像數位企業那樣子來工作，產生 "拉動" 需求，而不是推動產品。這可以透過與客戶共同開發產來達成，這也有一個花俏的名字 "共創（cocreation）"。雖然許多內部客戶的心態會改變，也想有能影響建構中之產品的機會，但其他人可能不想參與，除非你能拿出確定的價格與服務等級的協議。客戶是數位的，變成數位才有用。

306 吃自己的狗糧

有些 IT 部門離終端使用者相對來得遠，因此他們會想要知道如何啟動回饋循環。他們常忽略掉一個離他們很近且隨時可用的大客戶群：自己的員工。員工是友好且積極的客戶，他們通常渴望嘗試新東西。諷刺的是，這種聰明作法通常被叫做吃狗糧（*dogfooding*），假設人會吃自己的狗糧。我跟這邊的一位老朋友碰面時，他覺得他在這裡吃的是美味的大餐，而他的狗卻只能吃狗糧，這對他的狗很不公平。所以，他決定分享餐點給他的狗吃 —— 獸醫跟他說，他的狗吃這種餐點的話，也會很健康。

Google 以把產品狗糧化著稱，其員工必須試用新產品的 alpha 或 beta 版。雖然這個名字聽起來不太吸引人，但 Google 的 “狗糧” 包含了許多相當令人興奮的產品，有些是使用者看不到的。

吃狗糧很有用，因為它在安全且控制良好的環境中，啟動了相當快速的回饋與學習循環。我的所有 IT 服務，都是透過先提供內部 beta 版的方式來啟用的。當我對客戶的期待有更深瞭解，把特別的部分弄好之後，就會將它們提供給外部客戶。

Google 更進一步地將員工和客戶帳號合併到一個單一用戶管理系統中，讓大部分應用程式無法區分出客戶與員工，只透過用戶的網域名稱（google.com）與從公司網路發出的存取操作做出區隔。合併之前完全不同的系統相當痛苦，但因為員工被視為是客戶，這種痛苦已被大量地釋放掉。

對比之下，傳統組織以非常不同的方式看待員工與客戶，如這個例子所描繪出的：

> 在一家大型金融服務公司裡頭，員工不應該使用 Android 手機。先不用看這樣做有什麼技術上的優勢，我不禁好奇，這家公司如何能支援使用市佔率達 80% 以上之 Android 裝置的客戶。若 Android 對該公司金融服務員工來說不夠安全的話，那對客戶來說，它又怎麼能被認為夠安全的呢？

與其試圖控制使用者群，倒不如理解並解決潛在的弱點，例如，對客戶與員工都實施雙要素認證（two-factor authentication）、行動裝置管理、詐騙監控或禁用舊版作業系統等措施。

數位心態

除了開始使用自己的產品並學習如何迭代之外，讓企業 IT 更數位化有個最大的障礙，那就是員工的心態。當員工使用著上一代的黑莓手機，而內部流程是由根據記錄在投影片中之規則，以電郵發送的試算表來處理時，很難令人相信，組織能以數位化的方式運行。這是一個敏感的課題，傳統 IT 裡的年齡分佈可能又是一個額外的挑戰：企業 IT 的平均年齡通常在 40 歲到 50 歲出頭，與被視為新數位客戶的年齡層相去甚遠。將年輕員工納入這個混合體裡，有助於公司的數位化，因為這會將一些能代表目標客戶層的人帶入公司。

好消息是改變可以逐漸發生，從邁出這一小步開始。當員工開始使用 LinkedIn 將照片或履歷放進來，而不是用電郵寄份履歷模版時，這就是邁向數位化的一步。會打開 Google 地圖去找便利的飯店而不是在操作繁複的旅遊入口上找，這又更進了一步。建造小型的內部應用程式，將審核流程自動化，是走一小步，但這是很重要的一步：它培養人們的"創客心態（maker mindset）"，能激勵他們用建造解決方案的方式去解決問題，而不是參照過時的規則手冊。只有人們能夠建構解決方案時，數位回饋循環才能發揮作用。這可能是企業 IT 部門面臨的最大障礙，因為他們太害怕程式碼（第 11 章）。軟體創新是用程式碼做出來的，所以，若你要變得更數位，你最好學學如何寫程式！

到處都有朝數位邁出一小步的機會，我會建議找一些小的問題來解決、來加速，或自動化。

 在 Google 裡，找一條 USB 充電線只需要 2.5 分鐘：用 1 分鐘走到最近的技術支援站點，再用 30 秒的時間，在自助結帳台晃一下證件跟充電線，最後再花 1 分鐘走回工作桌旁。在企業 IT 裡，你要做這件事，我得要電郵給某人，他再電郵給某人，他再問我用的是那款的手機，然後下訂單，我還得去核准這張採購單。所需時間：2 個禮拜。速度倍數：14 天 X 24 小時 / 天 X 60 分鐘 / 小時 / 2.5 分鐘 ＝ 8064，跟建一個原始碼儲存庫（第 35 章）同一個等級。

可以弄個很棒的小專案來處理這個問題。難道你沒看到這個需求殷切的業務案子嗎？也許是因為你的公司還沒有準備好能快速地開發出解決方案。一家數位公司可能用一個下午的時間就能弄出個解決方案來，包括資料庫跟網頁式的使用者介面，然後將它掛在基本上是免費的私有雲上。若你從未開始建造小型、快速的解決方案，你的 IT 將陷入癱瘓，很有可能沒辦法在數位環境中施展手腳。

堆疊謬誤

由於大部分的企業 IT 都專注於基建與運營，要想成為有軟體意識（*software minded*）（第 14 章）的團體，需要有個大轉變。例如，我想做個廣播中標示牌（第 30 章），在我桌上型 IP 電話的話筒被拿起來的時候會亮起來，這想法從未被實現過，因為推出這種裝置的團隊不去寫程式或弄出些軟體 API 來。

一個組織在"把這疊往上移"所面臨的挑戰，如從基建到應用軟體平台，或從軟體平台到終端使用者應用程式，是大家都知道的，也被恰當地被標誌成堆疊謬誤[2]（stack fallacy）。即便是成功的公司也低估了這一挑戰，並受到這個謬誤的影響：VMware 用了好幾年都沒能做好從虛擬化軟體到 Docker 容器的轉型工作。Cisco 花了數十億元進行收購，試著在應用軟體交付方面弄出些成績。甚至連強大的 Google 也未能將如搜尋與電郵這類工具軟體轉向由 Facebook 主導的社群網路市場。

對大多數企業 IT 來說，這意味著從專注於運營基建到讓用戶融入快速發展之應用程式與服務的爬坡過程。儘管很有挑戰性，但它是可行的：內部 IT 不需要在公開市場上競爭，這給了它逐漸進行小幅度改變的機會。

---

2 Anshu Sharma, "Why Big Companies Keep Failing: The Stack Fallacy," TechCrunch, Jan. 18, 2016, *https://oreil.ly/OYCi-*.

38

錢買不到愛

或文化的改變

星期二前我就要有那個功能

從矽谷公司轉換跑道到傳統企業之後，我的新同事經常提醒我，我們是一家大公司，意思是 Google 的作法沒辦法套用在這裡。我總是會這樣子反駁，用市場資本的標準來衡量，我進了一家小了 10 倍的公司。更有趣的是，我的同事們還說，拜錢之賜，Google 幾乎可以做任何它想要做的事。相較之下，我的看法是，許多成功的傳統公司則是受錢太多這個問題之苦。

創新者的困境

組織怎麼有太多錢？畢竟，他們的目標就是把利潤與股東收益最大化。要能這樣，公司會用嚴格的預算流程來管控開銷。例如，公司會根據現有投資通常會設定的基準，有時被稱為內部收益率（internal rate of return，IRR），與專案所預期的收益率來評估一個專案。

不過，當一個新想法必須與現有的高收益 "金牛" 競爭時，這樣的流程會傷害到創新。大部分的創新產品沒辦法在早期就能比肩現有產品的性能或盈利能力。因此，傳統的預算流程會拒絕新的、有前景的想法，這就是 Christensen 指出的創新者的困境 [1]。不過，當這些創新後來超越固有技術時，它們就會威脅到那些沒有儘早投資在其上而現在已落後的組織。

有錢的公司往往具有較高的內部收益率，因此可能特別容易拒絕新的想法。此外，他們覺得不改變的風險很低──畢竟，目前的一切都順風順水的。這就降低了他們改變的欲望（第 33 章），也增加了被打擊的危險。

小心上頭的意思

儘管存在不利因素，但基於預期收益而做出投資決策的公司，至少使用了一致的決策指標。許多富裕的公司有不同的決策流程：即，看 "薪水最高之人的意見" 或 HiPPO（highest paid person's opinion）。這種方法不但高度的主觀，而且容易受到亮麗的、以 HiPPO 為目標之供應商演示的影響，這些演示所兜售的是漸進的 "企業" 解決方案，而不是真正的創新。因為這些決策者遠離實際的技術與軟體的交付，他們不瞭解在有限的預算下，建構出新解決方案的速度有多快。

---

1 Clayton M. Christensen, *The Innovator's Dilemma: When New Technologies Cause Great Firms to Fail, reprint ed.* (New York: HarperBusiness, 2011).

更雪上加霜的是，內部"銷售人員"利用管理層受限的理解力，推動自己的寵物專案，其成本往往比數位公司會支出的數額高出幾個數量級。我看過有人把將功能寫成 API 形式的想法，提到董事會級別的會議上，花了數百萬歐元。在石器時代，很容易就能把輪子賣出去。

管理費用與被縱容的效率不彰

許多具有可盈利商業模式的老牌公司都承擔著巨額的管理費用：華麗的辦公室、帶有過於慷慨之退休金支付的舊工作合約、過度聘用不需要的員工、管理人員大軍、公司車、司機、洗車場、私人餐廳、董事長室提供的咖啡和蛋糕——這單子可列很長。這些間接成本，通常分佈在各個成本中心當中，給從事破壞性科技研發的創新團隊帶來不小的財務負擔。

 我的一小隊架構師們肩負著巨大的間接成本，從辦公室空間與自助餐廳補貼到工作場所的費用（電腦、電話），這些是我沒辦法處理的。相較之下，數位公司提供免費餐點的開銷，真是微不足道。

管理費用也源於富裕組織所縱容的效率不彰，因為大家覺得這些根本無關痛癢。這方面的例子有很多：勞力密集的手工流程（我看過有人每個月都手動把 SAP 的數據轉成試算表）、跟 20 位主管會議長跑，其中幾乎有一半的會議可以不用開、用冗長的文書作業訂購流程、印了一大堆文件作為數位化戰略會議的講義。所有這些項目加起來，足夠讓大公司難以在利潤尚不足以支撐此類管理費用的新領域裡競爭。

被掏空的 IT

對於希望轉型的富裕組織來說，有一個特別危險的陷阱就是任何必要技能都可以隨意購得的信念。幾年前，許多公司都認為 IT 是一種有用的東西：一種必需品，但卻沒有一個能創造出競爭優勢。這就是為什麼他們沒有意識到，將 IT 放在公司外頭會有什麼風險。相反地，他們看重的是在必要時能調動外部 IT 人員的彈性，就像他們對待行政或清潔人員那樣。他們認為這種模式會更有效率（第 35 章）。

 在 1990 年代後期，拜快速成長的寬頻網際網路市場之賜，電信業務有很大的獲利空間。這些公司幾乎將所有的技術工作都外包給外部承包商和系統整合商（我受雇的地方）。豐厚的利潤讓他們負擔得起高昂的諮詢費、契約管理的行政開銷，以及異乎尋常的專案成本超支。

然而，數位時代中的軟體交付外包，有嚴重的不利因素：首先，它阻礙組織有效參與建構 - 衡量 - 學習循環（第 36 章），因為外部人員通常在預先協商的工作範圍內工作，因此缺乏繼續在產品上進行迭代或縮短發佈週期的動力。其次，組織將無法深入瞭解新技術與其潛力，扼殺了創新。更糟的是，在許多情況下，公司現有系統環境的知識掌握在外部承包商手中，使得組織沒辦法根據現況，作出理性的決策。若你不清楚哪裡是自己的出發點，就很難走到變革的道路上。

 在數位時代中，外包 IT 會有嚴重的不利因素，因為它將組織排除在重要的創新循環之外。

這些公司的 IT 部門淪為純粹的預算行政結構，而幾乎沒有任何技術能力，其所需的技能變成是確保預算然後把預算用掉。這些公司沒辦法吸引太多真正的 IT 人才，因為合格的應聘者意識到他們的技能不會受到重視。儘管如此，當資金自由流動時，這些都不會被視為是問題。

過度依賴

但隨後這一切都發生了變化：幾乎沒有哪個行業像電信業這樣，受到網際網路公司這麼全面的衝擊。電信業過去"擁有"通信，但卻完全沒有看到智慧型手機與數位消費服務的發展潛力。過去，電信公司從簡訊（SMS）服務產品上，獲取了數十億元美元的收益，但由於WhatsApp、Facebook Messenger 與其他的通訊軟體的崛起，簡訊市場在短短幾年內明顯萎縮。

現有的 IT 契約聚焦在後端處理的提高效率（第 35 章）上，如計費；沒有為客戶設計並提供新服務的內部技能；現有組織結構與流程抑制了任何實現創新的嘗試。最後，電信公司只能在價格下降的螺旋中，提供"笨數據管線"，而數位公司則贏得了高達近兆美元的身價與豐厚的利潤。有經驗的架構師知道，過於依賴外部會讓自己陷入困境，組織也是如此。

付出更多也許拿回更少

讓電信公司錯失"數位之舟"機會的還有其他因素，但相信科技技能可視需要來購買就行的想法，特別危險。就像買不到朋友那樣，一家公司無法買到積極的員工。具有高度可市場化之技能的應徵者，如雲端架構師或機器學習專家，會被強大且志同合的團隊所吸引。這讓傳統公司得去面對雞生蛋還是蛋生雞的問題。

許多公司試圖用高薪來克服這一障礙。不過，薪酬往往不是優秀應徵者的主要動機；他們在找的是能提供同儕學習與快速實踐專案之自由的雇主。這就是為什麼公司很難"買"到專業員工的原因。

更糟的是，試著靠提高待遇來吸引人才，可能會適得其反，因為這樣會吸引到只會為錢效力的"傭兵"開發者。我的經驗是，為錢而來的人會為更多錢而離去。錢沒辦法吸引到想要成為高效團隊的一份子，進而能改變世界的熱情開發者。我把這個陷阱比成一個沒人緣的孩子在學校發糖果的情形：這個孩子不會交朋友，但卻會被願意裝作是朋友以換取糖果的孩子們所圍繞。

> 我的經驗是，為錢而來的人會為更多錢而離去。

從內部改變文化

頂尖的顧問的確能協助你實現出新且令人興奮的科技專案,但他們沒辦法顯著地改變組織的文化;文化的改變必須來自內部。Roberts[2] 將用以描述組織的特徵分類成 PARC- 人員、架構(結構)、程序(流程)與文化。重組(restructurings)與流程再造能改變組織的架構與程序,但文化變革必須要由公司領導人來灌輸。這需要時間、精力,有時還需要領導層的改變:"要管理變革,有時你需要去變革管理"。

因為數位轉型需要在技術與文化上作出改變,我選擇從內部去驅動一個大規模的 IT 轉型,這很難,但卻是唯一能持續走下去的路。

---

2 John Roberts, *The Modern Firm: Organizational Design for Performance and Growth* (Oxford, England: Oxford University Press, 2007).

39

誰喜歡排隊？

好事等不到

利用率 100%

在上大學的時候，我們常常在想，我們所學的為何及如何會對我們未來的工作與生活有所幫助。當我還在等阿克曼函數（Ackerman function）來加速提升我的專業能力時（在電腦科學系第一個學期就開的，討論可計算性的課），去修排隊理論（queuing theory）的課，實際上是很有用的：你不只可以在超級市場裡，排跟在你前面等結帳的人說關於 M/M/1 系統與單佇列多伺服器系統（幾乎所有超級市場都不用）的優點，它也給了你一個能理解速度經濟（第 35 章）的重要基礎。

注意活動間所發生的事

在企業中，當人們在尋求加速工作的方法時，大多數的人會從工作是如何完成的這個角度去看：所有的機器與人員是否都被運用了呢，他們工作效率高嗎？諷刺的是，在尋求速度時，你不能看活動，而是去看這些活動之間會有什麼。觀察活動，你也許會發現沒有效率的活動，但從各活動之間，你會發現惰性（*inactivity*），無所事事地等在一旁的事物。

比起效率不彰的活動，惰性會對速度產生更多不良的影響。如果一部機器運行的很好，利用率幾乎達到 100%，但若有一個小東西必須等三個月才能被這部機器處理到，你可能已複製了以效率為導向，而絕不是強調速度的公共醫療系統。許多統計數據顯示，一般 IT 流程，如訂購伺服器的等待時間會佔超過 90% 的整體處理時間。與其做的更多，我們應該要的是更少的等待！

談點排隊理論

當你在觀察活動間會有什麼狀況的時候，你一定會發現佇列（*queues*），就像你所看到的成排的車輛與辦公室那樣。為了更瞭解它們的運作方法，與其對系統的影響，讓我們來聊聊排隊理論（queuing theory）吧。我在上大學時讀的排隊理論教科書是 Kleinrock 的佇列系統 [1]，似乎已經絕版了，但還能找到二手書。不過別擔心，要理解企業轉型，你並不需要去讀 400 頁的排隊理論。

---

[1] Leonard Kleinrock, *Queueing Systems. Volume 1: Theory* (New York: Wiley-Interscience, 1975).

我的大學教授提醒我們，如果我們只會記得他在課堂上講過的一件事，那應該就會是利特爾法則（*Little's Result*）。這個方程式表示，在穩定的系統中，包含等待時間的總處理時間 T，會等於等在系統中的項目數 N（包含等在佇列中的跟將要被處理的）除以處理速率 λ；寫成 $T = N/\lambda$。這很直觀：佇列愈長，處理新項目所需的時間也愈長。若你 1 秒鐘可以處理 2 個項目，而系統中平均有 10 個項目在其中的話，新送進來的項目要在系統內等 5 秒鐘才能被處理到。你可能會正確地推斷出，這些 5 秒鐘的大部分時間就花在佇列上，而不是實際處理該項目。利特爾法則值得注意的面向是，不管算的是抵達的數目還是離開的數目，這個關係都成立。

要搭建速度與效率間的橋樑，讓我們來看利用率與等待時間之間的關係。有項目被處理時，系統就是被利用著，也就是說，系統有一或多個項目在其中。若你把特定數量之項目在系統中的機率加總起來，比方說，0 個項目（系統閒置），1（一個項目被處理中），2（一個項目被處理，而一個項目等在佇列中）…等等，你會發現，在系統中的平均項目數量等於 $\rho / (1 - \rho)$，ρ 代表利用率（*utilization rate*），或伺服器繁忙的時間（我們假設抵達的項目是獨立的，稱為無記憶系統）。從這個等式你可以很快得到高利用率（ρ 很接近 100%），會讓佇列大小變得非常大，等待時間也會變得非常長。將利用率從 60% 提高到 80%，會讓平均佇列長度大將近 3 倍：0.6/(1-0.6) = 1.5，而 0.8/(1-0.2) = 4。拉高利用率會把你的客人嚇跑，因為他們不會想要排隊！

找出佇列

排隊理論證明高利用率會增加處理時間：如果你生活在一個速度很重要的世界，你必須停止去追求任務的效率。相反地，你要去看你的佇列。有些時候，這些佇列看得到，就像在政府機關辦公室前排的隊那樣，你要先拿號碼牌，擔心在下班前輪不輪得到你。在企業 IT 中，佇列通常不那麼明顯——這就是為什麼大家很少關注它們的原因。不過，再看仔細一點，它們幾乎無所不在：

繁忙的行程（*Busy calendars*）

若每個人的行程表的 90% 是 "被利用" 的，重要的決策佇列就得等到人來開會跟討論才能得到處理。我有好幾個月都在等著跟資深主管開會。

指導會議（*Steering meetings*）

這類定期的會議通常會每個月或每季開一次。要討論的主題會排隊等著，這又把決策或專案進度給停住了。

電郵（*Email*）

收件匣滿是只花 3 分鐘就能處理好的郵件，但你用好幾天的時間都處理不完，因為你整天都被各種會議高度地 "利用" 著。這些郵件通常會爛在我的收件匣裡好幾週。

軟體發佈（*Software releases*）

程式碼寫好了，也測試好了，但就是等在佇列裡等著發佈，有時得等上 6 個月。

工作流程（*Workflow*）

從報帳到為員工提出加薪申請的這許多流程中，都包含了過多的等待時間。例如，訂購一本書，大公司要花幾週的時間才能搞定，其實 Amazon 最慢隔一天就能把貨發了。

要瞭解佇列所造成的損害，你可以想像訂購一部伺服器要花 4 週或更久時間這件事。基建團隊不會真的只為你去打造一部全新的伺服器：現今，大部分的伺服器都用虛擬機的方式提供（拜軟體吞噬了世界之賜，第 14 章）。若合理假設配置好一部伺服器的實際工作時間需要 4 個小時，包括分配 IP 地址、載入作業系統映像檔，然後做一些非自動化的安裝跟配置，在佇列裡所花掉的時間會佔全部時間的 99.4%！那就是為何我們應該多關心佇列的原因。將 4 個小時的工作縮減成 2 個小時，情況不會有任何的不同，除非你減少等待時間。

插隊

排在隊伍中沒辦法有生產力，但有時卻很有趣。有一次我在舊金山馬里蘭區的一家郵局排隊等候時，我看到那裡有著利用率高且相當友善的郵政工作人員。為了給自己一些利用率，我走過去抓了一些限時郵件（Priority Mail）的信封，準備給下一封緊急郵件使用（那時我還不知道 Graffiti 研究室的人用郵政用品做出了很酷的東西（*https://oreil.ly/RlScH/*））。站回到我剛排的位置上時，我身後的傢伙開始抱怨，爭執了一會兒之後，他吼著"你沒排隊（You are out of line）"。我想連他自己都不知道他的話所帶的嘲諷意味，因為我是唯一被逗樂的人。

數位公司非常瞭解佇列的危險。東西美味又免費之作風獨特的 Google 咖啡廳就貼了張上頭寫著"鼓勵插隊"的海報。20 個人禮貌地等在一個把沙拉生菜一片一片夾到他盤子上的人後面，Google 不想承擔這種機會成本。

讓大家都看得到佇列

"你沒辦法管理你沒辦法衡量的東西"這句老話，顯然被錯誤地認為是 W. Edwards Deming 所說的。就佇列而言，讓它們可以被看見，可能是管理它們的一個重要步驟。例如，從票務系統提取出的指標可以表示每一步所耗費的時間或所耗精力與經過時間的比例（你會感到震驚！）。呈現出大部分的時間都用來等，也有助讓組織用新維度（第40 章）來思考；例如，瞭解到經過的時間愈長，並不等同於品質會更好。

對於像保險索賠處理這類的關鍵業務流程，佇列指標通常會被放在業務活動監視（business activity monitoring, BAM）的保護傘下來管理。企業 IT 應該運用 BAM 來評估自己的業務，如軟體與硬體的供應，並減少遲滯（lag）時間。現今，IT 慢，也意味著業務慢。

為什麼單一佇列多伺服器的系統會更有效率且為何沒有更多的超級市場用它們呢？將客戶排在單一佇列中，可以減少由客戶在佇列中的分佈不平均所造成之伺服器（如結帳櫃台）閒置的機會。它也能讓收銀員的數量平順地增加或減少，不會讓每個人都爭著要跑到新開的結帳台，或在結帳台關閉時，被迫移到其他佇列去。更重要的是，它消除了別的佇列都走得比較快的挫折感！不過，只有一個佇列需要稍大一些的樓地板空間以及客戶的單一入口。你會在郵局或某些大型的電子器材商店，如 Fry's Electronics，看到單一佇列多伺服器的系統。顯然，他們懂排隊理論！

不是所有的訊息佇列都不好

那麼，在非同步訊息佇列上，一本書的共同作者怎麼會覺得佇列是麻煩呢？佇列是用來建造高吞吐率與彈性系統的絕佳工具。它們緩衝掉負載高峰，讓資源能夠在最佳速率下工作。試想在超市裡，每一個想要結帳離開超市的人，一到結帳櫃台就把所有的要買的東西全部堆在櫃台上的情況，很難想像沒有佇列的情境。許多企業，如星巴克，運用佇列（第 17 章）來優化吞吐量。

佇列會因過高的利用率而變長，這時佇列就變成了麻煩。別把高利用率與短回應時間搞混了，別因此來怪佇列。

40

四維度思考

愈多自由度,愈傷腦筋

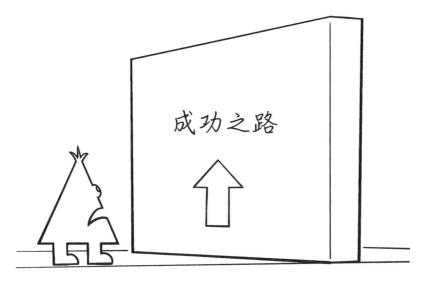

卡在二個維度中

大學裡的編碼理論課程教我們關於 n 維空間之球體的性質。雖然其背後的數學很有道理(球體代表編碼的 "誤差半徑",而在編碼機制中,球體間的空間是 "浪費"),試著將 4 維空間中的球體視覺化,會讓你的腦袋打結。然而,用更多維度來思考,卻是改變你對 IT 跟業務之思考方式的關鍵。

沿著一條線生活

IT 架構是一種權衡的專業：彈性帶來複雜性；解耦合增加延遲；分散式組件則會帶入通訊開銷。架構師的角色通常是根據經驗與對系統情境與需求的瞭解，來決定在這種連續區間（continuum）上的"最佳"點。一套系統的架構，基本上由跨多個連續體（continua）的權衡組合所定義。

品質對速度

在研究開發方法時，大家都知道，在品質與速度間需要權衡：有更多的時間，可達到更好的品質，因為你有時間能更正確地去建構東西，進行更全面的測試以排除仍存在的缺陷。若你有算過聽過多少次"我們希望有更好的架構（更可複用、更可擴展、也更標準化），但我們就是沒有時間"這種說法，你就會開始相信這種上帝賜予的權衡，在"IT 專案管理 101"課程裡的第一堂課就有教。無所不在的"快就髒（quick-and-dirty）"口號，更強化了這種信念（第 26 章）。

提出這一論點的人通常也喜歡將行動迅速的公司或團隊描繪成沒有紀律的"牛仔"，或是在建構軟體時，不如他們在處理其"嚴肅"業務時那樣看重品質。因為他們無法區分快速的紀律跟緩慢的混亂（第 31 章）。香蕉產品有時會被用在這個情境上——一種假設會在客戶手中成熟的產品。在這裡又看到了，速度等同於忽視品質。

諷刺的是，有"我們沒有時間"這種說法的理由，通常是由自己造成的，因為專案團隊往往花幾個月的時間在寫文件跟檢查需求或取得批准，直到最後高層管理人掄起拳頭往桌上捶，要求看到進度的時候。在所有這些準備階段期間，團隊會"忘記"跟架構團隊討論，一直到某個處理預算的人找上門，要他們執行架構審查的時候。這種審查會千篇一律地從"我很想做得更好，但是…"開始，其結果是一個支離破碎的 IT 環境。因為從來沒有足夠的時間可以"做對"，之後也沒有業務案例可供它進行修正，這個環境中到處可見隨意收集過來的臨時決策。俗話說，"沒有什麼能比臨時解決方案持續得更久"，在 IT 企業中,確實是這樣。大多數這類的解決方案會持續到其軟體供應商已不再提供支援或是已成為安全風險的時候。

更多自由度

那麼,如果我們在品質與速度間的近乎線性的權衡中,增加一個維度,那會如何?幸運地,我們只是從一維轉到二維,所以我們的頭不會像在想 n 維球體時那麼痛。我們只要在座標系統的二個座標軸上,而不是在一條線上,畫出速度與品質就可以了,如圖 40-1。現在我們可以將二個參數間的權衡描繪成一條曲線,這條曲線的形狀指出,為了達到多好的品質,我們要放棄多少速度。

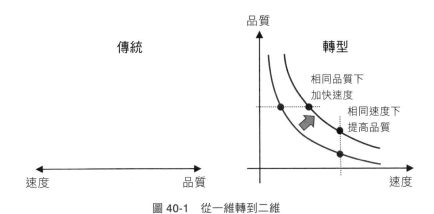

圖 40-1　從一維轉到二維

為了讓事情簡單一點,你可以假設這種關係是線性的,用一條直線表示。雖然,這也許不是很正確:當我們的目標是儘量做到零缺點時,需要花在測試上的時間會增加許多,而且正如我們所瞭解的,測試只能證明缺陷的存在,但不能證明缺陷不存在。開發以生命跟安全性為重之系統要用的軟體,或者為要打上太空的東西所造的軟體,可能要被放在光譜的這一頭,這是對的。從火星氣候觀測器(Mars Climate Orbiter)的例子可以看到,它們很少達到零缺陷。因為公制與美國計量單位間的單位誤差,就可以讓火星氣候觀測器解體。在連續區間的另一頭,即"現在或永不區間"中,你可能就是已達到速度極限,你必須把速度放慢一點,至少花一點時間在適當的設計與測試上,以提高品質。因此這種關係看起來似乎更像是凹曲線，在二軸上逐漸逼近極值。

在這個二維的曲線圖上，時間（速度）和品質之間的權衡還是成立的，但你可更加理性地去思考二者間的關係。這是一個經典的例子，說明了即使是一個簡單的模型，也可以讓你的思考更敏銳（第 6 章）。

改變遊戲規則

當你移進二維空間後，就可以問一個更深刻的問題："我們可以改變這條曲線嗎？"以及："若可以，改變曲線需要些什麼？"將曲線往右上角移，你可以在速度相同的情況下，得到更好的品質或在不犧牲品質的情況下，得到更快的速度。改變曲線的形狀或位置，意味著我們不再需要沿著速度與品質間的固定連續區間移動了。這是離經叛道？還是一個通向生產力之隱匿世界的門階？

 因為數位公司將速度與品質看成是二個維度，他們可以思考如何去改變這條曲線。

也許二者都是，但這正是數位公司所取得的成就：他們明顯改變了曲線，在維持功能品質與系統穩定性的同時，讓 IT 交付達到了前所未見的速度。他們是怎麼做到的？一個重要的因素是遵循速度優化（第 35 章）的流程，而不是以效率為幌子的資源利用率優化（第 39 章）。

數位公司能改變這條曲線，因為：

- 他們瞭解軟體可跑得快也可預期，所以他們從不派人去做機器的事（第 13 章）。

- 他們全程（end-to-end）進行優化而不是只進行部分優化。

- 他們儘量將問題轉化成軟體問題，如此一來，他們就能把問題解決自動化，從而變得更快速，通常也會變得更容易預測。

- 如果確實出了問題，他們可以迅速地做出反應，通常用戶幾乎不會注意到有問題發生。這是可能的，因為每件事都被自動化了，而且他們也用版本控制（第 14 章）。

- 他們打造能夠吸收干擾與自我修復的彈性系統，而不會試著去預測跟排除所有的故障狀況。

這些技術都不是什麼艱深的學問。不過，它們需要組織改變其思考的方式，這做起來並不容易。

反轉曲線

如果增加一個新的維度，讓人的腦還傷不夠的話，就跟他們說現代的軟體交付甚至能反轉這條曲線：更快的軟體通常代表更好的軟體！許多在軟體交付工作上發生的延遲，是由手動操作所造成的：手動設定伺服器或環境所花的時間太長，或手動進行回歸測試等。

這種摩擦通常可透過自動化來消除，不僅可加快軟體開發，也能提高品質，因為手動的工作通常就是錯誤最大來源（第 13 章）。因此，你可以把速度當成槓桿，來提高品質。例如，你可以要求縮短伺服器的供應時間，以提高自動化水準，並減少因人為錯誤所造成的缺陷。

什麼品質？

提到速度與品質，我們應該花一點時間去思考品質到底代表著什麼。大多數的傳統 IT 人員，將其定義成軟體的合規性，而且要儘可能地滿足時程上的要求。系統的正常運作時間與可靠性，當然也是品質的一部分。品質在這些面向上具有可預測性的本質：我們完成了承諾要滿足的要求或期望。但是，我們如何知道我們是不是要對了東西？可能有人問過使用者，所以得到的需求可反映出他們需要系統做的事。但他們知道真正要的是什麼嗎，特別是當你正在打造的是一種使用者之前從未見過的系統？Kent Beck 講得很好，"我要打造一套使用者希望擁有的系統"。

> 品質的傳統定義是一種
> 代表度量。

品質的傳統定義是一種代表度量（proxy metric）：假定我們知道客戶要什麼，或至少他們知道自己要的是什麼。若這個代表並不是一個非常可靠的指標怎麼辦？活在數位世界中的公司不會假裝確實知道客戶要什麼，因為他們正在打造的是全新的解決方案。與其問客戶要什麼，他們會去觀察客戶行為（第 36 章）。基於這個觀察到的行為，他們很快地調整並改良產品，通常會用 A/B 測試的方式來試新的東西。你可能會爭辯說，這樣子做出來的東西其品質會比客戶希望得到的要高出許多。所以你不只要能調整多少速度能得多少品質的這條曲線，你也要能改變你的品質目標。也許這就是另一個維度？

減少一個維度

當一個習於在自由度更高的世界中工作的人，進到一個自由度較低的世界，如一個仍保有品質與速度背道而馳之信念的 IT 組織時，會發生什麼事？這可能會帶來不少驚喜，也會有一些令人頭痛的地方，幾乎就像從我們的三維世界移到平面世界[1]那樣。最好的出路是對組織的信念進行逆向工程（第 26 章），然後引領變革（第 34 章）。

1　維基百科, "The Planiverse," *https://oreil.ly/RncTp*.

第六部

結語：架構 IT 轉型

本書主要的目的是鼓勵 IT 架構師，在為必須與數位顛覆者競爭之傳統 IT 組織做轉型工作時，要扮演積極的角色。你可能會問 "為什麼架構師應該要承擔這項艱鉅的任務？"，也應該要問：許多經理或 IT 領導者可能有改變組織所需要之強大的溝通與領導能力。然而，今日的數位革命並不僅僅是任何的組織性改造，而是由 IT 創新：行動裝置、雲端計算、數據分析、無線網路與物聯網等所驅動的。因此，要帶領一個組織走進數位未來，需要徹底瞭解底層科技與其應用，以取得競爭優勢。

好戲上場

因為網路效應，許多數位業務模型呈現出贏者通吃的動態：Google 擁有搜尋、Facebook 擁有社群、Amazon 擁有願望滿足（fulfillment）與雲端、Netflix 與 Amazon 共同擁有內容，而 Apple 與 Google 的 Android 擁有行動領域。Google 試著打進社群，但卻陷入困境。Microsoft 在搜尋領域苦苦地掙扎，基本上已退出了行動領域。Amazon 在行動領域方面也舉步維艱，如同 Google 不斷反覆地想涉入願望滿足領域，但卻沒看到太多的吸引力。在雲端計算領域上，即使是全能的 Google，充其量也只能是亞軍，Amazon 則保持明顯的領先地位。

站在傳統組織的角度來看在這場泰坦之戰（battle of the titans），有如在露天看台上，一邊吃著爆米花，一邊看著世界級運動員在競賽那樣：這些組織的市值都接近 1 兆美元（2020 年市值約 1500 億美元的 Netflix，只算 "嬰兒"），擁有世界頂尖的 IT 人才，並由極具才華與技能團隊管理著。還有人希望能與之競爭嗎？

現有公司會把握幾種效應，首先，數位世界不斷地在演化，每一輪都會帶來新的機會。Uber 因為實現了開在路上的不只是計程車，以及不是只有計程車司機才能載人一程的概念，而顛覆了計程車產業。不過，當汽車製造商推出自駕車時，下一輪也許能打出一張好牌。其次，傳統企業可以運用現有的資產。例如，快速零售（Fast Retailing），Uniqlo 的母公司，並沒有模仿線上商業模式，而是將實體商店當作是關鍵資產來運用，因而取得了巨大的成功。Target，美國的一家大型零售商，透過路邊取貨模式讓電子商務的銷售額大幅提高——你只需要開車，你買的東西就會放到車子裡頭。對那些質疑現有假設並將 IT 轉成主要創新驅動器的公司而言，數位世界是眾多機會之一。

由下而上的轉型

很難想像純粹從上而下推動數位轉型能獲得成功。不懂技術的管理層最多只能依靠外部顧問或貿易期刊的意見，而勉強維持下去。不過，這不是要去阻止它：數位世界中的競爭非常激烈，客戶的期望日益增加。當我們聽到一家成功的新創公司上市或被以巨額資金收購時，我們通常會忘記，儘管有個偉大的想法和一群聰明人為此付出了極大的努力，在同一個領域裡有幾十甚至數百家公司的創業並沒有成功。架構師，雖植基於技術，但仍可乘著升降梯到閣樓去，是成功實現這種轉型所需要的。

由裡而外的轉型

看供應商的演示並購買一些新產品並不能讓一個組織與數位巨頭去競爭。隨著數位革命的整體方向愈來愈明確，技術已經民主化，每個擁有信用卡的個人，都可以在幾分鐘內買到伺服器與大數據分析引擎。組織的主要競爭資產是能快速學習的能力。外部顧問與供應商能夠產生促進的作用，但它們不能代替組織的學習能力（第 36 章）。因此，需要架構師來推動或至少是支援，從組織內部往外擴展的轉型。

從象牙塔居民到企業救星

即便身為架構師的你還不相信轉變組織只是你工作的一部分，你可能也沒辦法有太多選擇：只有在組織的結構、流程以及文化也產生變化的情況下，最新的技術突破才能成功地被實現。例如，DevOps 風格的開發是透過自動化技術來實現的，但也要靠打破改變跟執行的孤島。雲端計算可以明顯地縮短上市時間並減少 IT 的成本，但前提是組織與其流程能賦能予開發者，去實際配置伺服器並進行必要的網路調整。最後，要成功進行數據分析，需要組織不再根據投影片堆，而是要依據硬數據去做決策。這些全是重要的組織性變革。

在數位擾動的時代中，IT 架構師的工作一定會變得更有挑戰性：跟上技術演化的超快腳步、善於進行組織工程、瞭解企業策略並能與上級管理層溝通，這些都已成為架構師工作的一部分。但對願意接受挑戰的人來說，架構師的工作已變得更有意義，所得到的獎勵也更為豐厚。

> 技術演化已經無法與組織演化分離。相應地，架構師的工作已從設計新的 IT 系統擴展到也需設計合適的組織與文化。

在上一份工作中，我常常開玩笑地說，我是裝扮成首席架構師的首席組織架構師。

雖然有許多現成、立即可用的創新驅動力與變革推動者，不過新世界並不賞識坐在象牙塔中繪制圖表的架構師。我希望本書能鼓勵你接受挑戰，能在旅途上為你帶來有用的指引、一些明智的口號，與一點點智慧。

41

我給的只是真相

給人紅色藥丸

待在這兒真是太舒服了

對於許多為傳統企業工作的人來說,踏上轉型之旅可能會是一項非常具戲劇性,有時甚至是痛苦的任務。數位公司是由受過高等教育的20多歲數位原生代所經營的,或至少讓人以為是他們在經營的。他們不受家庭或社交生活的干擾,好像也不太需要睡覺。他們的雇主幾乎沒有承接過什麼遺產,但銀行裡卻存著數十億美元,雖然他們提供給消費者的大都是免費的服務。對於幾十年來在同一家傳統企業工作,遵循著相同流程的 IT 員工來說,這可能會讓他們有混合著恐懼、抗拒與憤恨的感覺。

因此，讓這些人參與變革的進程是一件微妙的事情：如果你過於溫和，他們可能看不到要作改變的需要。如果你太直接，他們可能會恐慌或對你心生怨恨。

都是真的

最後再引用一次電影駭客任務的情節，當莫菲斯要尼歐在紅藥丸與藍藥丸中選一個的時候，紅的會將他帶回到現實，藍的會讓他繼續留在母體造出來的幻境，他並沒有說 "現實" 是什麼樣子。莫菲斯只有說：

> 記住：我給的只是真相，沒有其他的了。

若他告訴尼歐，真相是生活在戰亂之中，要搭著一部陽春的氣墊船，在下水道中巡邏待命，並對抗用強大的雷射光捕獵人類船隻的機器。他可能會吞下藍色的藥丸。但尼歐已經瞭解到，目前好像有些地方，即母體造出來的幻覺，怪怪的。而且他也有很強的欲望想要去改變系統。雖然你也感覺到現有系統好像有些不太對勁，但公司裡大多數的同事都對他們目前的環境與職位感到非常滿意。可嘆的是，只有你吞了那顆藥丸是不夠的，你要推他們一把，讓他們也跟著一起來。

不過，就像電影 "駭客任務" 的情節所描繪的，等在吞紅藥丸之人面前的新數位現實，可能不完全如其所期盼的那樣。

 在一次會議中，一位架構師同事曾得意地說，架構師的生活需要變得輕鬆一點，轉型才會成功。他一定會失望的。

旨在讓某人的生活變得更輕鬆的目標，不可能引領數位未來，最終定會令人失望。技術進步與新的工作方式，讓 IT 對企業更有趣、更有價值，但它們並不會讓生活更輕鬆：新技術必須學習、環境通常會變複雜，這一切的腳步都愈走愈快。數位轉型並不是便不便利的問題，而是企業能否生存的問題。

數位天堂？

從外面看，在數位公司上班會讓人聯想到免費的午餐、按摩和有
Segways 可騎。雖然數位公司確實以前所未有的福利來吸引員工，但
它們的內部與外部都充斥著巨大的競爭壓力。他們堅定地接受不斷改
變與速度的文化，以保持競爭力並推動創新。這意味著，員工很少因
工作上所得的榮譽而休息，而是要繼續不斷地往前走。加入數位公司
的工程師不是為了放鬆，而是為了突破極限、創新，並改變世界。

然而不僅在經濟面上，回報要配合著挑戰，更重要的是，讓工程師真
正地有所作為，完成他們自己無法完成的任務。十多年前，在 Google
裡，你可以將你寫的應用程式擴展到 100,000 部伺服器上，然後在
1、2 秒鐘內對數千兆位元組的資料紀錄，進行分析。十年後，大多數
傳統公司可能都還在夢想著要擁有這些能力。這些就是數位 IT 生活的
回報。這些例子也說明為什麼傳統公司應該要感到害怕的原因。

別在家裡試這個

在尋求轉型時，傳統公司通常會識別出數位顛覆者所採用的做法，並
試著將它們導入到其傳統的工作方式上。雖然瞭解對手的想法與工作
方式很重要，但要採用他們的做法時，則需要仔細考慮。眾所周知，
數位公司會做一些像把所有原始碼儲存在一個儲存庫中、不特別強調
架構師，或讓員工隨心所欲地工作之類的事。在欣賞這些技術時，傳
統公司必須意識到他們正在看世界級的巨星表演驚人的特技。沒錯，
有些人在摩天大樓間走鋼絲，或從塔樓上跳下來，滑到附近建築物的
屋頂游泳池裡去。這並不是說，你該在自家公司裡去嘗試這些事情。

採用 "數位化" 實務時，組織必須瞭解到這些實務之間的相互依賴
性。單一的程式碼庫需要一個世界級的建構系統，這系統可以擴展到
數千部機器上，並執行漸進的建構與測試週期。要將所有程式碼放到
一個單一儲存庫中，但沒有準備好這樣的系統跟維護團隊，就跟沒有
穿降落傘就往樓下跳一樣。你不太可能安全地降落在鄰近建物屋頂的
游泳池裡。

棄船

對大多數組織來說，航向數位未來是攸關生存的問題。想像一下，若你是鐵達尼號遠洋客輪上的一名軍官，剛剛得知這艘將慢慢沈沒。大部分的乘客完全不知道事情的嚴重性，還在上層甲板上舒服地啜飲著香檳。若你走近乘客，並個別地通知他們說：

> 先生，若您不介意的話，請恕我打擾。您能不能移駕到主甲板上，以便我們將您移到更安全的救生艇上去？當然，您可以先喝完酒之後再走過去。給您帶來不便，敬請見諒。我們最重視您的安全。

可能不會有太多人理你，大概只會看到一些懷疑的眼神。乘客們可能會再點一杯香檳，看一眼你所說的救生艇，然後想著，去搭那艘救生艇顯然比留在世界上最現代化、最不可能沈的郵輪上要危險一點，也更不方便一點。

若你跟乘客講的是：

> 這艘船要沈了！因為沒有足夠的救生艇，你們絕大部分會溺死在冰洋裡。

你會引起一片恐慌，大家會去搶搭救生艇，很可能在船還沒下沈之前，就造成許多乘客死亡或受傷。

鼓勵企業 IT 員工開始改變其工作的方式，讓他們拋棄目前職位所具有的舒適感，跟上述情節並沒有什麼不同。他們也不太可能意識到他們的船正在下沈。你應該要用哪一種方式來溝通，則取決於每一個組織與個人。當我看到沒有人採取行動的時候，我往往會開始用溫和且"逐漸加強"措辭語氣的方式來跟他們溝通。

外表是騙人的

正如一塊單純的冰塊不可能弄沈一艘現代化（在當時）工程奇蹟那樣，小型的數位公司可能不會對傳統企業構成威脅。許多新創公司都是由相對缺乏驗、有時甚至是幼稚的人經營的。即使辦公室還沒完全架設好，他們相信自己坐在裝豆袋上，就能徹底改變一個行業。他們通常沒有足夠的人手，可能還需要獲得幾輪外部融資才能實現盈利目標，如果辦得到的話。

不過，就像冰山 90% 的體積都在水面下那樣，數位公司巨大的優勢也被隱藏了起來：它們能更快學習的能力，通常比傳統組織快上幾個數量級。因此，忽視或輕視新創公司進入成熟市場的初試啼聲，可能會是一個致命的錯誤。"他們不瞭解我們的業務"是傳統企業常有的想法。然而，一個企業花 50 年才學會的東西，可能只需要一年或更短的時間就會受到打擊，因為它是為速度經濟（第 35 章）而打造的，何況還擁有驚人的技術在身。

數位顛覆者也不需忘記壞習慣。學習新事物是困難的，但忘卻現有的流程、思維模式跟假設則更是困難。忘記和放棄過去成功的基礎是最大的傳統公司轉型障礙之一（第 26 章）。

一些傳統企業可能感受不到干擾，因為他們的行業是特許行業。為了證明特許的安全網有多薄弱，我經常提醒業界領袖們，如果數位公司能成功地將電動車與自動駕駛車上市，並將火箭送上太空，他們一定能獲得金融或保險的執照。例如，他們也可以單純地把一家有執照的公司買下來。金融科技檸檬汁（fintechs Lemonade，保險）與 N26（金融）是特許行業成功挑戰者的鮮活例子。

 數位公司並不打算複製現有的商業模式。與其如此，他們打的是效率極低或導致客戶不滿的弱點。

最後，數位顛覆者傾向不從前線發動攻擊，他們往往會選擇現有商業模式中的弱點，這些弱點的效率極低，但不足以引起大型傳統企業的注意。Airbnb 沒有建造更好的酒店，金融科技公司也沒有興趣重建一家完整的銀行或保險公司。相反地，他們攻擊的是分銷渠道，那裡的低效率、高傭金和不愉快的客戶，能讓新的商業模式得以用最低的資本投資快速地擴張。一些研究人員聲稱，如果鐵達尼號直接撞上冰山，它可能不會沈沒，而是被撕裂掉。因為冰山會撕開船體相對薄弱的一大部分。這就是數位技術會攻擊的地方。

遇險信號

雖然轉型可能是一個可怕的嘗試，但你並不是唯一接受挑戰的架構師。就像遇難的船隻那樣，當情況看起來很糟糕的時候，尋求幫助是件好事。你不該羞於發出數位的 SOS ── 因為沒有人有驗證過轉型的方法，因此與你的同行交流經驗和作法是非有幫助的。你甚至可以選擇透過書來分享你的經驗，我將會是你的第一批讀者。

索引

※ 提醒您：由於翻譯書排版的關係，部份索引名詞的對應頁碼會和實際頁碼有一頁之差。

關於作者

Gregor Hohpe 協助企業與技術領導者在技術平台與組織方面作轉型。他搭乘著架構師升降梯,從引擎室到閣樓來回地奔走,確保公司策略與技術實作的一致。

他曾擔任新加坡政府智慧國度研究員(Smart Nation Fellow)、Google 雲端 CTO 辦公室技術主任、Allianz SE 首席架構師,監管全球數據中心架構整合,並佈署了第一個私有雲端軟體交付平台。曾在數位原生公司與傳統企業 IT 工作的豐富經驗,讓他能以從日常 IT 轉型工作中所看到之衝突的形式,揭示這些組織中存在於彼此之間的一些誤解。

Gregor 是著名的開創性著作企業整合模式(Addison-Wesley)一書的共同作者,該書在非同步傳訊解決方案方面的立論,受到各方廣泛的引用。他在許多著名刊物上發表許多文章,包括由 Joel Spolsky 在其著作最佳軟體寫作(Apress)中所選介的,以及由 Richard Monson-Haefel 所著之軟體架構師應該知道的 97 件事(O'Reilly)一書中所選介的文章。

軟體架構師全方位提升指南｜數位轉型企業中架構師角色的新定義

作　　者：Gregor Hohpe
譯　　者：陳健文
企劃編輯：蔡彤孟
文字編輯：詹祐甯
設計裝幀：陶相騰
發 行 人：廖文良

發 行 所：碁峰資訊股份有限公司
地　　址：台北市南港區三重路 66 號 7 樓之 6
電　　話：(02)2788-2408
傳　　真：(02)8192-4433
網　　站：www.gotop.com.tw
書　　號：A644
版　　次：2022 年 05 月初版
建議售價：NT$580

國家圖書館出版品預行編目資料

軟體架構師全方位提升指南：數位轉型企業中架構師角色的新定義 / Gregor Hohpe 原著；陳健文譯. --
初版. -- 臺北市：碁峰資訊, 2022.05
　　面；　　公分
　　ISBN 978-626-324-180-0(平裝)
　　1.CST：軟體研發　2.CST：電腦程式設計
312.2　　　　　　　　　　　　　　111006480

讀者服務

● 感謝您購買碁峰圖書，如果您對本書的內容或表達上有不清楚的地方或其他建議，請至碁峰網站：「聯絡我們」\「圖書問題」留下您所購買之書籍及問題。(請註明購買書籍之書號及書名，以及問題頁數，以便能儘快為您處理)
http://www.gotop.com.tw

● 售後服務僅限書籍本身內容，若是軟、硬體問題，請您直接與軟體廠商聯絡。

● 若於購買書籍後發現有破損、缺頁、裝訂錯誤之問題，請直接將書寄回更換，並註明您的姓名、連絡電話及地址，將有專人與您連絡補寄商品。